사회과학 연구를 위한

최신 실용통계학

김재철 저

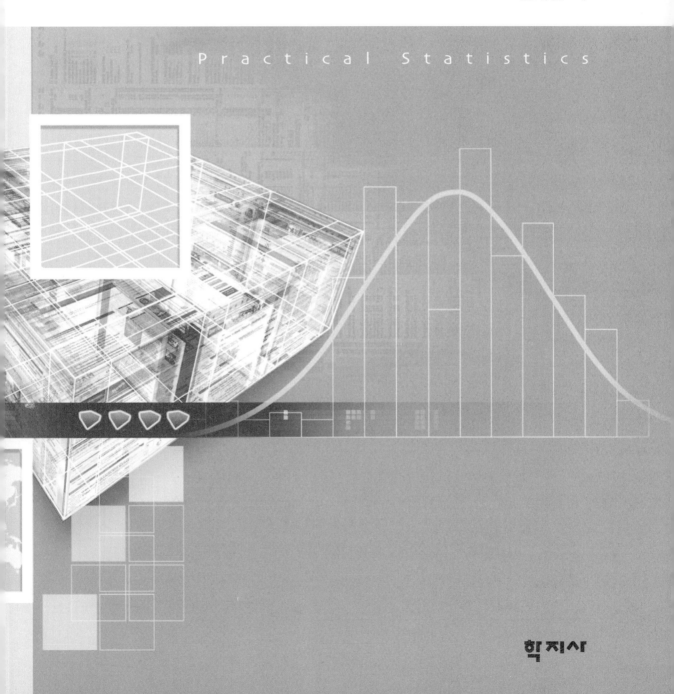

Practical Statistics

학지사

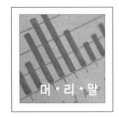

머·리·말

지난 몇 해 동안 대학원 과정의 교육평가나 교육통계 관련 강의를 담당하면서 많은 학생이 통계학과 통계 연구방법론을 낯설어함으로써 많은 어려움을 겪고 있다는 사실을 알게 되었습니다. 이를 해결해 줄 수 있는 마땅한 교재를 찾아보았으나 대부분의 통계 교재가 이론과 실제 중에서 어느 한 부분만을 지나치게 강조함으로써, 통계의 개념적인 이해와 적용방법을 동시에 학습하고자 하는 학생의 욕구를 한꺼번에 충족시켜 주기에는 한계가 있어 보였습니다. 이것이 바로 이 책을 집필하게 된 직접적인 동기였습니다. 실제로 이 책에서는 학생이 필요로 하는 통계의 기본 개념과 분석방법, 통계 결과물의 제시 및 해석방법 등을 종합적으로 다루고 있습니다. 따라서 본 교재는 대학교나 대학원의 수업 현장에서 타 교재에 비해서 보다 실용적인 성격을 지니고 있다고 볼 수 있습니다.

이 책은 크게 6부로 구성되어 있습니다.

첫째, 제1부에서는 통계학 입문에 반드시 필요한 핵심적인 개념을 이해하기 위해 '통계학의 목적과 기본 선수개념'을 다루었습니다.

둘째, 제2부에서는 자료 요약방법으로 집중경향, 변산도 및 상관을, 제3부에서는 가설검정의 기본 원리를 다루었습니다.

셋째, 제4부에서는 'SPSS의 기본 구조'라는 제목으로 SPSS 14.0을 자유롭게 구동하는 방법을 다루었습니다.

넷째, 종속변수가 질적인 경우와 양적인 경우에 자료를 요약하는 방법이 확연히 구분됨을 고려하여 제5부에서는 종속변수가 질적변수일 때 수행하는 '빈도분석과 교차분석'을, 제6부에서는 종속변수가 양적변수일 때 수행하는 t 검정, 일원분산분석, 반복측정 분산분석, 공분산분석 및 이원분산분석 등을 다루었습니다.

이 책의 특징은 다음과 같습니다.

첫째, 석사 논문 작성에 이용할 수 있는 수준의 분석기법을 다룬 초급 수준의 교재입니다. 중다회귀분석, 경로분석, 위계적 선형모형, 구조방정식 등 보다 심화된 내용들은 별도의 책에서 다룰 계획입니다.

둘째, 통계 이론서와 통계분석 지침서의 중간 단계를 취하고 있습니다. 이 책이 실용적 교재의 성격을 띠고 있는 만큼, 통계를 이해하기 위해서 반드시 알아야 할 내용을 가능한 간략히 설명하고자 하였습니다. 그리고 실제 데이터를 이용하여 분석하고, 그 결과를 보고하기 위해서 표로 요약하고 이를 해석하는 방법을 구체적으로 제시하고자 노력하였습니다.

본 교재를 출간하면서 지금까지 참으로 많은 분에게 도움을 받았습니다. 저에게 직접 가르침을 주신 임인재 교수님, 황정규 교수님, 백순근 교수님, 김성훈 교수님, 김신영 교수님, 그리고 저서를 통해서 저에게 많은 영향을 주신 박도순 교수님, 이종승 교수님, 배호순 교수님, 성태제 교수님, 강상진 교수님, 이기종 교수님 등이 우선 떠오르는 고마운 분들입니다. 또한 교육평가학회 소속의 선후배 및 동료 역시도 감사드려야 할 분들입니다. 어설픈 내용으로 그분들의 명성에 누를 끼치지 않을까 하는 걱정도 마음 한편에 자리 잡고 있는 것이 사실입니다. 이러한 일이 없도록 앞으로도 부족한 부분을 꾸준히 채워 나가도록 하겠습니다. 따라서 책의 부족한 부분에 대하여 많은 분의 지도편달을 충심으로 바랍니다. 이렇게 앞으로 충실히 보완해 나가겠다는 약속의 말씀으로나마 여러 가지로 미흡한 책을 펴내는 부끄러움을 달래고자 합니다.

2008년 4월

김 재 철

5

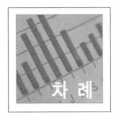

제5부 빈도분석과 교차분석

제6부 평균의 비교

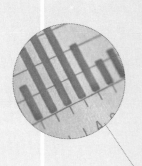

제 **1**^부

통계학의 목적과
기본 선수개념

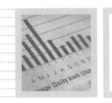

제1장
통계학의 목적

① 자료의 요약

　통계학의 첫 번째 목적은 집중경향, 변산도, 왜도, 첨도, 빈도 또는 백분율 등을 통해서 자료를 요약하는 데 있다. 키, 몸무게, 영어점수, 수학점수 등과 같은 양적 변수는 집중경향, 변산도, 왜도, 첨도를 이용하여 자료를 요약한다.

　집중경향(central tendency)은 전반적 수준을 나타내는데, 평균, 중앙값, 최빈값 등이 이에 해당한다. 반면에 변산도(variability)는 개인 간의 차이를 나타내는데, 범위, 사분편차, 표준편차, 분산 등이 이에 해당한다. 변산도는 값이 클수록 개인 간 차이가 크다는 것을 의미한다.

　분포의 모양은 정규분포를 벗어난 정도를 나타내는 왜도나 첨도를 통해서 예측할 수 있다. [그림 1–1]에 나타나 있듯이, 왜도(skewness)는 좌우대칭을 벗어난 정도로써 왼쪽으로 벗어난 정적편포와 오른쪽으로 벗어난 부적편포로 구분할 수 있다. 정적편포는 왜도값이 +인 반면, 부적편포는 −다. 이에 비해서 정규분포의 왜도값은 0이다.

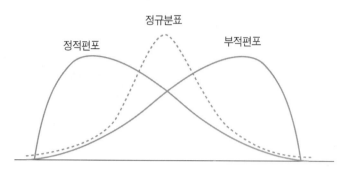

[그림 1-1] 왜도에 따른 분포 모양

이에 비해서 첨도(kurtosis)는 [그림 1-2]처럼 분포의 뾰족한 정도를 나타내는 값이다. 첨도가 0보다 커서 분포의 모양이 정규분포보다 더 뾰족한 분포를 '급첨'이라 하고, 0보다 작아 정규분포보다 더 평평한 분포를 '평첨'이라 한다.

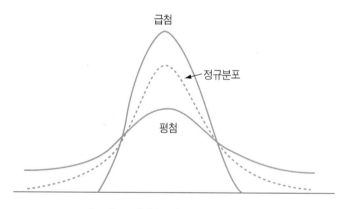

[그림 1-2] 첨도에 따른 분포 모양

예컨대, 한국고등학교 1학년 1반과 2반의 수학점수가 <표 1-1>과 같다고 할 때 두 집단의 분포를 그림으로 나타내면 [그림 1-3]과 같다.

<표 1-1> 한국고등학교 1학년 1반과 2반의 기술통계 결과

반	사례수	평균	표준편차	왜도	첨도
1반	32	60.0	20.0	−.3	.6
2반	31	50.0	30.0	.5	−.5

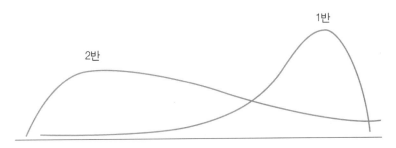

[그림 1-3] 한국고등학교 1학년 1반과 2반의 점수분포

한편, '선호하는 담임교사 유형이 어떠한가?', '수학 태도가 가장 떨어지는 상황은 언제인가?' 등과 같이 질적인 변수인 경우에는 빈도분석과 교차분석을 이용하여 자료를 요약하게 된다(<표 1-2>참조).

<표 1-2> 수학 태도가 가장 떨어지는 경우에 대한 교차분석 결과

배경 변수	항목	교사가 일방적으로 수업할 때	시험을 못 봤을 때	어제 풀었던 문제를 오늘 못 풀 때	실용적이지 못하다고 느껴질 때	합계	χ^2
학 년	1학년	3(16.7)	3(16.7)	11(61.1)	1(5.6)	18(100)	
	2학년	10(47.6)	4(19.0)	5(23.8)	2(9.5)	21(100)	15.296*
	3학년	4(19.0)	8(38.1)	4(19.0)	5(23.8)	21(100)	
성 별	남학생	4(15.4)	4(15.4)	15(57.7)	3(11.5)	26(100)	12.690**
	여학생	13(38.2)	11(32.4)	5(14.7)	5(14.7)	34(100)	
전 체		17(28.3)	15(25.0)	20(33.3)	8(13.3)	60(100)	

$^*p<.05$ $^{**}p<.01$

② 연구가설의 검정을 통한 일반화 가능성 평가

통계학을 이용하면, 가설검정의 절차를 통해서 연구가설의 일반화 가능성을 평가할 수 있다. 연구가설은 기존 이론을 통해서 연구자가 설정한 잠정적인 결과로 '대립가설'이라고도 한다. '부모의 양육 태도는 자녀의 자아존중감과 정적인 상관이 있을 것이다.', '체험일기 쓰기는 도덕성 발달에 유의미한 영향을 미칠 것이다.' 등은 대립가설의 예다. 이에 비해서 '통계량의 차이나 관계가 우연에 의한 것이다.'와 같이 연구가설의 통계적 검정을 위한 통계적 가설을 '원가설(일명 영가설, 귀무가설)'이라고 한다. 원가설은 '차이가 없다.', '관계가 없다.' 등으로 표현된다.

검정된 연구가설은 새로운 이론이 된다. 그리고 새롭게 만들어진 이론은 예측과 통제에 이용된다. 예컨대, '인슐린은 탄수화물의 소화에 영향을 미칠 것이다.'라는 연구가설은 통계적 검정을 통해서 새로운 이론이 된다. 그리고 새롭게 만들어진 이론은 '인슐린이 부족한 사람은 당뇨 현상이 생긴다.'와 같은 예측과 '인슐린이 부족한 사람에게 인슐린을 주입하면 당뇨 현상을 없앨 수 있다.'와 같은 통제를 가능하게 한다. 좋은 이론은 간명하면서도 포괄적인 이론, 경험적으로 검정 가능한 이론이다.

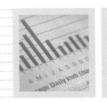

제2장
통계학의 기본 선수개념

1 측정과 변수 및 척도

　측정(measurement)이란 물체(object)의 어떤 특성에 일관성 있게 숫자를 부여하거나 구분하는 것을 일컫는다. 영희의 수학 점수에 90(점)을 부여하거나 철수의 키에 180(cm)을 부여하는 것, 또는 남자와 여자를 구분하는 것은 측정에 해당한다.

　이에 비해서 변수(variable, 일명 변인)는 연구자가 관심을 지니는 연구대상의 속성을 말한다. 예컨대, 성별, 수학점수, 키, 몸무게 등은 변수에 해당한다. 연구대상인 일련의 개체는 그 속성에 의해서 구별된다.

　연구자가 관심을 지니는 연구대상의 속성을 변수라고 한다면, 속성의 단위를 '척도(scale)'라고 한다. 예컨대, 성별과 키는 변수이고, 남자와 여자, 180cm, 190cm 등은 척도에 해당한다. '남자와 여자라는 척도를 가진 명명변수인 성은 자료를 요약하기 위해서 빈도분석을 해야 한다.'라는 진술문은 척도와 변수를 적절히 이용한 문장의 한 예다.

1) 측정 수준에 따른 변수의 분류

변수는 측정의 수준에 따라서 질적변수(nonmetric variable)와 양적변수(metric variable)로 나눌 수 있다. 질적변수는 분류를 위해 정의된 변수로, '정성적 변수' 또는 '유목변수(categorical variable, 일명 범주형 변수)'라고도 한다. 이에 비해서 양적변수는 양의 크기를 나타내기 위해 수량으로 표시하는 변수로, '정량적 변수'라고도 한다.

질적변수는 다시 명명변수와 서열변수로, 양적변수는 동간변수와 비율변수로 세분화할 수 있다.

첫째, 명명변수(nominal variable)는 동일 여부만 판단할 수 있는 변수다. 예컨대, 지역(대도시, 중·소도시, 읍·면 지역), 성별(남자, 여자)은 명명변수에 해당한다. 자료를 요약할 때, 명명변수는 평균, 표준편차 분석을 할 수 없으며, 최빈값, 빈도분석, 교차분석을 해야 한다.

둘째, 서열변수(ordinal variable)는 동일 여부뿐만 아니라 서열성 여부를 판단할 수 있는 변수다. 여기서 서열성이란 대소 여부를 판단할 수 있는 경우를 말한다. 예컨대, 협동성 점수(가, 나, 다), 학점(A, B, C, D, F), 평어(수, 우, 미, 양, 가) 등은 서열변수에 해당한다. 자아개념, 태도, 성취도 등 대부분의 사회과학 변수는 서열변수에 해당한다. 자료를 요약할 때, 서열변수도 명명변수와 마찬가지로 평균, 표준편차 분석을 할 수 없고 중앙값, 빈도분석, 교차분석 등을 해야 한다. 엄격히 구분하면, 서열변수는 동간성이 없기 때문에 평균을 구할 수 없다. 예컨대, 학점으로 각각 A, B, C를 받은 사람이 모인 집단과 B, B, B를 받은 사람이 모인 집단의 비교를 위해서 '학점에 할당된 점수(A학점은 4점, B학점은 3점, C학점은 2점)'를 이용하여 평균을 구하는 것은 바람직하지 않다. 왜냐하면 학점에 할당된 점수는 동간성이 없는 서열변수에 불과하기 때문이다. 실제 성취도를 기준으로 할 때 A학점과 B학점 간 차이는 10점이고 B학점과 C학점 간 차이는 20점이라고 가정하면, [그림 2-1]에 나타난 것처럼 A, B, C를 받은 사람이 모인 집단(좌, 평균 약 76.7점)보다 B, B, B를 받은 사람이 모인 집단(우, 평균 80점)의 실제 성취도가 더 높다고 보아야 한다. 그러나 동간성이 없는 '학점에 할당된 점수(A학점은 4점, B학점은 3점, C학점은 2점)'를 기준으로 평균을 구한다면 두 집단의 평균은 동일한 값이 산출된다.

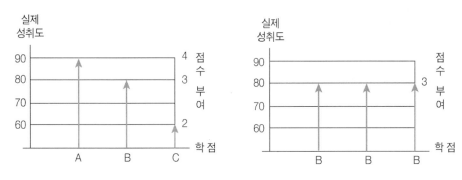

[그림 2-1] 학점과 실제 성취도 간의 관계

요컨대, 동간성이 없는 서열변수의 경우에 자료를 요약할 때 평균을 구하는 것은 잘못된 해석을 초래할 수 있다. 그러나 이러한 제한이 있음에도 불구하고 실제로는 자아개념, 태도, 성취도 등과 같이 포인트 수가 많은 서열변수의 경우에는 평균과 표준편차 분석을 허용하는 것이 일반적이다.

셋째, 동간변수(interval variable)는 동일 여부, 서열성 여부뿐만 아리라 동간성을 인정할 수 있는 변수다. 동간성이란 임의의 두 척도 간 간격이 같으면 이를 동일한 차이로 볼 수 있는 경우를 말한다. 예컨대, 1900년과 1950년 간의 차이와 2000년과 2050년 간의 차이, 20°C와 25°C 간의 차이와 30°C와 35°C 간의 차이는 동일한 물리량을 나타낸다. 즉, 연도, 온도는 동간성이 존재하므로 동간변수에 포함된다.

넷째, 비율변수(ratio variable)는 동일 여부, 서열성 여부, 동간성 여부뿐만 아니라 비율성을 인정할 수 있는 변수다. 비율성이란 한 측정치가 다른 측정치의 몇 배라고 할 수 있는 경우를 말한다. 예컨대, 100kg인 사람은 50kg인 사람에 비해서 2배 더 무겁다고 할 수 있기 때문에 몸무게는 비율성이 존재한다. 그러므로 몸무게는 비율변수에 포함된다. 이밖에도 키, 부피 등은 비율변수에 해당한다. 비율변수의 또 다른 특징은 절대영점을 가지고 있다는 것이다. '절대영점을 가진 변수'란 물리적으로 아무것도 없는 현상에 0이라는 숫자를 할당한 변수다. 이에 비해 온도와 같이, 특수한 상황(물이 어는 점)에 0(℃)이라는 숫자를 임의로 할당한 변수를 '임의영점을 가진 변수'라고 한다. 임의영점을 가진 변수는 동간변수에 해당한다.

　대부분의 자연과학 변수는 동간변수 또는 비율변수에 해당한다. 자료를 요약할 때, 동간변수와 비율변수는 평균과 표준편차 분석, 피어슨의 적률상관계수로 자료를 요약할 수 있다.

<표 2-1> 명명변수, 서열변수, 동간변수 및 비율변수의 조건

조 건	명명변수	서열변수	동간변수	비율변수
동일 여부 판단	○	○	○	○
대소 비교 판단	×	○	○	○
동간성(얼마만큼 더 큰가?)	×	×	○	○
비율성(몇 배 더 큰가? 절대영점의 존재)	×	×	×	○

　<표 2-1>처럼 명명변수가 대소 비교 판단 조건을 더 갖추고 있으면 서열변수가 되고, 서열변수가 동간성 조건을 더 갖추고 있으면 동간변수가 되며, 동간변수가 비율성 조건을 더 갖추고 있으면 비율변수가 된다. 요컨대, 명명변수, 서열변수, 동간변수, 비율변수 간의 포함관계는 [그림 2-2]와 같이 나타낼 수 있다.

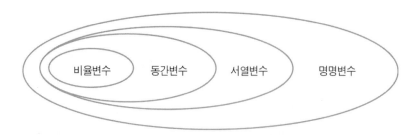

[그림 2-2] 명명변수, 서열변수, 동간변수 및 비율변수 간의 포함관계

　어떤 측정 수준의 정보를 가진 변수인지에 따라서 적용하는 통계적 분석방법이 달라진다. 명명변수나 서열변수는 빈도분석, 교차분석, χ^2 검정, 비모수적 통계방법, 특수 상관, 스피어만 상관 등을 이용하는 반면, 동간변수나 비율변수는 평균

및 표준편차 분석, t검정, 분산분석, 피어슨 상관, 회귀분석 등을 이용한다.

통계분석 방법을 결정함에 있어서 동간변수와 비율변수의 구분은 의미가 없다. 그리고 지능, 창의성, 가치관, 학업성취도와 같이 포인트 수가 많은 서열변수는 동간변수로 간주하고 분석에 활용하는 것이 관례다. 여기서 주의할 것은 동일한 변수일지라도 척도화 방식에 따라서 측정의 수준은 달라질 수 있다는 점이다. 예컨대, 일반적으로 연령은 비율변수지만, 연령을 '20세 미만, 20세 이상 30세 미만, 30세 이상 40세 미만, 40세 이상'으로 구분하였다면 이는 서열변수에 해당한다. 명명변수 또는 포인트 수가 적은 서열변수에서의 척도를 우리는 흔히 '범주(category, 일명 유목)'라고 한다.

명명변수, 서열변수, 동간변수, 비율변수는 각각 명명척도, 서열척도, 동간척도, 비율척도라는 용어로 대신할 수 있다. 전자는 연구자가 관심을 가지고 있는 연구 대상의 속성을 강조한 용어이고, 후자는 사물의 속성을 구체화하기 위한 측정의 단위를 강조한 용어다.

2) 연속 여부에 따른 변수의 분류

변수는 연속 여부에 따라서 다음과 같이 비연속변수와 연속변수로 나뉜다.

첫째, 비연속변수(discontinuous variable)는 주어진 범위 내에서 특정 값만 가질 수 있는 변수를 말한다. 예컨대, 명명변수 중에서 인종, 성별, 서열변수 중에서 학점, 석차, 비율변수 중에서 자동차 대수 등은 비연속변수에 포함된다.

둘째, 연속변수(continuous variable)는 주어진 범위 내에서 어떤 값도 가질 수 있는 변수를 말한다. 예컨대, 서열변수 중에서 수학점수, 자아개념, 동간변수 중에서 연도, 온도, 비율변수 중에서 키, 몸무게 등은 연속변수에 포함된다.

3) 인과관계에 따른 변수의 분류

변수는 인과관계에 의해서 다음과 같이 분류된다.

첫째, 독립변수(independent variable)는 영향을 주는 변수로 '예언변수'라고도 한다.

둘째, 종속변수(dependent variable)는 영향을 받는 변수로 '기준변수'라고도 한다. 교수방법이 학업성취도에 미치는 영향이 어떠한지를 분석하는 경우 교수방법은 독립변수가 되며, 학업성취도는 종속변수가 된다.

셋째, 매개변수[mediator variable, 일명 중재변수(intervening variable)]는 독립변수와 종속변수 간의 인과관계를 연결해 주는 변수다. '부모의 사회경제적 지위는 부모의 관심, 교육 투자를 통해서 학업성취도에 영향을 미친다.'고 할 때 부모의 사회경제적 지위는 독립변수에, 학업성취도는 종속변수에, 부모의 관심과 교육 투자는 매개변수에 해당한다. 매개변수가 포함되어 있으면 매개효과[mediate effect, 일명 간접효과(indirect effect)]를 평가할 수 있다. 예컨대, [그림 2-3]에 나타난 것처럼 연령이 높아지면 직무독립성 또는 월수입이 높아지며, 이를 통해서 직무만족도도 높아진다(박광배, 2004)고 할 때, 직무독립성 또는 월수입을 '매개변수'라고 한다. 이 경우 연령은 직무만족도에 직접효과를 가짐과 동시에 직무독립성 또는 월수입을 통해서 매개효과도 가진다. 직접효과와 간접효과를 합한 값을 '전체효과(total effect)'라고 한다. 물론, 직접효과, 매개효과, 전체효과가 통계적으로 유의미한지는 가설검정 과정을 거쳐야 한다. 매개효과에 대한 분석을 위해서는 LISREL, EQS,

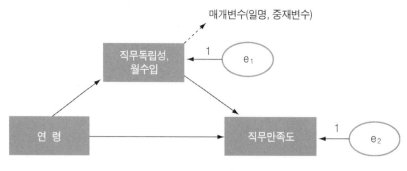

[그림 2-3] 매개변수

Mplus, Amos 등의 통계 패키지 프로그램을 활용한 구조방정식(structural equation model) 분석 또는 경로분석(path analysis)을 실시해야 한다. 매개변수를 포함한 가설의 예를 하나 더 들면, 코골이가 고혈압에 영향을 줄 수 있다는 가설은 논리의 비약으로 설득력이 낮다. 이에 '코골이는 산소 공급에 영향을 줄 수 있으며, 산소 공급이 원활하지 않으면 고혈압이 생길 수 있다.'라는 식의 대안적 가설은 이론적 인과관계가 훨씬 자연스럽게 된다. 이때 산소 공급은 매개변수에 해당한다.

매개변수와 구분되는 변수로 '조절변수'와 '제3의 변수' 및 '가외변수'가 있다. 조절변수(moderate variable)는 상호작용효과를 갖게 하는 독립변수다. 상호작용효과(interaction effect)는 독립변수 X_1이 종속변수에 미치는 영향력이 독립변수 X_2에 따라서 다른 경우를 말한다. 예컨대, 교수방법(A와 B)에 따라 학업성취도가 달라진다면 이를 '주효과(main effect)'라고 하며, 교수방법(A와 B)이 학업성취도에 미치는 영향력이 성별에 따라서 달라진다고 할 때 이를 '상호작용효과'라고 한다. 교수방법 A는 남학생에게 더 효과적이고 교수방법 B는 여학생에게 더 효과적이라면 '교수방법과 성별은 학업성취도에 대해 상호작용효과가 있다.'고 말할 수 있다.

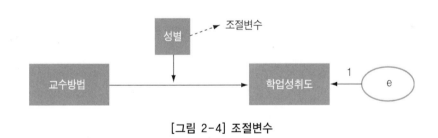

[그림 2-4] 조절변수

[그림 2-4]에서 교수방법이 학업성취도에 미치는 영향력이 성별에 따라서 다르다면 '성별'은 조절변수에 해당한다. 상호작용효과를 분석하기 위해서라면 '다원분산분석'을 활용해야 한다.

이에 비해서 허구효과를 갖게 하는 변수를 '제3의 변수(third variable)'라고 한다. 허구효과(spurious effect)는 두 변수 간의 직접적인 관계는 없으나 제3의 변수에 의해서 동시에 영향을 받음으로 두 변수 간에 관계가 있는 것처럼 보이는 경우를 말한다. 예컨대, 소방관의 수와 피해액 간의 관계는 화재의 크기라는 제3의 변수에 의한 허구효과가 작용한다(김계수, 2001). 허구효과를 제외하려면 부분상관(partial correlation) 분석을 실시해야 한다.

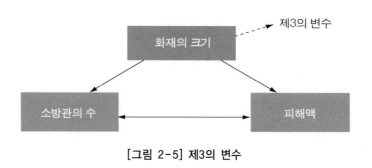

[그림 2-5] 제3의 변수

가외변수(extraneous variable)는 종속변수에 영향을 미칠 것으로 예측되지만 연구에서는 다루어지지 않아야 할 변수다. 예컨대, 특정 지역에 위치한 학교를 다님으로써 교육 효과의 유리함 혹은 불리함을 받는 현상을 '교육 격차'라고 정의하고, 이를 경험적으로 검정하기 위해 졸업을 앞 둔 시점에서 학력의 지역 간 차이를 분석했다고 하자. 이때 입학 시점에서 학력의 지역 간 차이가 존재하였다면 졸업 시점에서의 지역 간 차이를 분석함에 있어서 입학 당시의 학력은 통제해야 할 가외변수가 된다. 가외변수를 통제하기 위한 대표적인 방법이 공분산분석(ANCOVA)이다. 공분산분석을 활용하면 입학 시점의 학력을 통제한 상태에서 졸업 시점의 지역 간 학력 차이가 통계적으로 유의미한지를 분석할 수 있다.

문제 1 ○○○○년 ○월 ○일 ××에 '수술 많이 한 병원이 결과도 좋다.'라는 제목으로 다음과 같은 기사가 실렸다. 이 기사가 간과하고 있는 것은 무엇인가?

> 많은 사람이 질병 치료를 위해 병원을 선택하는 과정에서 시술 건수를 우선적으로 살핀다. 이는 **시술 건수가 많을수록 시술 결과도 좋을 가능성이 높기 때문**이다. 그렇다면 과연 시술 건수와 시술 결과는 어느 정도의 상관관계가 있는 것일까? S대 의대 의료관리학교실 A연구원팀이 2001년 1월부

터 2005년 12월까지 건강보험심사평가원의 심사결정자료를 분석한 결과에 따르면, 암 수술의 경우 시술 건수가 많은 병원이 시술 건수가 적은 병원에 비해 상대적으로 사망 위험이 낮은 것으로 나타났다. A연구원팀은 보고서에서 "외국의 연구 결과와 마찬가지로 우리나라에서도 시술 건수와 시술 결과 간에 양의 상관관계가 있는 것으로 나타났다."라고 하면서 '앞으로 양질의 의료서비스를 제공하기 위해 시술 건수와 시술 결과에 대한 적절한 관리가 필요할 것'이라고 지적했다.

문제 해설 및 해답: 부록 I 참조

4) 다른 변수에 의한 설명 여부에 따른 변수의 분류

다른 변수에 의해서 설명되는지 여부에 따라서 변수를 외생변수와 내생변수로 나눌 수 있다.

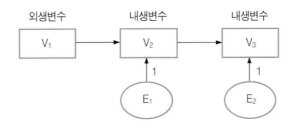

[그림 2-6] 외생변수와 내생변수

첫째, 외생변수(exogenous variable)는 [그림 2-6]에서 V_1과 같이 다른 변수에 의해서 설명되지 않는 변수를 말한다.

둘째, 내생변수(endogenous variable)는 [그림 2-6]에서 V_2와 V_3와 같이 다른 변수에 의해서 설명되는 변수를 말한다.

5) 오차의 성격에 따른 오차변수의 구분

오차변수는 그 성격에 따라서 설명오차와 측정오차로 나뉜다.

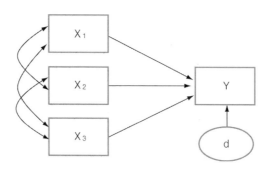

[그림 2-7] 설명오차

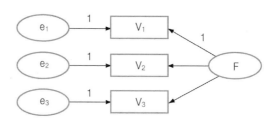

[그림 2-8] 측정오차

첫째, 설명오차(residual error)는 종속변수 중에서 연구자가 설정한 독립변수로 설명할 수 없는 부분을 말한다. [그림 2-7]은 하나의 종속변수를 세 개의 독립변수로 얼마나 예측할 수 있는지를 검정하는 중다회귀분석(multiple regression) 상황이다. [그림 2-7]에서 d는 종속변수 Y의 분산 중에서 세 개의 독립변수 X_1, X_2, X_3로 설명하거나 예측할 수 없는 부분으로 이를 '설명오차'라고 한다.

둘째, 측정오차(measurement error)는 측정 시점에 따라서 무선적으로 발생하는 오차다. 즉, [그림 2-8]에서 e_1, e_2, e_3과 같이 측정변수 V_1, V_2, V_3의 분산 중에서 F로 설명할 수 없는 부분을 '측정오차'라고 한다. 측정값 중에서 측정오차를 제외한 부분은 '신뢰도'가 된다. 예컨대, 사회경제적 지위와 같이 직접적으로 측정하기 어려운 변수(일명 요인, 잠재변수)는 소득 수준, 아버지 학력, 어머니 학력 등의 측정변수를 이용하여 추정할 수 있다. 이때 측정변수들의 공통적인 부분을 추출하고 남은 부분을 '측정오차'라 한다. 참고로 이러한 방법으로 측정오차를 통제하려는 통계적 기법을 '요인분석(factor analysis)'이라 한다.

6) 측정오차의 통제 여부에 따른 변수의 분류

변수는 측정오차를 통제한 변수인지 아닌지에 따라서 측정변수와 잠재변수로 나뉜다.

첫째, 측정변수(measured variable, manifest variable)란 검사도구를 통해서 직접 관측이 가능한 변수를 말한다. 예컨대, 리커트(Likert) 척도를 통해서 얻은 수학 태도 점수 50점, 중간고사에서 얻은 수학점수 88점, 키 180cm 등은 측정변수에 해당한다.

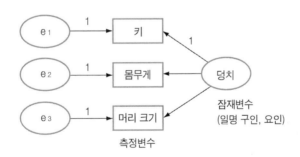

[그림 2-9] 측정변수와 잠재변수

둘째, 잠재변수(latent variable, 일명 이론변수)란 검사도구로부터 직접 관측이 불가능한 변수로써, 요인분석의 논리를 활용하여 측정변수에서 측정오차를 제외하고 이론적으로 도출한 변수를 말한다. [그림 2-9]에서 키, 몸무게, 머리 크기는 직접 측정하여 얻은 측정변수인 반면, 이 세 가지의 공통적인 특성을 수리적인 과정을 거쳐 뽑아 내고 그 이름을 '덩치'라고 이론화하였다면 '덩치'는 잠재변수에 해당한다. 요인분석에서 얻은 요인점수(factor score)는 잠재변수의 한 예다.

국가고시 출제를 위한 합숙생활의 만족도를 측정하기 위해서 '국가고시 합숙 출제 요청이 왔을 때 다시 참여하겠습니까?'라는 질문을 하고 '무슨 일이 있어도 참여하겠다.', '큰 일이 없으면 참여하겠다.', '다소 고민을 해 봐야겠다.', '절대 참여하지 않겠다.' 중에서 하나를 선택하게 하여 각각에 4점, 3점, 2점, 1점의 점수를 부여한다고 하자. 이때 합숙생활 만족도는 잠재변수에 해당하고, 이를 측정하기 위한 구체적 질문에 대한 응답 점수는 측정변수에 해당한다.

7) 독립변수의 처치조건에 피험자를 배치하는 방법에 따른 변수의 분류

독립변수의 처치조건에 피험자를 어떻게 배치하느냐에 따라 피험자 간 변수와 피험자 내 변수로 나뉜다.

첫째, 독립변수의 각 처치조건에 피험자를 무선적으로 배치하여 독립변수의 효과를 검정한다면, 그 독립변수를 '피험자 간 변수(between subject variable)'라고 한다. 예컨대, 세 가지 교수방법의 효과를 검정하기 위해 세 개의 집단을 구성하여 세 집단에 세 가지 교수방법을 제각기 적용하였다면, 교수방법이라는 독립변수는 피험자 간 변수가 된다. 이처럼 피험자 간 변수가 포함된 설계를 '무선배치설계'라고 한다.

둘째, 동일한 피험자를 대상으로 독립변수의 각 처치조건을 차례로 적용하여 독립변수의 효과를 검정한다면, 그 독립변수를 '피험자 내 변수(within subject variable)'라고 한다. 예컨대, 세 가지 교수방법의 효과를 검정하기 위해 한 집단에 세 가지 교수방법을 차례로 적용하였다면, 교수방법이라는 독립변수는 피험자 내 변수가 된다. 이처럼 피험자 내 변수가 포함된 설계를 '반복측정설계'라고 한다.

무선배치설계는 이월효과(carry-over effect)의 문제점을 최소화할 수 있으나 피험자 간 차이가 매우 클 때 이를 통제하기 어렵다. '이월효과'란 선행 실험 처치나 연구조건의 영향이 후속 실험 처치나 연구조건이 시행되는 동안까지도 남아서 작용하는 현상을 말한다. 이에 비해서 반복측정설계는 피험자 간 차이가 매우 클

때 이에 대한 요인의 통제가 용이하며, 표본 수의 확보가 힘들 때 유리하지만 이월 효과의 문제점을 통제하기 어렵다.

8) 독립변수의 처치조건을 선택하는 방법에 따른 변수의 분류

연구자가 독립변수의 처치조건을 선택하는 방법에 따라 독립변수는 고정변수와 무선변수로 나뉜다.

첫째, 독립변수를 구성하는 처치조건을 연구자가 의도적으로 선택한 경우, 그 독립변수를 '고정변수(fixed variables)'라고 한다. 독립변수가 고정변수일 경우, 연구자는 선택한 독립변수의 각 처치조건 간의 구체적인 비교에 직접적인 관심을 가진다. 이 경우 연구결과의 일반화 범위는 선택한 처치조건에 국한된다.

둘째, 독립변수의 처치조건을 연구자가 무선적으로 선택한 경우, 그 독립변수를 '무선변수(random variables)'라고 한다. 독립변수가 무선변수일 경우, 연구자는 선택된 독립변수의 처치조건 간의 구체적인 차이에 관심이 있는 것이 아니라, 선택한 처치조건 간의 차이에 대한 결과를 그 처치조건이 표집되어 온 전집에 일반화하는 데 관심을 가진다. 구체적인 내용은 제6부 제24장의 ❺를 참조하기 바란다.

문제 2 '세 가지 교수방법에 따른 학업성취도 차이 분석' 연구에서 교수방법이 고정변수일 때와 무선변수일 때 각각 해석에서의 차이는 무엇인가?

문제 해설 및 해답: 부록 Ⅰ 참조

보충학습

독립변수와 종속변수의 조건에 따른 분석방법

1. χ^2 검정
   ① 1개의 범주형 변수의 척도별 빈도비율 비교
   – 예1: 5부제에 대한 찬반의견이 동일하다고 할 수 있는지 비교
   – 예2: 조기 유학의 찬반의견이 60 : 40이라고 할 수 있는지 비교

② 2개 이상의 범주형 변수에서 빈도 또는 비율의 집단 간 비교
  -예1: 선호하는 색깔에 대한 비율의 남녀 간 비교
  -예2: 흡연 여부에 따른 폐암 발병률 비교

2. t검정
① 독립변수 1개: 범주형 변수(범주의 개수: 2개)
② 종속변수 1개: 양적변수
③ t검정의 종류
  • 독립표본 t검정: 독립적인 두 집단의 평균 비교
   -예: 남녀 간의 성취도 차이 비교
  • 대응표본 t검정: 자료가 대응된 두 집단의 평균 비교
   -예: 쌍둥이를 대상으로 한 형과 아우 간의 지능 비교

3. 일원분산분석(one-way ANOVA)
① 독립변수 1개: 범주형 변수(범주의 개수: 3개 이상)
② 종속변수 1개: 양적변수
③ 분산분석의 종류
  • 무선배치 분산분석: 독립적인 세 집단 이상의 평균 비교
   -예: 대도시, 중·소도시, 읍·면 지역 간의 성취도 차이 비교
  • 반복측정 분산분석: 자료가 대응된 세 집단 이상의 평균 비교
   -예: 동일한 피험자를 대상으로 학년 초, 학년 중간, 학년 말의 성취도 비교

4. 이원분산분석(two-way ANOVA)
① 독립변수 2개: 범주형 변수
② 종속변수 1개: 양적변수
  -예: 지역과 성별에 따른 성취도 차이 비교

5. 다원분산분석(multi-way ANOVA)
① 독립변수 2개 이상: 범주형 변수
② 종속변수 1개: 양적변수
  -예1: 지역과 성별과 과외 여부에 따른 성취도 차이 비교
  -예2: 지역과 성별과 연령대에 따른 성취도 차이 비교
    ※ 연령은 비율변수에 해당하지만, 연령대는 연령을 몇 개의 구간으로 나누었기 때문에 범주형 변수에 해당한다. 연령이 비율변수였다면 다원분산분석을 적용하기 어렵다.

6. 다변량분산분석(multi-variate ANOVA : MANOVA)

　① 독립변수 1개 이상: 범주형 변수

　② 종속변수 2개: 양적변수

　　-예: 영어성취도와 수학성취도 벡터의 지역 간 차이 비교

7. 공분산분석(ANCOVA)

　① 독립변수 2개 이상: 통제할 변수인 공변수 1개 이상(양적변수)과 범주형 변수 1개 이상

　② 종속변수 1개: 양적변수

　　-예1: 입학 당시 성취도를 통제한 상태에서 졸업 당시 성취도의 지역 간 차이 비교

　　　※ 연구 목적: 지역에 따른 교육 효과의 차이 비교

　　-예2: 입학 당시 성취도를 통제한 상태에서 졸업 당시 성취도의 인종 간 차이 비교

　　　※ 연구 목적: 인종에 따른 교육 효과의 차이 비교

　　-예3: 과학성취도를 통제한 상태에서 수학성취도의 지역 간 차이 비교

　　　※ 연구 목적: 과학적 능력을 제외한 순수한 수학적 능력의 지역 간 차이 비교

문제 3 다음과 같은 상황에 가장 적합한 통계검정기법은 무엇인가?

　① 2007년도 남북한의 GNP 비교

　② 1950년 이후의 남북 GNP 비교(10개 연도를 표집해서 비교했다고 가정)

　③ 사범대와 비사범대의 임용시험 합격률 비교

　④ 지역별 선거 참여율 비교

　⑤ 2007년도 ○○와 △△의 자동차 판매량 비교

　⑥ 성별과 연봉에 따른 해외 여행 선호 지역 차이 비교

　⑦ 성별과 연봉에 따른 아프리카 여행의 선호도 차이 비교

　⑧ 'F' 발음과 'L' 발음 인식 속도의 국가 간 비교

　⑨ 상담 전과 후의 우울증 변화

　⑩ 상담 전과 후의 우울증 변화의 남녀 간 차이

　　　　　　　　　　　문제 해설 및 해답: 부록 Ⅰ 참조

2 전집과 표본

전집(population, 일명 모집단)은 연구자가 관심을 갖는 전체 집단이다. 예컨대, 우리나라 중학교 1학년의 수학에 대한 태도 변화가 어떠한가를 탐색하는 연구에서 전집은 우리나라 중학교 1학년 전체 학생이다. 전집에서 얻은 평균, 표준편차, 상관 등을 '모수(parameters)' 또는 '전집치'라고 한다.

이에 비해서 표본(sample)은 전집의 어떤 특성을 추정하기 위하여 전집에서 선발된 소수의 집단을 말한다. 표집(sampling)은 표본을 구성하기 위해서 전집에서 표본을 추출하는 행위다. 표본에서 얻은 평균, 표준편차, 상관 등을 '통계량(statistics)' 또는 '추정치'라고 한다. 표본의 범위에 따라 일반화의 범위가 달라진다.

3 표집방법

표집(sampling)방법은 확률적 표집과 비확률적 표집으로 나뉜다. 확률적 표집은 전집을 구성하는 모든 요소가 표집될 가능성이 동일한 것으로서 객관적인 절차로 설계하여 표집하는 방법이다. 이에 비해서 비확률적 표집은 연구자의 주관적인 판단에 의해서 표집하는 방법이다.

1) 확률적 표집

확률적 표집은 단순무선표집, 유층표집, 군집표집, 단계적 표집, 체계적 표집 등으로 나뉜다.

첫째, 단순무선표집(simple random sampling)은 난수표, 제비 등을 이용하여 임의로 사례를 표집하는 경우를 말한다.

둘째, 유층표집(stratified sampling, 일명 층화표집)은 전집이 갖는 중요한 특성을 기준으로 여러 개의 하위집단을 구분하고 각 하위집단에서 무선표집하는 경우를 말한다.

셋째, 군집표집(cluster sampling)은 집단 단위로 표집하는 경우다. 유층군집표집(stratified cluster sampling)은 유층표집과 군집표집을 혼합한 형태다.

넷째, 단계적 표집(stage sampling)은 군집표집의 한 유형으로서 1단계 표집단위를 뽑은 후에 2단계 표집단위를 뽑는 경우를 말한다. 예컨대, 100개 학교를 표집하고, 그중에서 학교별로 1개 학급을 표집하는 것은 단계적 표집에 해당한다.

다섯째, 체계적 표집(systematic sampling)은 일정한 간격으로 표집하는 경우를 말한다. 예컨대, 모든 초등학교 1학년 1반 25번을 표집하는 것은 체계적 표집에 해당한다.

2) 비확률적 표집

비확률적 표집에는 의도적 표집, 할당표집, 우연적 표집, 눈덩이 표집 등이 있다.

첫째, 의도적 표집(purposive sampling)은 '특정 지역의 조사가 전체를 잘 반영해 주었다.'라는 경험을 토대로 그 지역을 대상으로 의도적으로 표집한 경우를 말한다.

둘째, 할당표집(quota sampling)은 어떤 지역에서 어떤 직업을 가진 사람을 몇 명 표집하라고 할당한 경우가 그 예로서 확률적 표집방법 중에서 유층표집과 흡사하다.

셋째, 우연적 표집(accidental sampling)은 길거리에서 기자가 아무나 선정하여 면담한 경우 또는 수강생을 대상으로 한 조사연구와 같이, 조사자가 손쉽게 이용 가능한 대상만을 선택하여 표집하는 방법이다.

넷째, 눈덩이 표집(snowballing sampling)은 동성애자들의 실태연구와 같이, 연구대상에 대한 사전정보가 거의 없어 소수의 연구자를 먼저 표집한 후 이들로부터 유사한 연구대상자를 소개받는 표집방법이다.

> **문제 4** 우리나라 초등학생의 사교육비 실태를 파악하기 위해서 전국 초등학생을 지역별, 성별, 학년별로 나누어 각 하위집단에서 무선표집하였다. 이때 사용된 표집방법은 무엇인가?
>
> 문제 해설 및 해답: 부록 I 참조

> **문제 5** 200세대에 일련 번호를 붙여 5세대 간격으로 40세대를 표집하였다. 이때 사용된 표집방법은 무엇인가?
>
> 문제 해설 및 해답: 부록 I 참조

4 분포의 모양

분포(distribution)란 각 점수대별로 상대적 빈도를 도식화한 것이다. 일상생활에서 가장 많이 접하는 분포는 정규분포(normal distribution, 일명 정상분포)다. 정규분포는 좌우대칭이면서 X축과 절대 만나지 않고, 평균, 중앙값 및 최빈값이 동일하다. 특히, 평균을 기준으로 1표준편차 내에 약 68%, 2표준편차 내에 약 95%, 3표준편차 내에 약 99.7%가 존재한다. 점수가 정규분포를 이룬다면 평균과 표준편차만으로 평균이 0, 표준편차가 1인 점수인 Z점수로 변환함으로써 특정 점수에 해당하는 순위를 알 수 있다.

정규분포를 벗어났는지의 여부는 왜도와 첨도를 구함으로써 판단할 수 있다. 이에 대해서는 이 책의 제1부 제1장 ❶을 참조하기 바란다. 정규분포 이외에도 χ^2분포, t분포, F분포 등이 있다. 이에 대해서는 본 교재의 제3부 제6장에서 좀 더 구체적으로 다루고자 한다.

5 실험연구

실험연구란 변수의 '조작'이나 '통제'가 포함된 연구를 말한다. 이와 대조적인 용어로 실태연구, 조사연구 및 비실험연구가 있다. 조작 또는 통제의 방법은 물리적 조작, 선택적 조작, 통계적 조작 등으로 나뉜다.

첫째, 물리적 조작(또는 통제)이란 인위적인 힘을 가해서 특정 변수가 개입 또는 개입되지 않도록 하는 것이다. 개가 주인의 몸동작이 아니라 말소리로 인식하는지 검정하기 위해서 개와 주인 사이에 칸막이를 놓고 주인의 명령을 말소리로 인식하는지 확인하는 것은 물리적 조작의 한 예다.

둘째, 선택적 조작이란 짝짓기 방법이나 무선화 방법을 통해서 처치변수 투입 이전의 실험집단과 통제집단 간의 동질성을 확보하는 과정을 말한다.

셋째, 통계적 조작은 통계적인 힘을 빌려 특정 변수의 영향을 제거하는 것이다. 부분상관, 사전검사와 사후검사의 차이점수에 대한 일원분산분석(독립표본 t 검정), 공분산분석(ANCOVA), 중다회귀분석 등은 통계적 조작의 대표적인 예다.

실험연구의 가장 큰 목적은 인과관계의 탐색이다. X를 제외한 모든 변수를 통제한 상태에서 X의 처치 여부에 따라서 Y가 차이가 있다는 것은 X가 Y의 원인이라고 판단할 수 있다. 예컨대, '쓰기 병용을 활용한 학습이 성취도에 미치는 영향'을 실험연구를 통해서 검정한다고 하자. 이를 위해서는 먼저 동질적인 두 집단을 구성하여 한 집단은 시각으로만 암기하도록 하고(통제집단), 다른 한 집단은 쓰기를 병용하여 암기하도록 한 다음(실험집단), 두 집단의 성취도 차이를 비교한다. 이때 낭독을 통한 학습, 암기 시간, 학습자 수준 등은 통제해야 할 변수다.

변수의 조작 또는 통제가 포함된 연구설계를 '실험설계(experimental designs)'라고 한다. 실험설계는 '진실험설계(true-experimental designs)'와 '준실험설계(quasi-experimental designs)'로 구분된다. 진실험설계는 실험집단과 통제집단이 동시에 있으면서, 실험집단과 통제집단을 구성하는 데 무선배치(random assignment)의 원칙이 지켜진 연구설계를 말한다. 이에 비해 앞의 두 가지 조건 중 하나가 지켜지지 않은 연구설계를 준실험설계라고 한다. 무선배치는 준실험설계에서 발견할 수 없는 진실험설계만의 특징이다.

1) 준실험설계

(1) 단일집단 전후검사설계

단일집단 전후검사설계(one-group pretest-posttest design)는 한 집단을 대상으로 처치변수 투입 전후를 비교함으로써 처치의 효과를 검정하는 설계다.

사전검사	처 치	사후검사
O_1	X	O_2

(단, O는 관찰, X는 처치)

단일집단 전후검사설계의 분석방법은 대응표본 t 검정, 반복측정 ANOVA 등이다.

이 설계의 한계점은 사전검사와 사후검사 간 점수 변화가 전적으로 처치에 의한 효과라고 보기 어렵다는 것이다. 즉, 역사, 성숙, 반복검사, 도구 사용의 변화, 통계적 회귀 등의 내적타당도 저해 요인이 발생할 수 있다.

(2) 이질집단 사후검사설계

이질집단 사후검사설계(posttest-only nonequivalent group design)는 동질성을 보장할 수 없는 실험집단과 통제집단을 구성하여 사후검사만을 실시하는 설계로서, 처치변수를 투입한 실험집단과 처치변수를 투입하지 않은 통제집단의 사후검사 결과를 비교함으로써 처치의 효과를 검정하는 설계다. 이 설계는 실험집단과 통제집단을 구성할 때 무선배치의 원칙이 지켜지지 않았다는 단점이 있다.

	처 치	사후검사
실험집단	X	O_1
통제집단		O_2

(단, O는 관찰, X는 처치)

이질집단 사후검사설계의 분석방법은 독립표본 t 검정, 일원분산분석(one-way ANOVA) 등이다.

이 설계의 한계점은 처치변수 투입 이전에 두 집단이 동질하다고 보기 어렵다는 것이다. 즉, 피험자 선발과 피험자 탈락 등의 내적타당도 저해 요인이 발생할 수 있다.

(3) 이질집단 전후검사설계

이질집단 전후검사설계(nonequivalent control group pretest-posttest design)는 동질성을 보장할 수 없는 실험집단과 통제집단을 구성하여 처치변수 투입 전후에 사전검사와 사후검사를 실시하는 설계로서, 가장 많이 이용하는 설계방법이다. 이 설계는 처치변수를 투입한 실험집단과 처치변수를 투입하지 않은 통제집단의 사후검사 결과를 비교함으로써 처치의 효과를 검정하되, 사전검사를 통해서 두 집단의 동질성을 확인하거나 사전검사를 공변수로 이용하여 분석함으로써 두 집단의 동질성을 통계적으로 보장해 주는 설계다.

	사전검사	처 치	사후검사
실험집단	O_1	X	O_2
통제집단	O_3		O_4

(단, O는 관찰, X는 처치)

이질집단 전후검사설계의 분석방법은 [그림 2-10]에 나타난 것처럼 사전검사를 이용하여 실험집단과 통제집단 간의 동질성을 확인한 후, 동질성이 있는 경우에는 일원분산분석(독립표본 t 검정)을 적용하고, 동질성이 없는 경우에는 공분산분석, 사전검사와 사후검사의 차이 점수에 대한 일원분산분석(독립표본 t 검정), 혼합설계 등을 적용한다.

이 설계의 한계점은 피험자 선발과 성숙 간의 상호작용(성장 가능성)을 통제하기 어렵다는 것이다.

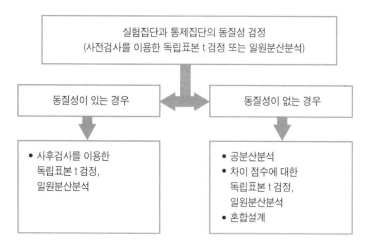

[그림 2-10] 이질집단 전후검사설계의 분석 절차

2) 진실험설계

(1) 전후검사 통제집단설계

전후검사 통제집단설계(pretest-posttest control group design)는 실험집단과 통제집단을 무선배치의 원칙으로 구성하여 처치변수 투입 전후에 사전검사와 사후검사를 실시하는 설계다. 이 설계는 실험집단과 통제집단을 구성할 때 무선배치의 원칙이 지켜졌다는 점에서 이질집단 전후검사설계와 구분된다.

		사전검사	처 치	사후검사
실험집단	R	O_1	X	O_2
통제집단	R	O_3		O_4

(단, R은 무선배치, O는 관찰, X는 처치)

이 설계는 무선배치의 원칙이 지켜졌기 때문에 처치변수 투입 이전에 비교하려는 집단의 동질성을 어느 정도 보장할 수 있다. 그러나 표본의 크기가 작은 경우 또는 무선배치를 하였음에도 표본이 편파적으로 표집된 경우에는 전후검사 통제집단설계라 하더라도 집단의 동질성을 보장하기 어려운 경우가 발생한다. 그러므로 전후검사 통제집단설계의 분석방법은 이질집단 전후검사설계와 거의 유사하다고 볼 수 있다. 즉, 사전검사를 이용하여 실험집단과 통제집단 간의 동질성을 확인한 후, 동질성이 인정되면 일원분산분석(독립표본 t 검정)을 적용하고, 동질성이 인정되지 않으면 공분산분석, 사전검사와 사후검사의 차이 점수에 대한 일원분산분석(독립표본 t 검정), 혼합설계 등을 적용하는 것이 바람직하다.

이 설계의 한계점은 새로운 것에 대한 긍정적 평가에 따른 실험의 오류(Hawthorne effect), 통제집단에 있는 연구대상이 실험집단에 있는 연구대상보다 더 나은 결과가 나타나도록 노력하는 현상에 따른 실험의 오류(John Henry effect), 연구자 효과 등 실험 상황과 일상생활 간의 이질성에 의한 일반화 한계 및 피험자 선발과 실험처치 간의 상호작용, 사전검사와 실험처치 간의 상호작용 등의 외적타당도 저해 요인이 발생할 수 있다는 점이다.

(2) 사후검사 통제집단설계

사후검사 통제집단설계(posttest-only control group design)는 처치변수를 투입한 실험집단과 처치변수를 투입하지 않은 통제집단의 사후검사 결과를 비교함으로써 처치의 효과를 검정하는 설계다. 이 설계는 실험집단과 통제집단을 구성할 때 무선배치의 원칙이 지켜졌다는 점에서 이질집단 사후검사설계와 구분된다.

		처 치	사후검사
실험집단	R	X	O_1
통제집단	R		O_2

(단, R은 무선배치, O는 관찰, X는 처치)

사후검사 통제집단설계의 분석방법은 독립표본 t 검정, 일원분산분석이 사용된다. 이 설계는 대부분의 내적타당도 저해 요인과 사전검사 실시에 따른 영향을 최소화할 수 있다는 장점이 있다.

6 통계적 실험설계

연구자는 변수들 사이의 관계를 파악하기 위해서 몇 개의 집단으로 연구대상을 나눌 것인지, 한 집단에 몇 명의 연구대상을 어떠한 방법으로 배치할 것인지 결정해야 한다. 이에 따라서 다음과 같은 다양한 통계적 실험설계가 있을 수 있다.

1) 무선배치설계

독립변수의 각 처치조건에 피험자를 무선적으로 배치하여 독립변수의 효과를 검정하는 설계를 '무선배치설계'라고 한다. 예컨대, 세 가지 교수방법(피험자 간 변수)에 피험자를 30명씩 배치하여 성취도 평균을 비교함으로써 교수방법의 효과를 검정하는 경우다. 무선배치설계는 이월효과의 문제점을 최소화할 수 있다는 장점이 있다.

2) 반복측정설계

동일한 피험자를 대상으로 독립변수의 각 처치조건을 차례로 적용하여 독립변수의 효과를 검정하는 설계를 '반복측정설계'라고 한다. 예컨대, 30명에 세 가지 교수방법(피험자 내 변수)을 차례로 적용하면서 교수방법의 효과를 검정하는 경우다. 반복측정설계는 피험자 간 차이가 매우 클 때 이에 대한 요인의 통제가 용이하며 사례 수의 확보가 힘들 때 유리하다.

3) 요인설계

한 독립변수의 처치조건이 다른 독립변수의 처치조건과 서로 교차되는 경우를 '요인설계(factorial design, 또는 교차설계)'라고 한다. 예컨대, [그림 2-11]에서 보는 바와 같이 두 가지 교수방법이 학업성취에 미치는 효과가 지능의 상하에 따라서 어떻게 다른지를 알아보기 위해서 지능이 '상'인 집단과 '하'인 집단을 무선으로 구성한 다음, 각각의 집단을 다시 무선으로 두 개의 집단으로 구성하여 '교수방법 b_1'과 '교수방법 b_2'를 처치한다면 이는 요인설계에 해당한다. 이때 교수방법과 지능을 '교차변수(crossed variable)'라고 한다.

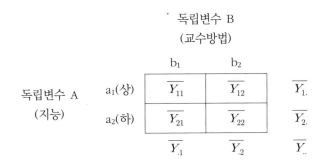

[그림 2-11] 요인설계

　요인설계의 목적은 주효과와 상호작용효과를 동시에 분석하는 데 있다. 한 독립변수에 따라서 종속변수의 차이가 있다면 그 독립변수는 종속변수에 '주효과'가 있다고 하고, 한 독립변수에 따른 종속변수의 차이가 다른 독립변수에 따라서 다르다면 두 가지 독립변수는 종속변수에 '상호작용효과'가 있다고 한다. [그림 2-11]에서 $\overline{Y_{1.}}$과 $\overline{Y_{2.}}$가 통계적으로 유의미한 차이가 있으면 독립변수 A가 주효과가 있는 경우고, $\overline{Y_{.1}}$과 $\overline{Y_{.2}}$가 통계적으로 유의미한 차이가 있으면 독립변수 B가 주효과가 있는 경우다. 반면 $\overline{Y_{11}}+\overline{Y_{22}}$와 $\overline{Y_{12}}+\overline{Y_{21}}$가 통계적으로 유의미한 차이가 있으면 독립변수 A와 독립변수 B가 종속변수에 대해서 상호작용효과가 있는 경우다.

　특히, 독립변수가 두 개인 경우를 이원분산분석, 세 개인 경우를 삼원분산분석이라고 한다. 삼원분산분석의 경우 주효과는 최대 3개(X_1, X_2, X_3)까지 있을 수 있으며, 상호작용효과는 최대 4개(X_1과 X_2, X_1과 X_3, X_2와 X_3, X_1과 X_2와 X_3)가 있을 수 있다. 물론, 통계적으로 유의미하지 않은 효과가 있다면 이보다 적은 수의 주효과와 상호작용효과가 있게 된다.

4) 배속설계

한 독립변수의 처치조건이 다른 독립변수의 처치조건에 배속되는 경우를 '배속설계(nested designs, 일명 내재설계, 위계설계)'라고 한다.

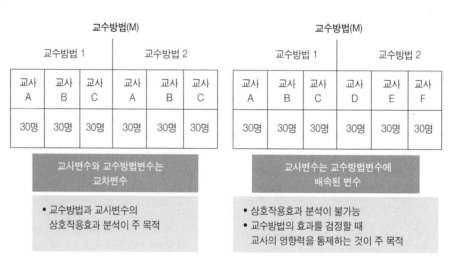

[그림 2-12] 교차설계(좌)와 배속설계(우)의 비교

예컨대, 두 가지 교수방법(M)이 학업성취(Y)에 미치는 효과를 보기 위해서, [그림 2-12]의 오른쪽에서 나타난 것처럼 교사 A, 교사 B, 교사 C는 교수방법 1을 이용하게 하고, 교사 D, 교사 E, 교사 F는 교수방법 2를 이용하게 함으로써 교사에 따른 효과의 차이를 분석 과정에서 통제하려 한다면 이는 배속설계에 해당한다. 이때 교사변수(t)는 교수방법변수(M)에 배속되어 있기 때문에 '배속변수(nested variable)'라고 하며, 't(M)' 또는 't : M'으로 표현한다. [그림 2-12]의 오른쪽 설계를 적용하였음에도 불구하고 분석 과정에서 교사변수를 반영하지 않으면, 교사의 개인 능력이 달라서 교수방법에 따른 효과의 차이가 발생할 수 있음을 분석 과정에서 전혀 통제할 수 없게 된다.

<표 2-2>는 교사변수를 배속변수로 활용하지 않은 경우와 활용한 경우의 분산분석의 차이를 보여 주는 한 예다. <표 2-2>에 따르면, 교사변수를 배속변수로 활용하지 않은 경우에는 교수방법에 따른 효과가 통계적으로 유의미한 차이가

있었지만, 교사변수를 배속변수로 활용한 경우에는 유의미한 차이가 없는 것으로 나타났다. 이처럼 교사변수를 배속변수로 활용하면 t : M 분산을 분리함으로써 실험절차상의 오류를 통제할 수 있기 때문에 교수방법 간 분산에 대한 신뢰성을 높일 수 있다.

요컨대, 배속설계의 목적은 연구자가 궁극적으로 관심 있는 독립변수(예컨대, 교수방법)의 효과를 검정할 때 다른 독립변수(예컨대, 교사변수)의 잡음효과를 통제함으로써 실험의 내적타당도를 높이는 데 있다.

<표 2-2> 교사변수를 배속변수로 활용하지 않은 경우와 활용한 경우의 분산분석표 예

분산원	SS	df	MS	F	분산원	SS	df	MS	F
M	93.63	1	93.63	10.11*	M	93.63	1	93.63	3.01
					t : M	124.53	4	31.13	5.54*
Error	259.33	28	9.26		Error	134.80	24	5.62	
Total	352.96	29			Total	352.96	29		

* $p < .05$

$\begin{bmatrix} \text{교사변수를 배속변수로} \\ \text{활용하지 않은 경우} \end{bmatrix}$　　$\begin{bmatrix} \text{교사변수를 배속변수로} \\ \text{활용한 경우} \end{bmatrix}$

출처: 변창진, 문수백(1999)

그러나 배속설계는 교차설계와 달리 상호작용효과를 분석할 수 없다는 단점이 있다. 만약 교수방법의 효과가 교사에 따라서 다를 수 있는지 검정하려 한다면 교차설계를 활용해야 한다. 반면 교사변수를 통제하였을 때 교수방법의 효과를 검정하는 데 궁극적인 목적이 있다면 배속설계가 더 효율적일 것이다.

5) 구획설계

연구자가 관심 있는 독립변수(X)의 효과를 검정할 때, 종속변수(Y)에 영향을 미칠 수 있는 또 다른 독립변수(A)의 영향을 통제하기 위해서 통제하려는 독립변수(A)를 여러 개의 구간으로 나누어, 각 구간 내에서 독립변수 X의 각 처치조건별로 피험자를 할당하는 설계를 '구획설계(block designs)'라고 한다. 예컨대, 세 가지 교수방법(X)이 학업성취도(Y)에 미치는 효과를 검정할 때 지능(A)의 영향을 통제하기 위해서, [그림 2-13]에 나타난 것처럼 각 지능 수준별로 피험자를 세 가지 교수방법에 무선적으로 배치한다면 이는 구획설계에 해당한다. 이때 지능을 '구획변수'라고 한다.

		교수방법(X)		
	구획 1(90~94)	52	53	54
지능(A)	구획 2(95~99)	57	56	56
[구획변수]	구획 3(100~105)	62	62	61
	...	...	...	...

(단, 괄호의 숫자는 지능의 범위, 각 셀의 숫자는 학업성취도)

[그림 2-13] 구획설계의 예

구획설계의 목적은 연구자가 궁극적으로 관심 있는 처치변수(예컨대, 교수방법)의 효과를 검정할 때 처치변수의 효과를 상쇄시키는 실험외적 변수(예컨대, 지능)를 통제하는 데 있다. 공분산분석이 실험외적 변수를 통제하기 위한 간접적인 통계기법이라면, 구획설계는 실험외적 변수를 통제하기 위해서 실험외적 변수를 실험설계 속에 직접 포함시킨 방법이다.

구획설계는 구획변수의 성격에 따라서 다음과 같이 구분할 수 있다.

첫째, 구획변수가 지능과 같이 무선변수이면서 구획×처치조건에 피험자를 한 명씩 무선으로 배치한 경우를 '무선구획설계(randomized block designs)'라고 한다.

둘째, 구획변수가 '지역(대도시, 중·소도시, 읍·면지역)'과 같이 고정변수이면서 구획×처치조건에 피험자를 한 명씩 무선으로 배치한 경우를 '고정구획설계(fixed block designs)'라고 한다.

셋째, 구획×처치조건에 피험자를 두 명 이상씩 무선으로 배치한 경우를 '처치-구획설계(treatments-blocks designs)'라고 한다.

6) 혼합설계

'혼합설계(mixed designs, split-plot designs)'는 피험자 간 변수와 피험자 내 변수가 통합된 설계를 말한다. 피험자 간 변수와 피험자 내 변수의 개수에 따라서 1피험자 간 1피험자 내 설계(one between-one within subjects designs), 2피험자 간 1피험자 내 설계(two between-one within subjects designs) 등으로 나뉜다. 예컨대, 두 가지 교수방법이 처치기간에 따라서 수학성취도에 어떠한 효과를 미치고 있는지 검정하기 위해서 30명씩 무선적으로 배치한 두 개의 집단에 각각 교수방법 A와 교수방법 B를 6주간 적용시키면서 '처치를 시작한 시점', '3주가 지난 시점', '6주가 지난 시점'에 각각 수학성취도를 반복적으로 측정한 경우는 피험자 간 변수(교수방법)와 피험자 내 변수(처치기간)가 각각 1개이기 때문에 '1피험자 간 1피험자 내 설계'에 해당한다.

혼합설계의 목적은 반복측정한 변수와 무선배치한 변수의 주효과 및 이들 간의 상호작용효과를 검정하는 데 있다. [그림 2-14]와 같은 설계를 이용하면, 교수방법 변수의 주효과, 처치기간 변수의 주효과 및 교수방법과 처치기간의 상호작용효과를 검정할 수 있다.

이질집단 전후검사설계는 혼합설계 중에서 1피험자 간 1피험자 내 설계로 간주하여 처치변수의 효과를 검정할 수 있다. 이질집단 전후검사설계에서 연구자의 주요 관심은 사전검사에서의 집단 간 차이를 통제하였을 때 사후검사에서 두 집단 간에 차이가 있는지 규명하는 데 있다. 예컨대, [그림 2-15]와 같은 이질집단 전후검사설계에서, 사전검사에서는 교수방법 A를 적용한 집단이 교수방법 B를 적용한 집단보다 수학성취도가 더 높았지만 사후검사에서는 교수방법 B를 적용한 집단이 오히려 더 높았다면 교수방법 B는 교수방법 A에 비해서 효과적인 교수방법이라고 판단할 수 있다.

처치기간

		0주	3주	6주
A	s_{11}	50	52	51
	s_{12}	63	63	61
	…	…	…	…
B	s_{21}	49	53	55
	s_{22}	63	63	66
	…	…	…	…

교수방법

(각 셀의 숫자는 수학성취도)

[그림 2-14] 혼합설계(1피험자 간 1피험자 내 설계)의 예

측정시점

		사전검사	사후검사
A	s_{11}	50	52
	s_{12}	63	63
	…	…	…
B	s_{21}	49	53
	s_{22}	63	63
	…	…	…

교수방법

(각 셀의 숫자는 수학성취도)

[그림 2-15] 이질집단 전후검사설계의 예

요컨대, 교수방법과 측정시점 간의 상호작용효과가 통계적으로 유의미한지를 평가함으로써 이질집단 전후검사설계에서의 처치변수의 효과성을 검정할 수 있다.

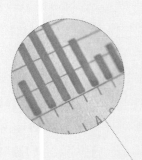

제2부

자료의 요약

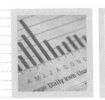

제**3**장
집중경향과 변산도

1 집중경향

집중경향(central tendency)은 전반적 수준을 나타내는 지수로서 '대표값'이라고
도 한다. 집중경향으로는 평균(mean), 중앙값(median), 최빈값(mode) 등이 있다.
평균으로는 전체 합산 점수를 사례수로 나눈 산술평균이 가장 많이 사용되며, 이
밖에도 기하평균, 조화평균 등이 있다. 중앙값은 서열상 가운데에 위치한 피험자
의 점수이고, 최빈값은 빈도가 가장 높은 점수다. [그림 3-1]에 나타난 것처럼 극
단적인 부적편포를 이루는 경우 산술평균이 가장 작고 중앙값, 최빈값 순으로 배
열될 가능성이 높다. 그 이유는 평균은 다른 값에 비해서 극단적인 점수(outlier)를
가진 사례의 영향을 크게 받을 수 있기 때문이다.

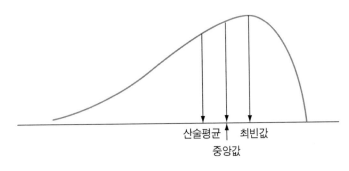

[그림 3-1] 편포에서 산술평균, 중앙값, 최빈값 간의 관계

산술평균의 특징은 다음과 같다.

첫째, 모든 사례에 대하여 특정 수 b를 더하거나 빼면 산술평균은 그만큼 증감하며, 특정 수 a를 곱하면 산술평균도 a배 커진다.

$$E(X \pm b) = E(X) \pm b$$
$$E(aX) = aE(X)$$

둘째, 산술평균은 모든 사례에 대한 점수의 영향을 받는다. 특히, 극단적인 점수가 있는 경우 이를 통제하지 못한다. 이에 대한 대안으로는 중앙값과 절삭평균 (trimmed mean)을 사용할 수 있다. 절삭평균은 극단적인 점수의 영향을 줄이기 위해서 꼬리값 부분을 제거하고 그 나머지 피험자를 대상으로 구한 평균을 의미한다. 양쪽에서 5%씩 제거하면 '5% 절삭평균'이라 한다. 0% 절삭평균은 산술평균과 동일하며, 50% 절삭평균은 중앙값과 일치한다. 절삭평균은 체조, 피겨 스케이팅 등에서 객관도를 높이기 위해 심사위원들이 평점을 구할 때 많이 활용한다. 예컨대, 1, 2, 3, 4, 5, 6, 7, 8, 9, 10과 1, 2, 3, 4, 5, 6, 7, 8, 9, 100의 집중경향으로 평균을 이용한다면, '100'이라는 극단적인 점수를 가진 후자는 전반적 수준을 과대평가할 가능성이 높다. 이에 비해서 중앙값이나 절삭평균을 활용하면 극단적인 점수의 영향을 통제할 수 있기 때문에 합리적인 집중경향을 보여 줄 수 있다.

❷ 변산도

변산도(variability)는 점수가 흩어진 정도로서 '산포도(dispersion, 일명 분산도)'라고도 한다. 변산도가 크다는 것은 개인 간 차이가 크다는 것을 의미한다. 변산도를 나타내는 지수로는 범위, 사분위수범위, 사분편차, 평균편차, 표준편차, 분산 등이 있다.

첫째, 범위(range)는 최대값에서 최소값을 뺀 값인데, 이는 극단적인 점수의 영향을 크게 받을 수 있다.

둘째, 사분위수범위(interquartile range)는 중앙값보다 큰 관찰값의 중앙값(Q_3, 일명 제3사분위수)에서 중앙값보다 작은 관찰값의 중앙값(Q_1, 일명 제1사분위수)을 뺀 값이다(그림 3-2] 참조). 사분위수범위는 극단적인 점수의 영향을 크게 받는 범위의 단점을 보완하기 위해서 상위와 하위 25%를 절삭하고 나머지 피험자를 대상으로 범위를 구한 것이다.

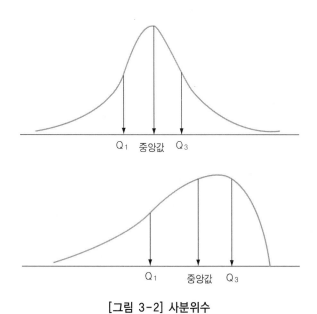

[그림 3-2] 사분위수

셋째, 사분편차(quartile deviation, semi-interpercentile range, 일명 사분위편차)는 사분위수범위를 2로 나눈 값이다.

$$사분편차 = \frac{(Q_3 - Q_1)}{2}$$

넷째, 평균편차(average deviation)는 편차점수 절대값의 평균이다.

$$평균편차 = \frac{\sum_{i=1}^{n}|X_i - \mu|}{n}$$

다섯째, 분산(variance, 일명 변량)은 편차제곱의 평균이다. 기하학적으로 분산은 평균에서 떨어진 거리를 한 변으로 하는 정사각형 넓이의 평균이다.

$$분산 = \frac{\sum_{i=1}^{n}(X_i - \mu)^2}{n}$$

평균

여섯째, 표준편차(standard deviation)는 분산의 제곱근이다.

$$표준편차 = \sqrt{\frac{\sum_{i=1}^{n}(X_i - \mu)^2}{n}}$$

일곱째, 변동계수(coefficient of variation)는 표준편차를 평균으로 나눈 값이다. 이는 단위에 영향을 받지 않는 표준편차라고 볼 수 있다. 예컨대, 1, 2, 3, 4, 5와 10, 20, 30, 40, 50은 표준편차는 다르지만 변동계수는 동일하다.

$$변동계수 = \frac{\sigma(aX)}{E(aX)} = \frac{a\sigma(X)}{aE(X)} = \frac{\sigma(X)}{E(X)} \quad (단, a > 0)$$

표준편차는 변산도로 가장 많이 활용되는 지수로서, 다음과 같은 특징이 있다.

첫째, 특정 수를 더하거나 빼더라도 표준편차는 변하지 않으며, 특정 수 a를 곱하면 표준편차는 $|a|$배 커진다.

$$\sigma(X \pm b) = \sigma(X)$$
$$\sigma(aX) = |a|\sigma(X)$$

둘째, 표준편차는 모든 값의 영향을 골고루 받는다.

셋째, 표준편차는 극단적인 점수의 영향을 통제하지 못한다. 이에 대한 대안으로 사분편차를 이용할 수 있다.

넷째, 평균을 기준으로 한 편차제곱의 평균은 다른 어떤 기준의 편차제곱 평균보다 더 작다.

$$E(X-\mu)^2 < E(X-k)^2 \quad (단, \mu \neq k)$$

문제 다음의 A, B, C, D는 4개 집단에 대한 점수분포다. 물음에 답하시오.

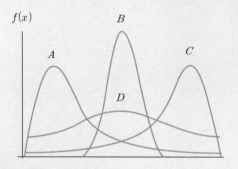

(1) 평균이 큰 순서대로 나열하시오.

(2) 표준편차가 큰 순서대로 나열하시오.

(3) 교육의 효과가 큰 순서대로 나열하시오.

문제 해설 및 해답: 부록 Ⅰ 참조

보충학습

모수와 통계량 요약

다음은 통계의 기본 용어를 전집에서 구해지는 '모수(parameters)'와 표본에서 구해지는 '통계량(statistics)'으로 구분하여 요약한 것이다.

1. 모 수

• 편차(deviation)$=x_i=X_i-\mu$

- 편차제곱합(sum of squares)$=\displaystyle\sum_{i=1}^{N}x_i^2$ (편차제곱의 합)

- 모분산(variance)$=\sigma^2=\dfrac{\displaystyle\sum_{i=1}^{N}x_i^2}{N}$ (편차제곱의 평균)

- 모표준편차(standard deviation)$=\sigma=\sqrt{\dfrac{\displaystyle\sum_{i=1}^{N}x_i^2}{N}}$

- 교적합(sum of cross-products)$=\displaystyle\sum_{i=1}^{N}x_iy_i$ (두 변수 편차곱의 합)

- 모공분산(covariance)$=\dfrac{\displaystyle\sum_{i=1}^{N}x_iy_i}{N}$ (두 변수 편차곱의 평균)

- 피어슨 상관(correlation)$=\rho=\dfrac{\displaystyle\sum_{i=1}^{N}Z_{x_i}Z_{y_i}}{N}=\dfrac{\displaystyle\sum_{i=1}^{N}x_iy_i}{N\sigma_x\sigma_y}$ (두 변수 Z점수 곱의 평균)

  (단, $Z_{x_i}=\dfrac{X_i-\mu_x}{\sigma_x}=\dfrac{x_i}{\sigma_x}$, $Z_{y_i}=\dfrac{Y_i-\mu_y}{\sigma_y}=\dfrac{y_i}{\sigma_y}$)

2. 통계량

- 편차(deviation)$=x_i=X_i-\overline{X}$

- 표본분산$=\widehat{\sigma^2}=\dfrac{\displaystyle\sum_{i=1}^{n}x_i^2}{n-1}$ $cf)\ s^2=\dfrac{\displaystyle\sum_{i=1}^{n}x_i^2}{n}$

- 표본표준편차$=\widehat{\sigma}=\sqrt{\dfrac{\displaystyle\sum_{i=1}^{n}x_i^2}{n-1}}$

- 표본공분산$=\dfrac{\displaystyle\sum_{i=1}^{n}x_iy_i}{n-1}$

- 피어슨 상관(correlation)$=r=\dfrac{\displaystyle\sum_{i=1}^{n}Z_{x_i}Z_{y_i}}{n-1}=\dfrac{\displaystyle\sum_{i=1}^{n}x_iy_i}{(n-1)\widehat{\sigma}_x\widehat{\sigma}_x}=\dfrac{\displaystyle\sum_{i=1}^{n}x_iy_i}{\sqrt{\displaystyle\sum_{i=1}^{n}x_i^2}\sqrt{\displaystyle\sum_{i=1}^{n}y_i^2}}$

  (단, $Z_{x_i}=\dfrac{X_i-\overline{X}}{\widehat{\sigma}_x}=\dfrac{x_i}{\widehat{\sigma}_x}$, $Z_{y_i}=\dfrac{Y_i-\overline{Y}}{\widehat{\sigma}_y}=\dfrac{y_i}{\widehat{\sigma}_y}$)

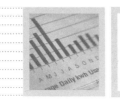

제4장
상 관

제**4**장
상 관

① 상관관계의 뜻

상관(correlation)이란 두 변수 이상의 변수 간의 관계로서, '상관이 있다.'라는 것은 한 변수로 나머지 변수를 예측할 수 있는 경우를 의미한다. [그림 4-1]에서 첫 번째와 두 번째 그림은 상관이 있는 경우다. 첫 번째 그림은 '정적상관'이 있는 경우로 상관계수가 1에 가깝다. 이에 비해서 두 번째 그림은 '부적상관'이 있는 경우로 상관계수는 -1에 가깝다. 세 번째와 네 번째 그림은 상관이 없는 경우로 상관계수는 0에 가깝다. 마지막으로 다섯 번째 그림은 곡선적 상관이 있는 경우를 나타낸 것이다.

상관연구의 주된 관심은 다음과 같다.

첫째, 관계의 형태가 직선적 관계인지 곡선적 관계인지 밝히려 한다. 이에 대한 정보는 산점도(plotting)를 통해 확인할 수 있다.

둘째, 관계의 방향이 정적인지 부적인지 밝히려 한다. 정적상관은 한 변수가 커짐에 따라서 다른 변수도 커지는 경향이 있는 경우고, 부적상관은 한 변수가 커짐에 따라서 다른 변수는 작아지는 경향이 있는 경우다.

셋째, 상관의 정도를 밝히려 한다. 상관계수는 $-1 \leq r \leq +1$ 사이의 값을 가지게 된다. 상관계수가 +1 또는 -1에 가까우면 '상관이 높다.'고 하며, 상관계수가 0에 가까우면 '상관이 낮다.' 또는 '상관이 없다.'고 한다.

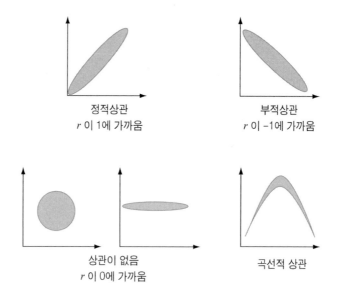

정적상관
r 이 1에 가까움

부적상관
r 이 −1에 가까움

상관이 없음
r 이 0에 가까움

곡선적 상관

[그림 4-1] 상관의 종류

요컨대, 상관분석을 이용하면 한 변수가 변할 때 다른 변수가 어떻게 변하는지 예측할 수 있다.

분석에 이용되는 변수의 개수에 따라서 상관은 단순상관, 중다상관 및 정준상관으로 구분한다. 단순상관은 두 변수 간의 관계를, 중다상관은 여러 개의 독립변수와 하나의 종속변수 간의 관계를, 정준상관은 하나 이상의 독립변수와 두 개 이상의 종속변수 간의 관계를 나타낸다. '두 변수 간에 상관이 있다.'라는 것은 [그림 4-2]에 나타난 것처럼 두 변수 간의 관계가 '인과적 관계'일 수도 있지만 '호혜적 관계' 또는 '대칭적 관계'일 수도 있다는 것을 말한다.

첫째, 인과적 관계는 한 변수가 원인이고 나머지 변수가 결과인 경우를 말한다. 예컨대, 교수방법과 성취도는 교수방법이 원인이고 성취도가 결과인 인과관계로 볼 수 있다.

둘째, 호혜적 관계는 두 변수가 서로 영향을 주고 받는 경우를 말한다. 예컨대, 자아개념은 성취도에 영향을 주고 또다시 성취도는 자아개념에 영향을 준다고 볼 수 있으므로 자아개념과 성취도는 호혜적 관계로 볼 수 있다.

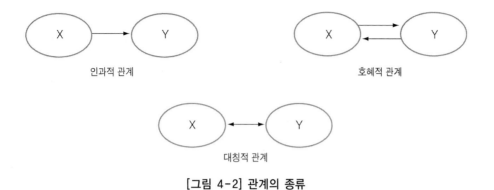

[그림 4-2] 관계의 종류

셋째, 대칭적 관계는 두 변수 간의 관계가 인과적으로 영향을 주고 받는 것이 아니라 단순한 상관관계가 있는 경우를 말한다. 예컨대, 왼팔 길이와 오른팔 길이는 대칭적 관계라고 볼 수 있다.

인과관계는 상관관계가 되기 위한 충분조건이며 상관관계는 인과관계가 되기 위한 필요조건이다. 상관관계가 있다고 반드시 인과관계가 있는 것은 아니다. 예컨대, 아침 식사와 성취도 간의 관계가 인과관계가 있다고 결론을 내리려면 아침 식사 여부와 성취도 간의 상관관계의 확인만으로는 부족하다. 성실한 학생이 아침을 먹을 가능성이 높기 때문에 아침 식사를 한 것이 성취도에 영향을 준 것이 아니라 성실성이 성취도에 영향을 주었다고 볼 수도 있다는 것이다. 이 경우 아침 식사와 성취도 간의 상관관계는 이들 간의 인과관계에 의한 것이 아니라 '성실성'이라는 제3의 변수에 의한 허구효과에 따른 결과일 수도 있다. 아침 식사와 성취도 간의 인과관계를 검정하려면 엄격한 실험설계 상황이 필요하다. 예컨대, 동질적인 두 개의 집단을 구성하여 한 집단에게는 매일 아침 식사를 하도록 하고 다른 한 집단에게는 아침 식사를 하지 않도록 한 다음, 두 집단 간에 성취도의 차이가 발견되는지를 확인해야 한다. 즉, 인과관계를 검정하기 위해서는 실험연구가 필수적이다.

사회과학에서는 현실적인 이유로 실험연구를 할 수 없는 경우가 많이 있다. 이때 선행연구나 선행이론을 근거로 변수 간의 이론적인 인과관계를 구성하여 이를 경험적으로 검정하려는 접근이 있을 수 있다. 예컨대, '아침 식사를 하면 영양분이 뇌의 활동이나 신체 기능을 증대시켜 성취도를 향상시킬 수 있을 것이다.'라는 연구가설을 선행연구나 선행이론을 토대로 도출한 다음, 회귀분석, 경로분석, 구조 방정식 등의 통계적 기법을 활용하여 경험적으로 검정할 수 있다. 그러나 인과관계를 규명하기 위한 이런 식의 접근은 인과관계를 주장하는 데 한계가 있음을 명심해야 한다. 이는 선행연구나 선행이론을 구성하는 방식에 따라서 전혀 다른 인과관계 모형이 설정될 수도 있기 때문이다.

② 피어슨 적률상관계수

상관계수로 많이 활용되는 것이 피어슨 적률상관계수(product-moment correlation coefficient)다. 피어슨 적률상관계수는 'Z 점수로 변환한 두 변수에 대한 공분산'과 동일하다.

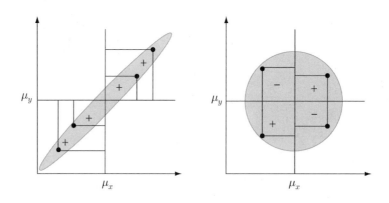

[그림 4-3] 공분산의 원리

공분산(covariance)은 '같이 변화하는 정도를 수량화한 값'이다. [그림 4-3]에서 왼쪽은 오른쪽에 비해서 같이 변화하는 정도가 더 크다. 일반적으로 공분산은 '부호를 고려한 직사각형 넓이의 평균'으로 정의할 수 있다. 이를 수리적으로 나타내면 '편차점수 곱의 평균'이라 볼 수 있다.

$$COV(X, Y) = \frac{\sum_{i=1}^{N} x_i y_i}{N} \quad (\text{단, 표본공분산: } \frac{\sum_{i=1}^{n} x_i y_i}{n-1})$$

이에 비해 피어슨 적률상관계수는 'Z 점수 곱의 평균'으로 정의할 수 있다.

$$CORR(X, Y) = \rho_{XY} = \frac{\sum_{i=1}^{N} Z_{x_i} Z_{y_i}}{N} = \frac{\sum_{i=1}^{N} x_i y_i}{N \sigma_x \sigma_y} = \frac{COV(X, Y)}{\sigma_x \sigma_y}$$

(단, N: 전집의 사례 수)

피어슨 적률상관계수는 척도의 영향을 받지 않지만 공분산은 척도의 영향을 받는다. 예컨대, 키와 몸무게 간의 관계를 구하는 과정에서 키를 180cm라고 한 경우와 1.8m라고 한 경우를 비교할 때, 피어슨 적률상관계수에서는 차이가 발생하지 않지만 공분산에서는 차이가 발생한다.

주의할 점은 측정의 최소 단위를 무엇으로 하는지는 공분산뿐만 아니라 피어슨 적률상관계수에도 영향을 줄 수 있다는 것이다. 측정의 최소 단위가 정밀하다는 것은 그만큼 신뢰도가 더 높다는 것을 의미한다. 일반적으로 검사도구의 신뢰도가 높아질수록 피어슨 적률상관계수도 높아진다. 예컨대, 키와 몸무게 간의 상관계수를 구하는 데 최소 단위가 cm 눈금인 자로 키를 측정하였을 때보다 mm 눈금인 자로 측정하였을 때가 상관이 더 높게 나타날 가능성이 크다.

피어슨 적률상관계수는 양적변수 간의 관계를 나타낼 때 이용할 수 있는 것으로서 다음과 같은 선행조건을 먼저 확인하여야 한다.

첫째, 두 변수 간의 관계가 직선적인 관계인지 확인하여야 한다. 피어슨 적률상관계수는 직선적인 관계가 얼마나 되는지를 수량화한 값이다. 그러므로 [그림 4-4]와 같이 곡선적 관계가 있는 경우에 피어슨 적률상관계수로 변수 간의 상관을 추정하면 상관을 과소추정할 우려가 있다. 직선적 관계가 있는지 또는 곡선적 관계가 있는지 확인하려면 SPSS 메뉴 중에서 '분석 ⇨ 그래프 ⇨ 산점도 ⇨ 단순 ⇨ x축 변수 ⇨ y축 변수 ⇨ 확인'의 절차를 이용한다. 만약 곡선적 관계가 있다면

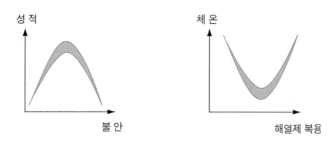

[그림 4-4] 곡선적 상관이 있는 경우의 예(성태제, 2007)

비선형 회귀분석을 활용해야 한다.

둘째, 등분산성(homoscedastic)의 가정이 지켜지는지 확인해야 한다. 등분산성이란 X의 각 값에서 Y의 분산이 동일함을 의미한다. [그림 4-5]에 나타난 것처럼 이러한 가정이 지켜지지 않은 경우에는 상관을 과소추정할 가능성이 있다. 특히, 등분산성 가정이 지켜지지 않으면 X의 범위에 따라서 Y와의 상관이 달라지기 때문에 해석에 신중을 기해야 한다.

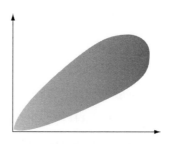

[그림 4-5] 등분산성 가정이
지켜지지 않은 경우

셋째, 극단적인 점수(outlier)의 영향이 없는지 확인해야 한다. [그림 4-6]과 같이 극단적인 점수를 가진 피험자가 있으면 상관이 있음에도 불구하고 없다는 결과가 나올 수도 있고(왼쪽 그림), 그 반대로 상관이 없음에도 불구하고 있다는 결과가 나올 수도 있다(오른쪽 그림).

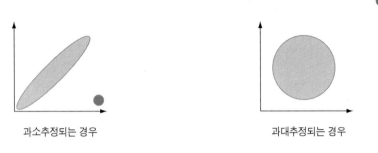

과소추정되는 경우   과대추정되는 경우

[그림 4-6] 상관계수의 과소추정과 과대추정의 예

넷째, 자료가 절단(truncation)된 경우가 아닌지 확인해야 한다. [그림 4-7]에 나타난 것처럼 수능점수와 대학학점(GPA) 간의 상관은 꽤 높을 수 있으나, 수능에서 점수가 높은 학생만 대학에 진학하기 때문에 수능점수와 대학학점 간의 상관을 구할 때, 화살표(↑)의 왼쪽 부분이 분석에서 제외됨으로써 상관이 과소추정될 가능성이 있다.

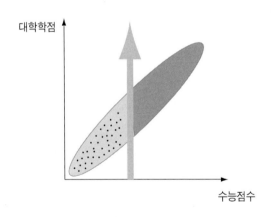

[그림 4-7] 자료 절단과 상관

다섯째, 두 변수가 모두 양적변수인지 확인해야 한다. 키와 몸무게 간의 상관, 부모의 양육태도, 자녀의 사회성 및 자녀의 성취도 간의 상관 등이 그 예다. 양적변수가 아니라면 순위상관 또는 특수상관을 이용해야 한다. 다만, 질적인 이분변수와 양적변수 간의 상관을 구할 때 사용하는 특수상관인 양류상관은 피어슨 적률상관계수와 그 값이 동일하다. 그러므로 질적인 이분변수와 양적변수 간의 상관에는 피어슨 적률상관계수를 이용할 수도 있다.

③ 결정계수

변수 Y의 전체 분산인 S_Y^2, 변수 X에 의해서 예측할 수 없는 Y의 분산인 $S_{Y.X}^2$ 및 변수 X에 의해서 예측된 Y의 분산, 즉 Y'의 분산인 $S_{Y'}^2$를 그림으로 나타내면 [그림 4-8]과 같다. 특히 [그림 4-8]에서 오른쪽 그래프는 X 각각에 대해 Y'을 대응시킨 산점도다.

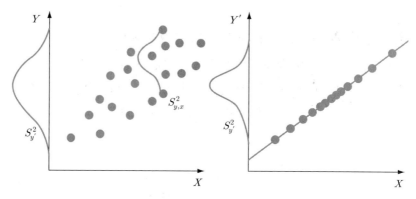

S_Y^2 : Y의 전체 분산

$S_{Y.X}^2$: 변수 X에 의해서 예측할 수 없는 Y의 분산

$S_{Y'}^2$: 변수 X에 의해서 예측된 Y의 분산, 즉 Y'의 분산

[그림 4-8] Y분산의 구분

1) $S_Y^2 = S_{Y.X}^2 + S_{Y'}^2$ 의 증명

수리적인 과정을 통한다면 $S_Y^2 = S_{Y.X}^2 + S_{Y'}^2$ 를 증명할 수 있다. 이것의 논리는 [그림 4-9]에 나타난 것처럼 $Y_i - \overline{Y}$ 가 $Y_i - Y_i'$ 와 $Y_i' - \overline{Y}$ 의 합으로 나타낼 수 있다는 것에서 출발한다.

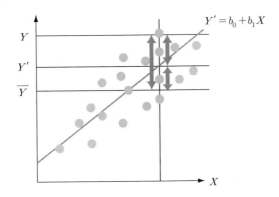

$$Y' = b_0 + b_1 X$$

[그림 4-9] Y, Y', $\overline{Y}$ 간의 관계

$$Y_i - \overline{Y} = (Y_i - Y_i') + (Y_i' - \overline{Y})$$

$$\sum_{i=1}^{n}(Y_i - \overline{Y})^2 = \sum_{i=1}^{n}\{(Y_i - Y_i') + (Y_i' - \overline{Y'})\}^2 \quad (\because \overline{Y} = \overline{Y'})$$

$$\sum_{i=1}^{n}(Y_i - \overline{Y})^2 = \sum_{i=1}^{n}(Y_i - Y_i')^2 + \sum_{i=1}^{n}(Y_i' - \overline{Y'})^2$$

$$\left[\because \sum_{i=1}^{n}2(Y_i - Y_i')(Y_i' - \overline{Y'}) = 0. \ \text{그 이유는 임인재(1987)의 7장 참조}\right]$$

$$SS_{total} = SS_{residual} + SS_{regression}$$

$$\frac{\sum_{i=1}^{n}(Y_i - \overline{Y})^2}{n} = \frac{\sum_{i=1}^{n}(Y_i - Y_i')^2}{n} + \frac{\sum_{i=1}^{n}(Y_i' - \overline{Y'})^2}{n}$$

$$\therefore S_Y^2 = S_{Y.X}^2 + S_{Y'}^2$$

2) $r_{XY}^2 = \dfrac{S_{Y'}^2}{S_Y^2}$ 의 증명

1)의 결과를 이용하면, $\dfrac{S_{Y'}^2}{S_Y^2}$ 이 r_{XY}^2와 같음을 증명할 수 있다.

$$S_{Y.X}^2 = \frac{\sum_{i=1}^{n}(Y_i - Y_i')^2}{n}$$

$$S_{Y.X}^2 = S_Y^2(1 - r_{XY}^2)$$

$$S_Y^2 = S_{Y.X}^2 + S_{Y'}^2$$

$$r_{XY}^2 = \frac{S_Y^2 - S_{Y.X}^2}{S_Y^2} = \frac{S_{Y'}^2}{S_Y^2}$$

요컨대, r_{XY}^2는 $\dfrac{S_{Y'}^2}{S_Y^2}$과 같음을 증명할 수 있다. 즉, 상관계수 제곱은 Y의 전체 분산 중에서 X로 예측한 Y 분산의 비율과 같다. 이를 '결정계수(coefficient of determination)'라고 한다. 예컨대, '$r = .5$'이면 결정계수는 .25다. 결정계수가 .25라는 것은 Y의 전체 분산 중에서 25%가 X분산에 의해서 설명되거나 예측됨을 의미한다. 만약 어머니 지능과 자녀 지능 간 상관이 .5이면 자녀 지능 차이 중 25%는 어머니 지능의 차이에 의해서 설명하거나 예측할 수 있다는 것이다. [그림 4-10]은 어머니 지능과 자녀 지능 간의 상관이 .5일 때, 어머니 지능으로 예측한 자녀 지능의 분산이 실제 자녀 지능의 분산에 비해서 줄어든다는 것을 도식적으로 보여 주고 있다. 얼핏 보면, 어머니 지능으로 예측한 자녀 지능의 범위($-1.5 \sim +1.5$)가 실제 자녀 지능의 범위($-3 \sim +3$)의 50%인 것처럼 보인다. 그러나 범위는 1차원적인 정보임에 비해 분산은 2차원적인 정보라는 점을 고려하면 어머니 지능으로 예측한 자녀 지능의 분산은 실제 자녀 지능의 분산의 25%가 됨을 추론할 수 있다.

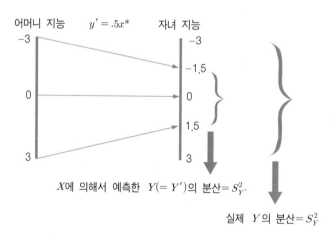

[그림 4-10] 도식적으로 표현된 결정계수의 예

* 표준화 회귀식이라 가정한다. 이는 어머니 지능과 자녀 지능 간의 상관은 .5이고, 결정계수는 .25임을 의미한다.

4 상관계수에 대한 가설검정

상관이 .2인 경우 피험자가 97명만 넘는다면 유의수준 5%에서 원가설을 기각할 수 있다. 심지어 상관이 .1밖에 되지 않더라도 피험자가 385명만 넘는다면 유의수준 5%에서 원가설을 기각할 수 있다. 이는 피험자가 385명을 넘는다면 상관계수가 .1로 매우 낮다고 해도 두 변수 간에는 상관이 존재한다는 식의 결론을 내릴 수 있음을 의미한다.

상관분석을 행하면 상관의 크기 및 부호와 더불어 유의확률이 제공된다. 유의확률이 미리 설정한 유의수준보다 작거나 같으면 두 변수 간의 상관은 '통계적으로 유의미하다.'라고 판단할 수 있다. 주의할 점은 유의확률은 두 변수 간의 상관이 통계적으로 유의미하다고 할 수 있는지에 대한 질적 정보만을 제공한다는 것이다. 그러므로 유의확률의 크기로부터 '상관이 높다.' 또는 '상관이 낮다.'와 같은 상관의 정도에 관한 해석은 하지 말아야 한다. 상관계수의 가설검정에서 유의확률이 .01보다 크고 .05보다 작거나 같으면 1개의 '＊'을 제시하고, 유의확률이 .01보다 작거나 같으면 2개의 '＊'을 제시한다. 이때 '＊'의 개수가 많다고 상관이 더 크다는 식의 해석을 해서는 안 된다. ＊는 두 변수 간의 상관의 존재 여부, 즉 질적 판단의 정보로만 이용해야 한다.

상관분석 결과를 해석할 경우 일반적으로 다음의 절차를 따른다.

첫째, 유의확률을 미리 설정한 유의수준과 비교한다. 유의확률이 미리 설정한 유의수준에 비해서 작거나 같으면 두 변수 간에는 통계적으로 유의미한 상관이 있다고 해석하고, 유의확률이 유의수준보다 크면 두 변수 간의 상관은 통계적으로 유의미하지 않다고 해석한다.

둘째, 두 변수 간의 상관이 통계적으로 유의미한 경우에 한하여 상관의 크기와 부호를 이용한 해석을 시도한다. 상관계수는 절대값이 .2 미만이면 '상관이 매우 낮다.', .2 이상 .4 미만이면 '상관이 낮다.', .4 이상 .6 미만이면 '상관이 있다.', .6 이상 .8 미만이면 '상관이 높다.', .8 이상 1.0 이하이면 '상관이 매우 높다.'고 해석할 수 있다(성태제, 2007). 그러나 상관의 크기에 대한 해석 기준은 검사도구의

신뢰도와 타당도, 표본의 크기 등에 따라서 달라질 수 있다. 예컨대, 상관계수가
.3인 경우, 검사도구의 신뢰도와 타당도가 매우 높은 상황에서는 상관이 낮다고
해석할 수 있지만, 신뢰도와 타당도가 낮은 상황에서는 상관이 높다고 해석하는
것이 합리적이다. 왜냐하면 신뢰도와 타당도가 낮을수록 상관이 낮아지는 것이
일반적임을 고려할 때, 신뢰도와 타당도가 낮음에도 불구하고 두 변수 간의 상관
이 존재한다는 것은 실제로 두 변수 간의 상관이 충분히 크다고 추론할 수 있기
때문이다.

　셋째, 두 변수 간의 상관이 통계적으로 유의미한 경우에 한하여 결정계수에 대
한 해석을 시도한다.

　<표 4-1>은 상관분석 결과를 표로 제시하는 방법을 보여 준다.

<표 4-1> 부모의 양육태도, 자녀의 사회성 및 자녀의 성취도 간의 상관분석 결과

변 수	(1)	(2)	(3)
부모의 양육태도 (1)	1.00		
자녀의 사회성 (2)	.43**	1.00	
자녀의 성취도 (3)	.10	.24*	1.00
평균	23.0	20.3	57.2
표준편차	2.5	3.2	10.5

$^*p<.05$　　$^{**}p<.01$

　이에 대한 해석을 예시하면, <표 4-1>에서 보는 바와 같이 부모의 양육태도
와 자녀의 사회성, 자녀의 사회성과 자녀의 성취도 간에는 정적상관이 있음을 알
수 있었다. 이는 부모의 양육태도가 자녀의 사회성 발달을 통해서 자녀의 성취도
에 간접적으로 영향을 주고 있음을 유추할 수 있다. 그러나 부모의 양육태도와
자녀의 성취도 간에는 상관이 없는 것으로 나타났다.

　이 연구의 제한점은 부모의 양육태도와 자녀의 사회성, 자녀의 사회성과 자녀의
성취도 간의 상관이 인과적 관계에 의한 것인지를 규명하려는 후속연구가 필요하
다는 것이다. 그리고 간접효과 부분에 대한 통계적 유의미성에 대한 검정도 이루
어져야 한다.

> **문제** 수면 시간과 학점 간 상관을 구한 결과, 'r = −.5(p = .0003)'이었다. 이에 대한 해석으로 옳은 것은 '참', 틀린 것은 '거짓'으로 판정하시오.
>
> (1) 수면 시간은 학점에 영향을 준다.
> (2) 수면 시간과 학점 간에는 상관이 매우 낮다.
> (3) 수면 시간과 학점은 부적상관이 있다.
> (4) 학점의 전체 분산의 25%가 수면 시간의 분산에 의해서 설명되거나 예측된다.
> (5) 학점 차이 중의 25%는 수면 시간의 차이에서 기인한다.
>
> 문제 해설 및 해답: 부록 Ⅰ 참조

⑤ 특수상관

피어슨 적률상관계수는 두 변수가 모두 양적변수이어야 한다. 그러나 실제 상관을 구하는 과정에는 질적변수가 포함된 경우가 많이 있다. 질적변수가 1개인지 2개인지, 그것이 명명변수인지 서열변수인지, 유목의 수가 몇 개인지에 따라서 다양한 특수상관이 개발되어 있다. 먼저 순위상관계수(rank order correlation)로는 다음 두 가지가 주로 이용된다.

첫째, 스피어만(Spearman)의 순위상관계수다. 이것은 성공 지능 순위와 사회성 숙도 순위 간의 상관과 같이 두 변수 모두 서열변수인 경우에 사용하는 것으로 피어슨 적률상관계수와 유사한 값이 산출된다. 특히, 중복순위가 많은 경우 피어슨 적률상관계수를 이용하는 것이 바람직하다.

둘째, 켄달(Kendall)의 타우다. 이것은 중복순위가 없으면서 사례 수가 적은 경우에 적합하다.

명명변수가 포함된 특수상관으로는 다음과 같은 것이 있다.

첫째, 양분상관계수(biserial correlation, 일명 이연상관계수)는 인위적 이분변수와 연속변수 간의 상관을 구할 때 이용된다. 예컨대, 정상아/비정상아(지능으로 구분)와 학업성취도 간의 상관은 양분상관을 이용함이 적절하다.

둘째, 양류상관계수(point biserial correlation, 일명 점이연상관계수)는 질적인 이분변수와 연속변수 간의 상관을 구할 때 이용한다. 예컨대, 성별과 학업성취도 간의 상관, 뉴스 시청 여부와 논술 성적 간의 상관은 양류상관을 이용하는 것이 적합하다. 양류상관은 피어슨 적률상관계수와 일치하며, 양분상관보다는 그 값이 작게 추정된다.

셋째, 사분상관계수(tetrachoric correlation)는 두 변수 모두 인위적 이분변수일 때 이용한다. 예컨대, 지능의 상하와 시험의 합격-불합격 간의 상관은 사분상관이 적합하다.

넷째, 사류상관계수(fourfold point correlation, phi correlation)는 두 변수 모두 질적인 이분변수일 때 이용된다. 예컨대, 성별과 혼전동거 찬반 간의 상관, 학생의 성별과 선호하는 교사의 성별 간의 상관은 사류상관을 이용하는 것이 적절하다.

다섯째, C계수는 사류상관계수의 연장으로서 '유관상관(contingency correlation)'이라고도 한다. 이것은 질적인 유목의 수가 2개 이상일 때 이용된다. 예컨대, 직업유형(전문직, 관리직, 영업직)과 직장만족도(매우 만족, 만족, 보통, 불만) 간의 상관은 C계수를 이용한다.

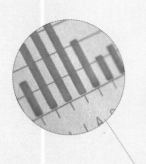

제3부

가설검정

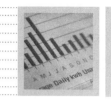

제**5**장
표집분포와 자유도

① 표집분포

[그림 5-1]에서와 같이, 전집에서 얻은 변수의 특성을 '모수(parameters)'라 하고 표본에서 얻은 변수의 특성을 '통계량(statistics)'이라고 한다. 예컨대, 전국의 고등학교 1학년 학생 중 1,000명을 무선으로 표집하여 수학성취도 평가를 실시하였다고 하자. 이때 전국의 고등학교 1학년 학생의 수학성취도 평균, 표준편차 등을 '모수'라고 하고, 표집된 1,000명의 수학성취도 평균, 표준편차 등을 '통계량'이라 한다.

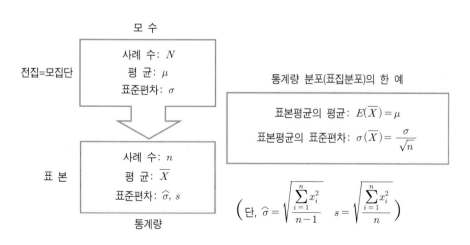

[그림 5-1] 모수와 통계량 및 표집분포

특히, 표집에서 얻은 통계량의 분포를 '표집분포(sampling distribution)'라고 한다. 표집분포는 그 모양에 따라서 정규분포, χ^2분포, t분포, F분포 등으로 구분된다. 표집분포는 수학적·이론적 분포로서 시뮬레이션에 의해 경험적으로 확인할 수는 있으나, 연구 중에 연구자가 직접 생성할 필요는 없는 것이다. 예컨대, 전집에서 표본의 크기 n(대표집)에 대한 통계량인 $\overline{X}$들의 분포는 표집분포 중에서 정규분포를 따른다. 즉, 평균이 μ, 표준편차가 σ인 전집에서, 표본의 크기 n의 독립적인 무선표집으로부터 얻은 표본평균($\overline{X}$)의 표집분포는 표본의 크기 n이 증가함에 따라서 다음과 같은 정규분포를 따른다. 이를 '중심극한정리(central limit theorem)'라고 한다.

$$E(\overline{X}) = \mu$$
$$\sigma(\overline{X}) = \frac{\sigma}{\sqrt{n}}$$

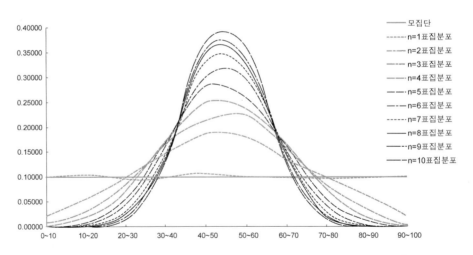

[그림 5-2] 표본의 크기에 따른 표본평균의 분포

[그림 5-2]는 표본의 크기에 따른 표본평균의 분포인데, 중심극한정리를 경험적으로 확인시켜 주고 있다. [그림 5-2]에 따르면, 표본의 크기가 커짐에 따라서 표본평균의 분포가 정규분포와 가까워짐을 알 수 있다.

표준편차와 표준오차

1. 표준편차

   표준편차(standard deviation)는 분산의 제곱근이며, 분산은 편차제곱의 평균이다. 표준편차는 각 데이터가 평균과 얼마나 차이를 가지느냐를 나타내는 값으로서, 표준편차가 크다는 것은 개인 간 차이가 크다는 것을 의미한다.

2. 평균의 표준오차

   표준편차와 평균의 표준오차는 구분되는 개념이다. 표준편차는 각 데이터가 평균과 얼마나 차이가 있느냐를 나타내는 값인 반면, 평균의 표준오차(standard error of the mean)는 표본평균($\overline{X}$)들의 표준편차를 의미한다. 표준오차는 여러 번 샘플링 하였을 때 각 샘플의 평균이 전체평균과 얼마나 차이를 보이는가를 나타내는 값이다.

   평균의 표준오차는 모표준편차를 표본 크기의 제곱근으로 나눈 값으로 구한다.

   $$S.E. = \frac{\sigma}{\sqrt{n}}$$

   (단, $S.E.$: 평균의 표준오차, σ : 표준편차, n : 표본의 크기)

3. 측정의 표준오차

   측정의 표준오차(standard error of measurement)는 측정 과정 중에 등장하는 개념으로서 측정오차(measurement error)의 표준편차를 의미한다. 측정의 표준오차는 다음과 같이 구한다.

   $$S_e = S_x \sqrt{1 - r_{xx}}$$

   (단, S_e : 측정의 표준오차, S_x : 관찰점수 표준편차, r_{xx} : 신뢰도)

② 자유도

1) 자유도의 개념

자유도(degree of freedom)의 일반적 개념은 '독립적인 행위 차원의 수'를 말한다. 예컨대, 온도계 안의 수은의 운동은 자유도가 1인 운동이며, 지상의 사람의 운동은 자유도가 2인 운동이다. 한편, 공중의 새의 운동은 자유도가 3인 운동이며, 쥐불놀이에서 깡통의 운동은 자유도가 1인 운동이다.

통계학에서의 자유도는 '주어진 조건하에서 독립적으로 자유롭게 변화할 수 있는 점수나 변수의 수' 또는 '편차의 합이 0이면서 자유롭게 어떤 값도 가질 수 있는 사례의 수'를 말한다. 5개의 편차점수가 있다고 할 때 이들의 자유도는 4가 된다. 예컨대, '-2, -3, 2, 2, □'에서 □ 안의 숫자는 1임을 알 수 있다. 왜냐하면 편차점수의 합은 0이 되어야 하기 때문이다. 즉, 5개의 편차점수가 있다면 이 중에서 자유롭게 변할 수 있는 숫자는 4개뿐이므로 자유도는 4가 된다.

여자 4명이 남자 4명 중 1명씩을 차례로 고르고 있는 상황을 상상해 보자. 이미 선택된 남자는 더 이상 고르지 못한다고 가정하면, 여자가 남자를 택할 수 있는 자유도는 3이다. 왜냐하면 3명의 여자가 파트너를 고르면 마지막 여자의 파트너는 자동으로 결정되기 때문이다.

5개의 숫자에서 표본분산을 구할 때의 자유도는 4다. 예컨대, '8, 6, 7, 9, 10'이라는 5개 숫자에 대한 분산을 구한다고 가정해 보자. 분산은 편차점수 제곱의 평균으로 구할 수 있다. 즉, 분산을 구하기 위해서는 5개 숫자의 평균인 8을 구한 다음, 이를 이용하여 5개의 편차점수(0, -2, -1, 1, 2)를 먼저 구해야 한다. 결국, 평균이 8임이 결정된 상태에서 분산이 구해지기 때문에 5개 숫자 중에서 자유롭게 변할 수 있는 것은 4개뿐이다. 그러므로 5개의 숫자에서 표본분산을 구할 때의 자유도는 4이다.

2) 자유도를 활용하는 이유

통계는 전집을 대상으로 하는 경우가 거의 없으며, 대부분 표본을 통해서 전집을 예측하게 된다. 모분산이 없는 경우에는 표본분산을 이용하여 모분산을 추정한다. 이때 표본의 크기가 아니라 자유도로 나누었을 때 모분산을 더 정확히 추정할 수 있다. 즉, 자유도를 고려한 추정치가 전집의 모수를 추정하는 데 더 좋은 추정치가 된다. 이에 대한 근거는 다음의 증명을 통해서 보일 수 있다.

$$E(\frac{\sum_{i=1}^{n} x_i^2}{n-1}) = \sigma^2, \ E(\frac{\sum_{i=1}^{n} x_i^2}{n}) \neq \sigma^2$$

통계량들의 평균이 모수와 같을 때 그 통계량을 '불편추정량(unbiased estimator)' 이라고 한다. $\frac{\sum_{i=1}^{n} x_i^2}{n-1}$ 을 $\widehat{\sigma^2}$, $\frac{\sum_{i=1}^{n} x_i^2}{n}$ 을 s^2이라고 하면, $E(\widehat{\sigma^2}) = \sigma^2$인 반면 $E(s^2) \neq \sigma^2$ 이기 때문에 $\widehat{\sigma^2}$은 불편추정량이지만 s^2은 불편추정량이 아니다. 일반적으로 불편추정량은 모수를 대신할 수 있는 좋은 추정량으로 간주된다.

문제 다음을 증명하시오.

(1) $E(s^2) \neq \sigma^2$

(2) $E(\widehat{\sigma^2}) = \sigma^2$

문제 해설 및 해답: 부록 Ⅰ 참조

---

3) 분산분석에서의 자유도

분산분석은 집단 내 분산에 대한 집단 간 분산의 비율을 이용하여 집단의 평균이 통계적으로 유의미한 차이가 있는지를 검정하는 방법이다. 분산분석은 표본에서 얻은 통계량으로 전집의 모수를 확률적으로 예측하는 절차다. 그러므로 집단 내 분산과 집단 간 분산을 구하는 과정에서 더 좋은 추정치를 얻기 위해서 표본의 크기가 아닌 자유도를 이용한다. 집단의 수가 J이고 j번째 집단($j=1, 2, 3, \cdots, J$)의 표본의 크기를 n_j라 할 때, 전체 분산을 구할 때의 자유도는 $(\sum_{j=1}^{J} n_j - 1)$이고, 집단 간 분산을 구할 때의 자유도는 $(J-1)$이며, 집단 내 분산을 구할 때의 자유도는 $\sum_{j=1}^{J}(n_j-1)$이다. 예컨대, 각각 30명으로 구성된 세 집단의 평균을 비교할 때, 전체 분산을 구할 때의 자유도는 89이고, 집단 간 분산을 구할 때의 자유도는 2다. 그리고 집단 내 분산을 구할 때의 자유도는 87이다.

〈표 5-1〉 분산분석에서 각 사례의 점수 표시

집단 1	집단 2	⋯	집단 j	⋯	집단 J	비 고
X_{11}	X_{12}	⋯	X_{1j}	⋯	X_{1J}	
X_{21}	X_{22}	⋯	X_{2j}	⋯	X_{2J}	X_{ij}: j 집단의 i 번째
X_{31}	X_{32}	⋯	X_{3j}	⋯	X_{3J}	사례의 점수
⋮	⋮	⋯	⋮	⋯	⋮	n_j: j 집단의 사례 수
$X_{n_1 1}$	$X_{n_2 2}$	⋯	$X_{n_j j}$	⋯	$X_{n_J J}$	
$\overline{X_{\cdot 1}}$	$\overline{X_{\cdot 2}}$	⋯	$\overline{X_{\cdot j}}$	⋯	$\overline{X_{\cdot J}}$	$\overline{X_{\cdot\cdot}}=\overline{X}$: 전체 평균

〈표 5-1〉과 같이 집단의 수가 J이고, j번째 집단의 표본의 크기를 n_j, j 집단의 i번째 사례의 점수를 X_{ij}라 할 때, 전체 분산, 집단 간 분산 및 집단 내 분산은 다음과 같이 구할 수 있다.

$$전체 \ 분산 = \sum_{j=1}^{J}\sum_{i=1}^{n_j}(X_{ij}-\overline{X})^2 / (\sum_{j=1}^{J} n_j - 1)$$

$$집단 \ 간 \ 분산 = \sum_{j=1}^{J} n_j(\overline{X_{\cdot j}}-\overline{X})^2 / (J-1)$$

$$집단 \ 내 \ 분산 = \sum_{j=1}^{J}\sum_{i=1}^{n_j}(X_{ij}-\overline{X_{\cdot j}})^2 / \sum_{j=1}^{J}(n_j-1)$$

4) χ^2 검정에서의 자유도

χ^2 검정은 1개의 범주형 변수의 척도별 비율을 비교(예컨대, 5부제에 대한 찬반 의견이 동일하다고 할 수 있는가) 하거나 빈도 또는 비율을 집단 간에 비교(예컨대, 흡연 여부에 따른 폐암 발병률이 동일하다고 할 수 있는가) 하는 분석방법이다. χ^2 검정 에서의 자유도는 '자유롭게 변할 수 있는 빈도의 개수'로 정의한다. 예를 통하여 빈도분석에서의 자유도와 교차분석에서의 자유도를 설명하면,

<표 5-2> 빈도분석표

구 분	A	B	C
실제빈도	40	30	X
기대(%)	33.3	33.3	33.3

<표 5-2>는 150명을 대상으로 A, B, C 중에서 가장 선호하는 것을 하나만 고르게 하여 그 결과를 요약한 빈도분석표다. A, B, C 선호에 대한 기대빈도 비율 이 1 : 1 : 1이라고 가정한다면, A와 B를 선택한 빈도만 결정되면 C를 선택한 빈도 는 자동적으로 결정된다. 예컨대, A가 40, B가 30이면 C는 80이다. 이 경우 A, B, C 셀 중에서 자유롭게 변할 수 있는 셀은 2개뿐이다.

일반적으로 항목의 수가 k개인 빈도분석에서의 자유도는 $k-1$이 된다.

<표 5-3>은 150명(남 : 60명, 여 : 90명)을 대상으로 A, B, C 중에서 가장 선호하 는 것을 하나만 고르게 하여 그 결과를 요약한 교차분석표다. '남녀에 상관없이 A, B, C를 선택한 비율이 4 : 5 : 6으로 동일하다.'라는 가정이 있다면, 6개 셀 중에 서 2개 셀에서의 빈도만 결정되면 나머지 셀에서의 빈도는 자동적으로 결정된다.

<표 5-3> 교차분석표

배경변수	A	B	C	전 체
남	10	20	Y	60
여	Y	Y	Y	90
전 체	40	50	60	150

예컨대, <표 5-3>에서 Y는 모두 30이다. 이 경우 6개 셀 중에서 자유롭게 변할 수 있는 셀은 2개뿐이다. 그러므로 <표 5-3>과 같은 교차분석에서 자유도는 2가 된다.

일반적으로 $m \times n$개의 셀을 가진 교차분석에서의 자유도는 $(m-1) \times (n-1)$이다.

5) 회귀분석에서의 자유도

n명이 이용된 단순회귀분석에서 Y의 전체 분산(S_Y^2)을 구할 때의 자유도는 $n-1$이다. 그리고 독립변수 X에 의해서 예측된 Y의 분산($S_{Y'}^2$)을 구할 때의 자유도는, 회귀선이 언제나 X와 Y의 평균점인 $(\overline{X}, \overline{Y})$를 지나므로 자유도는 1이 된다. 왜냐하면 자유롭게 변할 수 있는 것은 기울기뿐이기 때문이다. 만약, 독립변수가 k개인 중다회귀분석이라면 자유도는 k가 된다.

그렇다면 n개의 점이 흩어져 있는 좌표평면에서 최소제곱법으로 최적의 직선을 구하기 위해, 직선으로부터의 편차제곱합(SSE)을 구할 때의 자유도는 얼마일까? 먼저 2개의 점만 있을 때 최적의 선은 이 두 점을 지나게 되므로 이 직선에서 편차제곱합을 구할 때의 자유도는 0이 된다. 그리고 3개의 점만 있을 때는 자유도가 1이 된다. 그러므로 n개의 점이 흩어져 있을 때의 자유도는 $n-2$가 된다.

제**6**장
여러 가지 연속확률분포와 표집분포

① 정규분포

1) 정규분포의 개념

수능시험에서 기대하는 시험점수의 분포, 측정의 오차를 포함하는 측정치들의 분포 등 일상생활에서 가장 많이 경험하게 되는 연속확률분포 중 하나가 정규분포 (normal distribution)다.

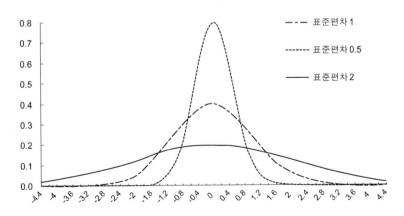

[그림 6-1] 표준편차에 따른 정규분포

[그림 6-1]과 같이 정규분포는 종 모양으로 좌우대칭이면서 극단적인 확률변수일수록 X축과 가까워지며, 평균과 표준편차에 따라서 그 모양이 구분된다.

정규분포는 다음의 일차변환을 통해서 평균이 0, 표준편차가 1인 표준정규분포로 변환할 수 있다.

$$z = \frac{X - \mu}{\sigma}$$

보충학습

정규분포의 특징

- 전체적인 모양은 종 모양이다.
- 평균에서 가장 큰 값을 가진다.
- 평균, 최빈값, 중앙값이 동일하다.
- 평균을 중심으로 좌우대칭이다.
- X축을 점근선으로 한다.
- 평균과 표준편차에 따라서 구분된다.
- 측정오차의 분포는 정규분포를 따른다.
- $N(\mu, \sigma^2)$을 따르는 정규분포에서 구간에 따른 비율은 다음과 같다.

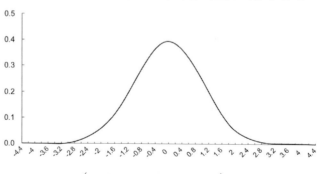

$$p(\mu - 1 \times \sigma \leq X \leq \mu + 1 \times \sigma) \fallingdotseq .68$$
$$p(\mu - 2 \times \sigma \leq X \leq \mu + 2 \times \sigma) \fallingdotseq .95$$
$$p(\mu - 3 \times \sigma \leq X \leq \mu + 3 \times \sigma) \fallingdotseq .997$$

문제 평균이 60점이고 표준편차가 10점인 정규분포를 따르는 수학시험에서, 81점을 받은 학생의 백분위는 얼마인가? (단, 백분위는 아래 그림에서 A의 백분율을 의미한다.)

문제 해설 및 해답: 부록 I 참조

2) 정규분포를 따르는 표집분포

평균이 μ, 표준편차가 σ인 전집에서 충분히 큰 표본의 크기 n을 표집하여 구한 표본평균들($\overline{X}$)의 분포는 표집분포 중 하나로서, 평균이 μ, 표준편차가 $\dfrac{\sigma}{\sqrt{n}}$인 정규분포를 따른다.

2 χ^2 분포

1) χ^2 분포의 개념

확률변수 Z가 표준정규분포를 따르면, 무선적으로 표집된 Z^2의 분포는 자유도가 1인 χ^2 분포를 따르게 된다. 그리고 표준정규분포에서 무선적으로 표집된 k개의 독립적인 확률변수 $Z_1, Z_2, \cdots\cdots, Z_k$에 대하여 다음은 자유도가 k인 χ^2 분포를 따르게 된다.

$$Z_1^2 + Z_2^2 + \cdots\cdots + Z_k^2 \sim \chi^2(k)$$

특히, 자유도가 1이라면 χ^2은 Z^2과 같다.

$$\chi^2(1) = Z^2$$

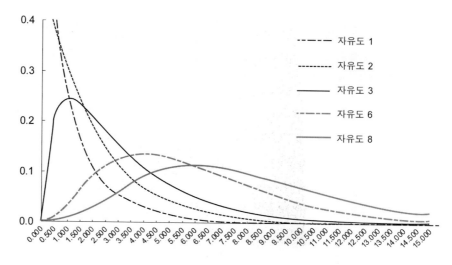

[그림 6-2] 자유도에 따른 χ^2 분포

[그림 6-2]와 같이 χ^2 분포는 자유도에 따라 달라지며 자유도가 커짐에 따라 정규분포에 가까워진다. 그리고 <표 6-1>과 같이 가설검정에서 기각임계치는 자유도에 따라 달라진다. 일반적으로 자유도가 클수록 특정한 기각임계치에 해당하는 χ^2 값도 커진다.

<표 6-1> χ^2 분포의 자유도별 유의확률에 해당하는 확률변수

자유도	유의확률				
	0.100	0.050	0.025	0.010	0.005
1	2.71	3.84	5.02	6.63	7.88
2	4.61	5.99	7.38	9.21	10.60
3	6.25	7.81	9.35	11.34	12.84
4	7.78	9.49	11.14	13.28	14.86
5	9.24	11.07	12.83	15.09	16.75
6	10.64	12.59	14.45	16.81	18.55
7	12.02	14.07	16.01	18.48	20.28
8	13.36	15.51	17.53	20.09	21.95
9	14.68	16.92	19.02	21.67	23.59
10	15.99	18.31	20.48	23.21	25.19

2) χ^2 분포를 따르는 표집분포

관찰빈도와 기대빈도 간의 차이를 이용한 다음의 통계량들은 자유도가 $(A-1)$ $(B-1)$인 χ^2 분포를 따른다.

$$\sum_{j=1}^{B}\sum_{i=1}^{A}\frac{(O_{ij}-E_{ij})^2}{E_{ij}} \sim \chi^2[(A-1)(B-1)]$$

(단, O : 관찰빈도, E : 기대빈도)

여기서 관찰빈도(observed frequency, obtained frequency)는 실제 관측된 빈도이고, 기대빈도(expected frequency, 일명 이론빈도)는 변수들이 서로 독립적이라고 가정하였을 때 각 셀에 기대되는 빈도를 말한다. 이해를 돕기 위해 다음의 예를 들어보자.

<표 6-2> 교차분석표의 예

배경변수	찬 성	반 대	전 체
남	70 (a)	20 (b)	90
여	70 (c)	40 (d)	110
전 체	140	60	200

<표 6-2>는 200명(남: 90명, 여: 110명)을 대상으로 한 조기 유학의 필요성에 대한 찬반 의견을 요약한 교차분석표다. 이때 4개의 셀에 있는 '70, 20, 70, 40'과 같이 실제로 수집한 빈도를 '관찰빈도'라고 한다. 그리고 '조기 유학에 대한 찬반 의견은 남녀 간에 동일하다.'라는 가정하에서 기대되는 빈도를 '기대빈도'라고 한다. 남녀의 찬성과 반대 비율이 140 : 60으로 동일하다면 (a)와 (b)에 들어갈 기대빈도는 각각 다음과 같이 구할 수 있다.

$$90 \times \frac{140}{200} = 63 \quad \cdots\cdots\cdots\cdots \quad (a)$$

$$90 \times \frac{60}{200} = 27 \quad \cdots\cdots\cdots\cdots \quad (b)$$

그리고 (c)와 (d)에 들어갈 기대빈도는 각각 다음과 같이 구할 수 있다.

$$110 \times \frac{140}{200} = 77 \quad \cdots\cdots\cdots\cdots \quad (c)$$

$$110 \times \frac{60}{200} = 33 \quad \cdots\cdots\cdots\cdots \quad (d)$$

관찰빈도와 기대빈도 간의 차이를 이용한 다음의 검정통계량이 자유도 1인 χ^2분포에서 어디에 위치하는지를 근거로 하면, 남녀 간의 찬반 의견이 동일하다고 할 수 있는지 평가할 수 있다.

$$\chi^2 = \sum_{j=1}^{2}\sum_{i=1}^{2} \frac{(O_{ij} - E_{ij})^2}{E_{ij}}$$

$$= \frac{(70-63)^2}{63} + \frac{(20-27)^2}{27} + \frac{(70-77)^2}{77} + \frac{(40-33)^2}{33} = 4.717$$

이에 대한 상세한 내용은 제5부에서 다룬다.

③ t분포

1) t분포의 개념

확률변수 Z가 표준정규분포에서 무선으로 표집된 값이고, 확률변수 χ^2은 자유도가 r인 χ^2분포에서 무선으로 표집된 값이라면, 다음 값들의 분포는 자유도가 r인 t분포를 따르게 된다.

$$\frac{Z}{\sqrt{\chi^2/r}} \sim t(r)$$

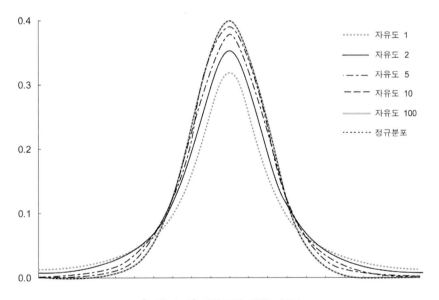

[그림 6-3] 자유도에 따른 t분포

[그림 6-3]에서 보는 바와 같이, t분포는 자유도에 따라 달라지며, 자유도가 커짐에 따라 정규분포에 가까워진다. 그리고 <표 6-3>에서와 같이 가설검정에서 기각임계치도 자유도에 따라 달라진다. 일반적으로 자유도가 클수록 특정한 기각임계치에 해당하는 t값은 작아진다.

<표 6-3> t분포의 자유도별 유의확률에 해당하는 확률변수

자유도	유의확률				
	0.100	0.050	0.025	0.010	0.005
1	6.31	12.71	25.45	63.66	127.32
2	2.92	4.30	6.21	9.92	14.09
3	2.35	3.18	4.18	5.84	7.45
4	2.13	2.78	3.50	4.60	5.60
5	2.02	2.57	3.16	4.03	4.77
6	1.94	2.45	2.97	3.71	4.32
7	1.89	2.36	2.84	3.50	4.03
8	1.86	2.31	2.75	3.36	3.83
9	1.83	2.26	2.69	3.25	3.69
10	1.81	2.23	2.63	3.17	3.58

2) t분포를 따르는 표집분포

표준편차는 알 수 없으나 평균이 μ이고 정규분포를 따른다고 알려진 전집으로부터 $X_1, \cdots\cdots, X_n$을 표집하였다고 할 때, 다음을 수학적으로 증명할 수 있다.

$$\frac{\overline{X}-\mu}{s/\sqrt{n-1}} = \frac{\overline{X}-\mu}{\hat{\sigma}/\sqrt{n}} \sim t(n-1)$$

$$\left(\text{단, } \overline{X} : \text{표본평균}, \quad s = \sqrt{\frac{\sum_{i=1}^{n} x_i^2}{n}}, \quad \hat{\sigma} = \sqrt{\frac{\sum_{i=1}^{n} x_i^2}{n-1}} \right)$$

이 통계량은 표본을 통해서 전집의 평균이 변화가 있는지를 검정하는 데 이용된다.

④ F분포

1) F분포의 개념

확률변수 χ_1^2은 자유도가 n_1인 χ^2분포에서 무선으로 표집된 값이고 확률변수 χ_2^2는 자유도가 n_2인 χ^2분포에서 무선으로 표집된 값이라면, 다음 값들의 분포는 자유도가 $(n_1, \, n_2)$인 F분포를 따르게 된다.

$$\frac{\chi_1^2/n_1}{\chi_2^2/n_2} \sim F(n_1, n_2)$$

특히, F의 자유도가 $(1, \, n)$이라면 F는 t^2과 같다.

$$F(1, n) = [t(n)]^2$$

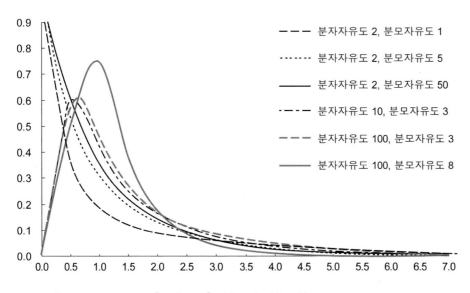

[그림 6-4] 자유도에 따른 F분포

[그림 6-4]와 같이 F분포는 분자자유도와 분모자유도에 따라서 그래프 모양이 달라지며, 자유도가 커짐에 따라 정규분포에 가까워지는 경향이 있다. <표 6-4>와 같이 기각임계치도 분자자유도와 분모자유도에 따라 달라진다. 즉, 분모자유도가 작을수록 특정한 기각임계치에 해당하는 F값은 커진다. 그러나 분자자유도와 특정 기각임계치에 해당하는 F값 간에는 일관된 관계가 없음에 유의해야 한다.

<표 6-4> F분포의 자유도별 유의확률에 해당하는 확률변수

분모자유도	유의확률	분자자유도				
		1	2	3	4	5
1	.05	161.45	199.50	215.71	224.58	230.16
	.01	4052.18	4999.50	5403.35	5624.58	5763.65
2	.05	18.51	19.00	19.16	19.25	19.30
	.01	98.50	99.00	99.17	99.25	99.30
3	.05	10.13	9.55	9.28	9.12	9.01
	.01	34.12	30.82	29.46	28.71	28.24
4	.05	7.71	6.94	6.59	6.39	6.26
	.01	21.20	18.00	16.69	15.98	15.52
5	.05	6.61	5.79	5.41	5.19	5.05
	.01	16.26	13.27	12.06	11.39	10.97
6	.05	5.99	5.14	4.76	4.53	4.39
	.01	13.75	10.92	9.78	9.15	8.75
7	.05	5.59	4.74	4.35	4.12	3.97
	.01	12.25	9.55	8.45	7.85	7.46

2) F분포를 따르는 표집분포

분산이 같고 정규분포를 이루는 두 전집에서 각각 n_1, n_2개의 표본을 연속하여 표집하였다면 다음을 수학적으로 증명할 수 있다.

$$\frac{\widehat{\sigma_1^2}}{\widehat{\sigma_2^2}} \sim F[n_1 - 1, \, n_2 - 1]$$

$$\left(단, \ \widehat{\sigma_1} = \sqrt{\frac{\sum\limits_{i=1}^{n_1} x_i^2}{n_1 - 1}} \ , \ \ \widehat{\sigma_2} = \sqrt{\frac{\sum\limits_{i=1}^{n_2} y_i^2}{n_2 - 1}} \ \right)$$

이 식의 성질을 활용한 것이 분산분석이다. 이에 대해서는 제6부 제21장에서 자세히 다룬다.

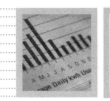

제**7**장
추정과 가설검성

1 추정의 개념

표본에서 얻은 통계량을 활용하여 점 또는 구간으로 모수를 예측하는 것을 '추정(estimation)'이라 한다. 예컨대, 10,000명(전집)의 지능(모평균)이 얼마인지 알기 위해서 이들 중에서 16명의 표본에서 얻은 표본평균을 이용하여 모평균을 점 또는 구간으로 예측하는 절차는 추정에 해당한다.

10,000명 중에서 16명을 뽑을 수 있는 이론적인 경우의 수는 $_{10000}C_{16}$이지만, 추정을 위해서 실제 연구자가 데이터를 수집하는 경우는 1회에 불과하다. 추정의 기본 원리는 실제 연구자가 수집한 데이터에서의 표본평균과 $_{10000}C_{16}$번 각각에서 이론적으로 얻을 수 있는 표본평균의 분포인 '표집분포(sampling distribution)' 간의 관계를 통해서 유도된다.

2 신뢰구간의 추정

1) 신뢰구간 추정의 개념

미지의 모수가 확률적으로 포함되어 있을 것으로 판단되는 구간을 표본으로 추정한 것을 '신뢰구간(confidence interval)'이라 한다.

문제 1 어느 지역에서 무선으로 64명을 선정하여 몸무게를 조사하였더니 그 평균이 65kg이었다. 전집의 몸무게 표준편차가 4kg이라고 할 때, 이 지역 학생의 평균 몸무게에 대한 95% 신뢰구간을 구하시오.

문제 해설 및 해답: 부록 I 참조

보충학습

z_α의 의미

z_α는 정규분포에서 확률변수 z보다 더 클 확률이 α일 때의 확률변수 z를 의미한다. 예컨대, $z_{.025}$는 오른쪽 그림과 같은 정규분포에서 $P(Z > z) = .025$인 z, 즉 1.96을 의미한다.

.025

$Z_{.025} = 1.96$

---

2) 신뢰구간의 의미

신뢰수준 95%에서의 신뢰구간은 무엇을 의미하는가? 이를 '모평균이 신뢰구간에 포함될 확률이 95%이다.'라고 잘못 해석하는 경우가 있다. 신뢰수준 95%에서의 신뢰구간이란 '전집에서 표본을 얻은 방법을 100번 하여 신뢰구간을 얻었을 때, 그때 얻은 많은 신뢰구간 중에서 모평균(μ)을 포함하는 신뢰구간이 약 95%가

된다.'는 것이다.

　모평균(μ)이 50이고, 모표준편차(σ)가 10인 전집에서 10명을 무선으로 표집하여 신뢰수준 95%에서의 신뢰구간을 실제로 100번 구해 보았다. 그 결과 [그림 7-1]과 같이 구간 내에 모평균인 50을 포함하는 경우가 95번 있음을 확인할 수 있었다.

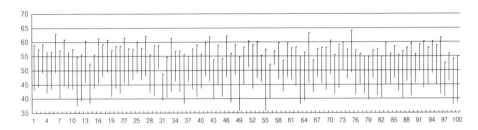

[그림 7-1] 신뢰구간의 의미

③ 가설검정, 대립가설, 원가설의 개념

　가설검정(hypothesis test)이란 두 가지 상반되는 가설을 세우고, 그중 어느 가설이 옳은지 수집된 자료에 근거하여 확률적으로 판단하는 과정이다. 이때 설정하는 두 가설은 대립가설과 원가설이다.

　대립가설(alternative hypothesis)은 '연구가설(H_A)'이라고도 하며, 연구자가 새롭게 주장하려는 가설이다. 대립가설은 통계량 간의 차이 또는 관계가 표집오차에 의한 우연적인 것이 아니라 모수 간의 유의미한 차이 또는 관계에 의한 것이라 주장하는 가설이다. 이에 비해서 원가설[original hypothesis, null hypothesis, 일명 영가설, 귀무가설, 통계적 가설(H_O)]은 대립가설에 대응하는 것으로, '평균 간에 차이가 없다.', '변수 간에 상관이 없다.'와 같이 주로 '변함이 없다.', '이전과 같다.'라는 식으로 진술된다. 이러한 원가설은 통계량 간의 차이 또는 관계가 표집오차에 의한 우연적 결과라고 주장하는 가설이다.

가설검정을 달리 표현하면, 원가설의 기각 여부를 확률적으로 판단하는 과정으로도 볼 수 있다.

④ 가설검정과 관련된 기본 개념

원가설 기각 여부의 근거는 '연구자가 실제 수집한 표본에서의 검정통계량이 표집분포에서 나타날 확률'이다. 예컨대, 새로운 교수방법의 효과를 검정하기 위해 무선으로 얻은 표본을 대상으로 성취도를 측정한 후 새로운 교수방법을 적용했다고 하자. 그리고 새로운 교수방법에 의해 성취도 평균이 변화하였다고 할 수 있는지 검정하기 위해 새로운 교수방법을 적용한 후에 성취도를 다시 한 번 측정하였다고 할 때, 새로운 교수방법을 적용한 후의 성취도 평균이 적용하기 전의 성취도 평균보다 훨씬 더 크면 원가설을 기각할 수 있을 것이다. 이처럼 가설검정은 표본에서 얻은 검정통계량을 기초로 원가설과 대립가설 중 어느 한쪽을 옳다고 판단하는 것이다.

1) 검정통계량

수집된 표본 자료의 분석을 통해 원가설의 옳고 그름을 판단하는 기준이 되는 통계량을 '검정통계량(test statistic)'이라고 한다. 그 예로는 z값, χ^2값, t값, F값 등이 있다.

2) 기각역과 양측검정 및 단측검정

원가설이 참이라고 할 때의 표집분포에서, 연구자가 실제로 얻은 자료의 검정통계량이 나타날 확률에 근거하여 원가설을 기각하거나 채택하게 된다. 이때 원가설을 기각하는 영역을 '기각역(critical region)'이라 하며, 기각역의 크기를 '유의수준'

이라 한다. 원가설하에서 가정하는 표집분포는 연구자가 실제로 도출할 필요가 없는 이론적인 분포다. 표집분포로부터 연구자가 실제로 얻은 자료에서의 검정통계량이 나타날 확률이 매우 낮은 경우, 연구자는 이것의 원인이 원가설을 잘못 설정하였기 때문이라는 '모험'을 하게 된다. 그러므로 기각역은 표집분포에서 극단에 존재하게 된다.

대립가설이 '모평균이 어떤 값과 같지 않다.'인 경우의 가설검정을 '양측검정(two-tailed test, two sided test)'이라고 한다. 이에 비해서 대립가설이 '모평균이 어떤 값보다 크다 또는 작다.'인 경우의 가설검정을 '단측검정(one-tailed test, one sided test)'이라고 한다. 양측검정에서는 기각역이 양극단에 분산되어 있고, 단측검정에서는 기각역이 양극단 중 어느 한쪽에 집중되어 있다. [그림 7-2]는 양측검정과 단측검정에서의 기각역과 채택역을 나타낸 것이다. 예컨대, 유의수준이 5%라면, 양측검정에서는 양극단 각각에 2.5%의 기각역이 있으며, 단측검정에서는 양극단 중에서 한쪽에 5%의 기각역이 있다.

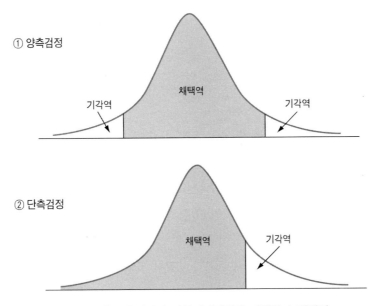

[그림 7-2] 양측검정과 단측검정에서의 기각역과 채택역

3) 제1종 오류, 제2종 오류, 통계적 검정력, 유의수준

가설검정은 표본에서 얻은 검정통계량을 이용하여 원가설 기각 여부를 확률적으로 판단하는 과정이다. 그러므로 '검정통계량이 표본에 의존한다.'는 점과 '표본은 편파될 가능성을 가지고 있다.'는 점을 고려하면 연구자가 내린 가설검정의 결론은 오류의 가능성을 항상 가지고 있다. 예컨대, 고등학교에 재학 중인 학생들의 키가 남녀 간에 차이가 있는지 검정하기 위해 남녀 각각 100명을 표집하였다. 이때 공교롭게도 남학생은 모두 165cm 이하인 사람만 표집되고 여학생은 모두 170cm 이상인 학생만 표집될 가능성도 있다. 이러한 경우, 전집에서는 남학생의 키의 평균이 여학생의 그것보다 더 크다하더라도 가설검정 결과에서는 여학생의 키가 남학생의 키보다 더 크다는, 전집과는 다른 결론을 내릴 수도 있다.

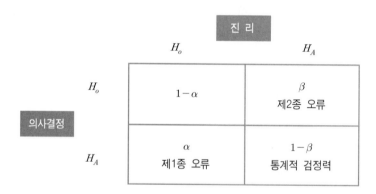

[그림 7-3] 제1종 오류, 제2종 오류 및 통계적 검정력

[그림 7-3]과 같이 가설검정 과정에서 연구자의 오류는 두 가지로 나뉜다.

첫째, 원가설이 참인데 이를 잘못 기각하는 오류로 '제1종 오류(type Ⅰ error)'라고 부른다. 예컨대, 교수방법 A가 효과가 없는데 효과가 있다고 하는 경우가 여기에 해당한다.

둘째, 대립가설이 참인데 원가설을 잘못 채택하는 오류로 '제2종 오류(type Ⅱ error)'라고 부른다. 예컨대, 교수방법 A가 효과가 있는 데도 효과가 없다고 하는 경우가 여기에 해당한다.

새로운 표본에서 얻은 검정통계량에 근거하여 새로운 주장을 하는 사람이 인정하는 본인 주장의 오류 가능성의 최대값을 '유의수준(significance level, α, 일명 유의도 수준)'이라고 한다. 유의수준은 원가설이 옳음에도 불구하고 이를 잘못 기각하는 확률, 즉 제1종 오류의 최대 허용 확률로서 '기각역의 넓이'와 일치한다. 사회과학에서 유의수준은 주로 .05 또는 .01 또는 .001을 활용한다. 이에 비해서 원가설이 참이 아닐 때 이를 기각함으로써 올바른 결정을 내릴 가능성의 정도를 '통계적 검정력(statistical power)'이라고 한다. 예컨대, 교수방법 A가 효과가 있을 때, 효과가 있다고 주장하는 경우가 여기에 해당한다.

4) 양측검정에서의 유의확률

양측검정에서는 표집분포에서 검정통계량보다 더 극단적인 통계량을 얻을 확률을 2배로 한 값을 '유의확률(significance ratio, p-value: 'p'로 표시)'로 정의한다.

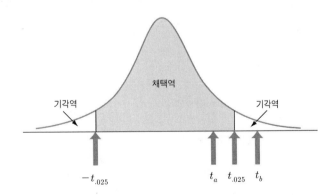

[그림 7-4] 양측검정에서 유의수준 5%에서의 기각역과 채택역

예컨대, [그림 7-4]에서 검정통계량이 t_a 또는 t_b일 때의 유의확률은 각각 다음과 같다.

검정통계량이 t_a일 때의 유의확률$=2P(T \geq t_a)$

※ 이 경우에는 유의수준 5%에서 원가설을 기각할 수 없다(양측검정).

검정통계량이 t_b일 때의 유의확률$=2P(T \geq t_b)$

※ 이 경우에는 유의수준 5%에서 원가설을 기각할 수 있다(양측검정).

이처럼 양측검정에서의 기각역은 양극단에 분산되어 있다. 예컨대, 대립가설이 '모평균이 어떤 값과 같지 않다.'이고 유의수준이 5%일 때의 기각역은 '$-t_{.025}$ 이하 또는 $t_{.025}$ 이상'이다.

문제 2 동전 하나를 5번 던졌을 때 모두 앞면이 나왔다. 이 동전의 경우, 앞면이 나올 확률이 달라졌다고 할 수 있는지를 유의수준 5%에서 가설검정하시오.

문제 해설 및 해답: 부록 Ⅰ 참조

문제 3 평균이 85점으로 알려진 전집에서 100명을 표집하였더니, 표본평균이 88점, 표본표준편차는 15점이었다. 전집의 평균이 달라졌다고 할 수 있는지를 유의수준 5%에서 가설검정하시오.

문제 해설 및 해답: 부록 Ⅰ 참조

문제 4 평균이 84로 알려진 전집에서 10명을 표집하여 다음의 결과를 얻었을 때, 전집의 평균이 달라졌다고 할 수 있는지를 유의수준 5%에서 가설검정하시오.

- 검정통계량 $t = 3.19(df = 9)$
- $P(T \geq 3.19) \fallingdotseq .034$

문제 해설 및 해답: 부록 Ⅰ 참조

5) 단측검정에서의 유의확률

단측검정에서는 표집분포에서 검정통계량보다 더 극단적인 통계량을 얻을 확률을 '유의확률(significance ratio, p-value: 'p'로 표시)'로 정의한다. 예컨대, [그림 7-5]에서 검정통계량이 t_a 또는 t_b일 때의 유의확률은 각각 다음과 같다.

검정통계량이 t_a일 때의 유의확률$= P(T \geq t_a)$

※ 이 경우에는 유의수준 5%에서 원가설을 기각할 수 없다(단측검정).

검정통계량이 t_b일 때의 유의확률$= P(T \geq t_b)$

※ 이 경우에는 유의수준 5%에서 원가설을 기각할 수 있다(단측검정).

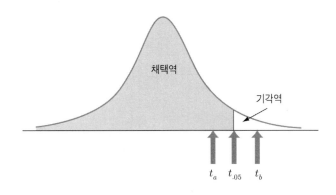

[그림 7-5] 단측검정에서 유의수준 5%에서의 기각역과 채택역

이처럼 단측검정에서의 기각역은 양극단 중 한 부분에 집중되어 있다. 특히, 대립가설이 '모평균이 어떤 값보다 크다.'라면 기각역은 오른쪽 부분에 있고, '모평균이 어떤 값보다 작다.'라면 기각역은 왼쪽 부분에 있게 된다. 예컨대, 대립가설이 '모평균이 어떤 값보다 크다.'이고 유의수준이 5%일 때의 기각역은 '$t_{.05}$ 이상'이다.

일반적으로 χ^2검정과 F 검정에서는 양측검정은 시도하지 않으며 단측검정만 하게 된다.

문제 5 동전 하나를 5번 던졌을 때 모두 앞면이 나왔다. 이 동전은 앞면이 나올 확률이 $\frac{1}{2}$보다 더 크다고 할 수 있는지를 유의수준 5%에서 가설검정하시오.

문제 해설 및 해답: 부록 Ⅰ 참조

문제 6 평균이 85점으로 알려진 전집에서 100명을 표집하였더니, 표본평균이 88점, 표본표준편차는 15점이었다. 전집의 평균이 향상되었다고 할 수 있는지를 유의수준 5%에서 가설검정하시오.

문제 해설 및 해답: 부록 Ⅰ 참조

문제 7 평균이 84로 알려진 전집에서 10명을 표집하여 다음의 결과를 얻었을 때, 전집의 평균이 향상되었다고 할 수 있는지를 유의수준 5%와 1%에서 가설검정하시오.

- 검정통계량 $t = 3.19(df = 9)$
- $P(T \geq 3.19) ≒ .034$

문제 해설 및 해답: 부록 Ⅰ 참조

보충학습

원가설 기각 여부의 판단 기준

원가설 기각 여부는 유의확률(p)과 유의수준(α)을 비교함으로써 이루어진다.

- '$.01 < p \leq .05$'이면 유의수준 5%에서 원가설을 기각할 수 있다.
- '$p \leq .01$'이면 유의수준 1%에서 원가설을 기각할 수 있다.
- '$p > .05$'이면 원가설을 기각하지 않는다.

⑤ 가설검정의 절차

1) 예를 통한 가설검정의 이해

앞면이 나올 확률이 .5로 알려진 동전(원가설)을 5번 던졌더니 모두 앞면이 나왔다. 이때 다음 두 가지를 판단할 수 있다.

첫째, 이 동전은 앞면이 나올 확률이 .5다(원가설을 기각하지 못함). 이에 대한 논리는 원가설하에서 이 동전이 연속해서 5번 앞면이 나올 확률은 .03125로, 그 확률이 낮기는 하지만 그러한 사건이 나타날 가능성은 있다는 것이다.

둘째, 이 동전은 앞면이 나올 확률이 더 이상 .5가 아니다(원가설을 기각). 이에 대한 논리는 원가설하에서 이 동전이 연속해서 5번 앞면이 나올 확률은 .03125로, 그 확률이 매우 낮음에도 불구하고 특정 시행에서 나타났다는 것은 동전에 뭔가 변화가 있었다고 할 수 있다는 것이다. 그러나 동전에 뭔가 변화가 있었다는 새로운 주장을 하려면 연구자에게 어떤 수준의 오류 가능성을 인정해 주어야 한다. 왜냐하면 '동전을 한 번 던졌을 때 앞면이 나올 확률은 .5이다.'라는 원가설하에서도 연속해서 동전의 앞면이 5번 나타날 수는 있기 때문이다.

그렇다면 동전을 5번 던져서 앞면이 몇 번 이상 나왔을 때 '그 동전은 앞면이 나올 가능성이 뒷면이 나올 가능성보다 더 높다.'고 판단할 수 있는가? 전통적으로 이에 대한 기준은 원가설이 참이라고 할 때의 표집분포에서 연구자가 실제로 얻은 자료에서의 검정통계량이 나타날 확률이 5% 또는 1% 이하이면 연구자는 오류의 가능성을 가지고 원가설을 기각하게 된다.

앞의 예에서 .03125와 같이 원가설하에서 실제로 얻은 자료의 검정통계량이 나타날 확률을 '유의확률'이라 한다. 그리고 새로운 주장을 하는 연구자에게 인정해 주는 오류의 최대 허용값, 즉 제1종 오류의 최대 허용값을 '유의수준'이라 한다.

2) 가설검정 절차

가설검정의 절차를 간략히 살펴보면 다음과 같다.

첫째, 대립가설(연구가설)을 설정한다. 대립가설이 '이전과 변화가 있다.'와 같다면 양측검정을 적용하고, '더 향상되었다', '더 하락하였다.'와 같다면 단측검정을 적용한다.

둘째, 원가설을 인정한다.

셋째, 유의수준에 따라서 원가설을 기각하는 영역인 기각역을 결정한다.

넷째, 원가설하에서 표집분포의 종류가 무엇인지 결정한다. 표집분포는 주어진 조건에 따라서 Z분포, χ^2분포, t분포, F분포 등이 될 수 있다.

다섯째, 검정통계량을 계산한다.

여섯째, 표집분포에서 검정통계량이 기각역에 속하면 원가설을 기각한다. 경우에 따라서 검정통계량으로 유의확률을 구한 다음, 유의확률(p)이 유의수준(α)보다 작거나 같으면 원가설을 기각한다. 만약 유의확률(p)이 유의수준(α)보다 크면 원가설을 기각하지 않는다.

이상의 내용을 자세히 살펴보면 다음과 같다.

(1) 대립가설(연구가설)의 설정

- 예컨대, ┌ 최근 동전은 앞면과 뒷면이 나올 확률이 다를 것이다.
  │ 두(세) 가지 교수방법의 효과는 차이가 있을 것이다.
  ┤ 두(세) 집단의 반응 비율은 차이가 있을 것이다.
  └ 두 변수 간에는 상관이 있을 것이다.

(2) 원가설의 인정

- 예컨대, ┌ 동전의 앞면이 나올 확률은 .5이다.
  │ 두(세) 집단의 평균은 동일하다(t검정, F검정).
  ┤ 두(세) 집단의 반응 비율은 동일하다(χ^2검정).
  └ 두 변수 간 상관은 0이다(상관분석).

(3) 유의수준의 결정

- 사회과학에서는 일반적으로 .05 또는 .01 또는 .001을 이용한다.

(4) 표집분포의 결정

- 원가설하에서 이론적으로 만들어지는 표집분포의 모양이 무엇인지 결정한다. 표집분포는 주어진 조건에 따라서 Z분포, χ^2분포, t분포 및 F분포 등이 될 수 있다.
- 예컨대, 남학생과 여학생의 성취도가 동일하다고 가정할 수 있는 전집에서 남학생 $n_\text{남}$명과 여학생 $n_\text{여}$명을 표집하여 다음의 통계량을 무한번 구하면 t분포를 따르게 된다.

$$\frac{(\overline{X_\text{남}}-\overline{X_\text{여}})-(\mu_\text{남}-\mu_\text{여})}{\sqrt{\widehat{\sigma_p^2}(\frac{1}{n_\text{남}}+\frac{1}{n_\text{여}})}} \sim t(n_\text{남}+n_\text{여}-2)$$

$$(\text{단, } \widehat{\sigma_p^2}=\frac{(n_\text{남}-1)\widehat{\sigma_\text{남}^2}+(n_\text{여}-1)\widehat{\sigma_\text{여}^2}}{n_\text{남}+n_\text{여}-2})$$

- 표집분포의 모양이 Z분포이면 Z검정, χ^2분포이면 χ^2검정, t분포이면 t검정, 그리고 F분포이면 분산분석(ANOVA)이 된다.
- 연구자는 표집분포의 모양이 무엇인지를 확인하기 위해서 경험적인 절차를 밟을 필요는 없다. 표집분포의 모양은 수학적인 접근을 통해서 통계학자가 규명해 놓은 이론에 따라서 결정하면 된다. 예컨대, 관찰빈도와 이론빈도 간의 차이를 모형화한 $\sum_{j=1}^{B}\sum_{i=1}^{A}\frac{(O_{ij}-E_{ij})^2}{E_{ij}}$는 자유도가 $(A-1)(B-1)$인 χ^2분포를 따른다.

(5) 검정통계량의 계산

- 검정통계량은 표본에서의 통계량을 활용하여 계산한 값이다.
- 예컨대, 남학생과 여학생의 성취도가 동일하다고 가정할 수 있는 전집에

서 남학생 100명과 여학생 100명을 표집하여 $\overline{X_{남}}=52$, $\overline{X_{여}}=50$, $\widehat{\sigma^2_{남}}=34$, $\widehat{\sigma^2_{여}}=32$를 얻었다고 한다. 이들을 다음 식에 대입하여 구한 $t \fallingdotseq 2.462$이 검정통계량의 한 예다.

$$t = \frac{(\overline{X_{남}}-\overline{X_{여}})-(\mu_{남}-\mu_{여})}{\sqrt{\widehat{\sigma^2_p}(\frac{1}{n_{남}}+\frac{1}{n_{여}})}} \fallingdotseq 2.462$$

$$(단, \ \widehat{\sigma^2_p} = \frac{(n_{남}-1)\widehat{\sigma^2_{남}}+(n_{여}-1)\widehat{\sigma^2_{여}}}{n_{남}+n_{여}-2})$$

(6) 원가설의 기각 여부 결정

• 방법 1: 표집분포에서 검정통계량이 기각역에 속하면 원가설을 기각한다. 예컨대, 남학생과 여학생의 성취도가 동일하다고 가정할 수 있는 전집에서 남학생 100명과 여학생 100명을 표집하여 $\overline{X_{남}}=52$, $\overline{X_{여}}=50$, $\widehat{\sigma^2_{남}}=34$, $\widehat{\sigma^2_{여}}=32$를 얻었고, 이를 이용하여 $t \fallingdotseq 2.462$를 얻었다. $P(T \geq 2.258) \fallingdotseq .025$, $P(T \geq 1.972) \fallingdotseq .05$임을 고려한다면, 유의수준 5%에서는 양측검정이든 단측검정이든 원가설을 기각할 수 있다[단, $P(T \geq \alpha)$는 컴퓨터 프로그램을 활용하여 구한 값이다].

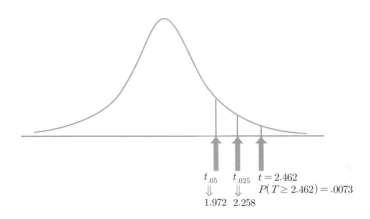

[그림 7-6] 검정통계량에 따른 원가설 기각 여부

- 방법 2: 검정통계량을 이용하여 유의확률을 구한 다음, 유의확률(p)이 유의수준(α)보다 작거나 같으면 원가설을 기각한다. 그리고 유의확률(p)이 유의수준(α)보다 크면 원가설을 기각하지 않는다. 양측검정에서는 표집분포에서 검정통계량보다 더 극단적인 통계량을 얻을 확률을 2배 한 값을 유의확률로 정의한다. 그리고 단측검정에서는 표집분포에서 검정통계량보다 더 극단적인 통계량을 얻을 확률을 유의확률로 정의한다. 예컨대, 남학생과 여학생의 성취도가 동일하다고 가정할 수 있는 전집에서 남학생 100명과 여학생 100명을 표집하여 $\overline{X_남}=52$, $\overline{X_여}=50$, $\widehat{\sigma^2_남}=34$, $\widehat{\sigma^2_여}=32$를 얻었고, 이를 이용하여 $t \fallingdotseq 2.462$ 그리고 $P(T \geq 2.462) \fallingdotseq .0073$을 얻었다면, 유의확률은 양측검정에서는 $2P(T \geq 2.462) \fallingdotseq .0167$이고 단측검정에서는 $P(T \geq 2.462) \fallingdotseq .0073$이다. 그러므로 유의수준 5%에서는 양측검정이든 단측검정이든 원가설을 기각할 수 있다. 그리고 유의수준 1%에서도 단측검정으로는 원가설을 기각할 수 있으나 양측검정으로는 원가설을 기각할 수 없다.

문제 8 평균이 85점으로 알려진 전집에서 100명을 표집하였더니, 표본평균이 81점, 표본표준편차는 15점이었다. 전집의 평균이 달라졌다고 할 수 있는지 유의수준 5%와 1%에서 가설검정하시오.

문제 해설 및 해답: 부록 I 참조

3) 가설검정에 관한 SPSS 결과물 해석

SPSS 결과물에서는 가설검정 결과가 어떤 식으로 제시되며, 그 결과를 어떻게 해석해야 하는지 살펴보자.

평균이 84점으로 알려진 전집에서 10명을 표집한 자료가 다음과 같을 때 전집의 평균이 달라졌다고 할 수 있는지를 유의수준 5%에서 가설검정하고자 한다.

① 연구가설의 설정: 연구가설은 '전집의 평균은 84점이 아닐 것이다.'다. 연구 가설로 보아 양측검정이 적합한 상황이다.

② 원가설의 인정: 원가설은 '전집의 평균은 84점이다.'다.

③ 유의수준의 결정: 유의수준은 .05다.

④ 표집분포의 결정: 표본의 크기 n이 작기 때문에 다음의 분포는 t분포를 따른다. 그러므로 본 가설검정은 t검정에 해당한다.

$$t = \frac{\overline{X} - \mu}{\frac{s}{\sqrt{n-1}}} = \frac{\overline{X} - \mu}{\frac{\hat{\sigma}}{\sqrt{n}}} \sim t(n-1)$$

⑤ 검정통계량의 계산

• SPSS 분석 절차는 다음과 같다.

✔ '분석' ⇨ '평균 비교' ⇨ '일표본 t검정'

✔ 변수를 '검정변수'로 보냄

✔ '검정값'에 84입력

✔ '확인'

• SPSS 분석 결과는 다음과 같다.

일표본 통계량

	N	평균	표준편차	평균의 표준오차
score	10	89.50	7.990	2.527

일표본 검정

	검정값 = 84					
	t	자유도	유의확률(양쪽)	평균차	차이의 95% 신뢰구간	
					하한	상한
score	2.177	9	.057	5.500	-.22	11.22

- 이에 대한 해석은 다음과 같다.

 - 표본의 크기 n은 10이고, 표본평균 $\overline{X}$는 89.50, 표본표준편차 $\hat{\sigma}$은 7.990이다.

 - 검정통계량 t는 2.177(단, 자유도는 9)이고, 유의확률(p)은 양측검정으로 .057이다.

 - 검정통계량은 다음과 같은 식에 의해서 구해진 것이다.

$$t = \frac{\overline{X} - \mu}{\frac{s}{\sqrt{n-1}}} = \frac{\overline{X} - \mu}{\frac{\hat{\sigma}}{\sqrt{n}}} = \frac{89.50 - 84}{\frac{7.990}{\sqrt{10}}} \fallingdotseq 2.177$$

 - 유의확률은 다음과 같은 식에 의해서 구해진 것이다.

$$2P(T \geq 2.177) \fallingdotseq .057$$

 (단, 자유도가 9인 t분포표가 있어야 구할 수 있다.)

⑥ 원가설의 기각 여부 결정

- 양측검정에서의 유의확률 $2P(T \geq 2.177) \fallingdotseq .057$이다. 그러므로 유의수준 5%에서 원가설을 기각할 수 없다. 즉, 전집의 평균은 달라졌다고 할 수 없다.

문제 9 표본의 크기와 측정의 신뢰도가 동일하여 표집분포의 표준편차인 표준오차가 동일하다는 가정에서, 제1종 오류(α), 제2종 오류(β) 및 통계적 검정력 간의 관계는 어떠한가?

문제 해설 및 해답: 부록 I 참조

문제 10 표본의 크기, 측정의 신뢰도와 통계적 검정력 간의 관계는 어떠한가?

문제 해설 및 해답: 부록 Ⅰ 참조

문제 11 측정의 신뢰도가 낮은 경우는 그렇지 않은 경우에 비해서 유의수준을 어떻게 하는 것이 타당한가?

문제 해설 및 해답: 부록 Ⅰ 참조

문제 12 일반적으로 사회과학은 자연과학에 비해서 유의수준을 어떻게 하는 것이 타당한가?

문제 해설 및 해답: 부록 Ⅰ 참조

문제 13 일반적으로 제1종 오류가 작아지면 통계적 검정력도 작아진다. 그렇다면 제1종 오류를 일정하게 유지하면서 통계적 검정력을 높이는 방법은 무엇인가?

문제 해설 및 해답: 부록 Ⅰ 참조

문제 14 양측검정과 단측검정 중에서 통계적 검정력이 더 큰 것은 어느 것인가?

문제 해설 및 해답: 부록 Ⅰ 참조

문제 15 사람을 대상으로 새롭게 개발된 약품이 효과가 있는지 가설검정하고자 한다. 가설검정 결과의 위험성이 비교적 적은 기타 연구와 비교한다면, 이때의 유의수준은 어떠한 것이 타당한가?

문제 해설 및 해답: 부록 Ⅰ 참조

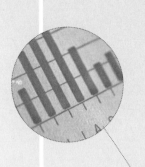

제**4**부

SPSS의 기본 구조

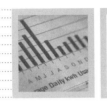

제8장
생성 확장자의 종류와 기능

SPSS는 Statistical Package for the Social Science의 약자로서, SAS와 더불어 가장 많이 활용되는 통계분석용 프로그램이다. SPSS의 장점은 도구상자를 이용하기 때문에 초보자도 손쉽게 다룰 수 있다는 것이다.

SPSS는 분석하는 과정에서 '∗∗.sav'라는 데이터 파일, '∗∗.spo'라는 결과물 파일, '∗∗.htm'이라는 인터넷 문서 파일, '∗∗.sps'라는 명령문 파일 등을 생성한다.

① 자료 파일

자료 파일(data file)은 자료를 입력하여 저장할 때 생기는 파일로서 확장자는 '∗∗.sav'다. 다음은 10명의 학생에 대한 자기조절학습능력을 4번 반복측정하여 얻은 자료를 입력한 것이다.

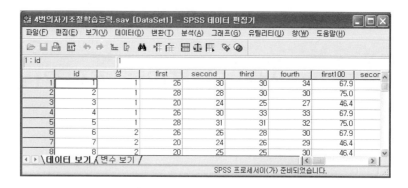

1) '자료 파일'의 저장 절차

- ✔ 앞의 그림과 같이 자료 입력
- ✔ '파일' 메뉴 ▷ '다른 이름으로 저장'
- ✔ 파일 이름 창에 원하는 '파일 이름' 입력 ▷ '저장'

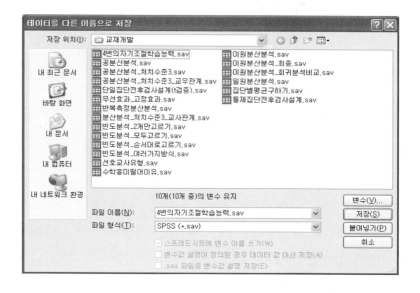

2) 자료 파일의 구성

(1) '데이터 보기' 창

① '데이터 보기(data view)' 창: 다음과 같이 숫자를 직접 입력하는 창이다.

	id	성	first	second	third	fourth	변수
1	1	1	26	30	30	34	
2	2	1	28	28	30	30	
3	3	1	20	24	25	27	
4	4	1	26	30	33	33	
5	5	1	28	31	31	32	
6	6	2	26	26	28	30	
7	7	2	20	24	26	29	
8	8	2	20	25	25	30	

② '데이터 보기' 창에 자료를 입력하는 대원칙

- 하나의 행에는 '한 개인에 관한 정보'를 입력해야 한다. 예컨대, 앞의 그림 에서 1행은 id가 1인 학생의 성, first, second, third, fourth 변수값들이다.
- 하나의 열에는 '한 변수에 대한 정보'를 입력해야 한다. 예컨대, 앞의 그림 에서 3열에 있는 값들은 모두 'first' 변수값이다.

(2) '변수 보기' 창

① '변수 보기(variable view)' 창: 다음과 같이 여러 개의 변수를 효율적으로 관리 하는 창이다.

	이름	유형	자리수	소수점이하자리	설명	값	결측값	열	맞춤	측도
1	id	숫자	11	0		없음	없음	8	오른쪽	척도
2	성	숫자	8	0		{1, 남학생}...	없음	8	오른쪽	척도
3	first	숫자	11	0		없음	없음	8	오른쪽	척도
4	second	숫자	11	0		없음	없음	8	오른쪽	척도
5	third	숫자	11	0		없음	없음	8	오른쪽	척도
6	fourth	숫자	11	0		없음	없음	8	오른쪽	척도

② '변수 보기' 창에서 관리하는 것들

- 이름: 변수이름을 지정하거나 변경하는 곳이다. 변수이름 지정 과정에서 는 다음의 점을 특히 유의해야 한다.

사용이 제한되는 것	예 시
• 띄어쓰기 사용 불가	• 자기 조절 학습 ⇒ 자기조절학습
• 일부 특수문자 사용 불가	• '*, −' 등은 불가, '_'은 가능함
• 제일 앞에 숫자 사용 불가	• '1번, 2번' ⇒ '번호1, 번호2'

※ SPSS에서는 대소문자 구분은 하지 않는다.

- 유형: '유형'은 데이터 형식을 말한다. 예컨대, '김재철'과 같은 문자열을 입력하려면 '변수 보기' 창에서, '김재철'을 입력하려는 변수의 '유형' 오른 쪽 공백을 클릭하였을 때 나타나는 다음의 '변수 유형' 창에서 '숫자' 대신 '문자열'을 선택해 주어야 한다.

- 자리수: '자리수'는 다음에 설명할 '소수점이하자리'의 값보다 더 커야 한 다. '자리수'는 데이터를 '고정 형식의 텍스트 파일'로 저장할 때의 자리수 로 활용된다.

- 소수점이하자리: 데이터 보기 창에서 보여 주는 소수점 이하 자리의 개수 를 지정해 주는 곳이다. 예컨대, first 변수의 '소수점이하자리'를 '3'으로 지정하면 다음과 같이 바뀐다.

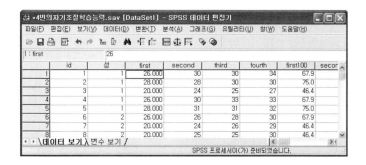

- 설명: 그 변수에 대한 구체적인 설명을 붙이는 장소다. 아무런 문자를 이용해도 무방하지만, 분석에 이용되는 변수는 항상 '이름'에 있는 변수명을 활용해야 함을 명심해야 한다.
- 값: 변수값에 대한 구체적인 설명과 내용을 입력하는 장소다. 예컨대, 남학생을 1로, 여학생을 2로 입력하였다면, '값'을 이용하여 1이 남학생이고 2가 여학생임을 지정할 수 있다. 그 절차는 다음과 같다.

✔ '변수 보기' 창에서 변수값을 입력하고자 하는 '변수값' 오른쪽 공백을 클릭
✔ '변수값'에 1, '변수값 설명'에 '남학생'을 입력 ⇨ '추가'

✔ '변수값'에 2, '변수값 설명'에 '여학생'을 입력 ⇨ '추가' ⇨ '확인'

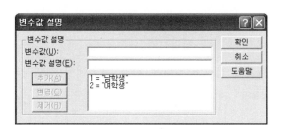

✔ 만약 '남학생'을 '남자'라고 수정하고자 한다면 '남학생'을 선택
✔ 변수값 설명을 '남자'로 수정 ⇨ '변경' ⇨ '확인'

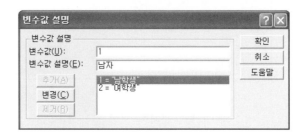

보충학습

변수값 설명을 '데이터 보기' 창에서 보는 방법

'데이터 보기' 창에서 '1'과 '2' 대신 '남학생'과 '여학생'이 직접 나타나게 하려면 툴 박스(tool box)의 오른쪽에서 두 번째 위치한 변수값 설명을 클릭한다.

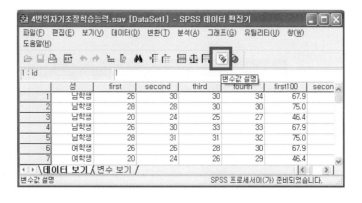

• **결측값**: '결측값'은 '데이터 보기' 창에 특정 숫자로 입력은 하였지만 분석에서는 그 숫자를 제외시키고자 할 때, 이를 지정해 주는 곳이다. 다음은 변수 'v2'에 입력된 '9'라는 값을 분석에서 제외시키는 절차다.

✔ '변수 보기' 창 ⇨ 'v2' 변수란의 결측값 오른쪽 공백 클릭

✔ '결측값' ⇨ '이산형 결측값'에 '9'를 입력 ⇨ '확인'

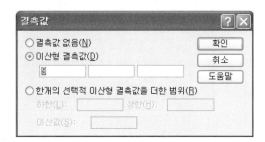

※ 이 경우에 '9'라는 값은 입력하지 않은 것과 동일한 효과가 나타난다.

※ 결측값은 '이산형 결측값'으로 세 가지를 한꺼번에 설정할 수 있다. 특히, '한 개의 선택적 이산형 결측값을 더한 범위'를 활용하면, 하나의 이산형 결측값 과 특정한 범위 내의 값을 한꺼번에 결측값으로 설정할 수도 있다.

보충학습

결측값 지정방법과 그 효과

1. 결측값 지정방법

① 방법 1

- 아무것도 입력하지 않음: 이 경우 '.'이 자동적으로 생긴다. '.'을 인위적으로 입력해서는 안 된다.

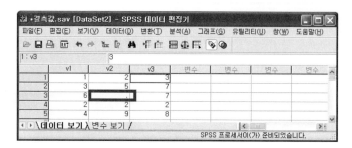

② 방법 2

- 특정 숫자 입력 후 결측값 지정: 특정 숫자를 입력하고 '변수 보기' 창의 '결측값'에서 특정 숫자를 결측값으로 설정하는 방법이다. 이를 위해서 '변수 보기' 창의 '결측값'을 이용한다. 다음 그림의 경우, 10에서 15까지의 값과 9를 '결측값'으로 설정하겠다는 것을 의미한다.

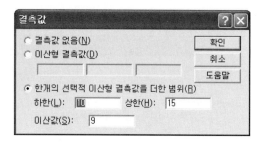

2. 결측값 지정의 효과

① v1, v2, v3에서 '.'과 '9'를 결측값으로 처리한 다음, '변수 계산'을 활용하여 v1, v2, v3를 합한 변수 'total'을 생성하면, 다음 그림과 같이 3번과 5번 학생이 분석에서 제외된다.

② 아무것도 입력하지 않은 결측값(.)을 특정값으로 변경할 경우

- '변환'
  ✔ '코딩변경' ➪ '같은 변수로' ➪ 결측값이 있는 변수를 '숫자 변수'로 이동
  ✔ '기존값 및 새로운 값'
  ✔ 기존값에서 '시스템 결측값' 선택
  ✔ 새로운 값에 '특정값(예, 9)' 입력
  ✔ '추가' ➪ '계속' ➪ '확인'

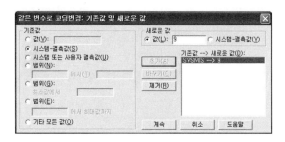

③ 주의할 것은 '변수 계산'에서 'sum 함수'나 'mean 함수'를 이용하면, 결측값이 있는 변수(v2)를 제외하고 그 값을 계산함으로써 사례 수가 줄어들지 않는다는 점이다. 다음의 네 가지 명령문의 차이를 확인하기 바란다.

- 방법 1
  Compute 총점_1=v1+v2+v3.
  EXE.
- 방법 2
  Compute 총점_2=sum(v1 to v3).
  EXE.
- 방법 3
  Compute 평균_1=(v1+v2+v3)/3.
  EXE.
- 방법 4
  Compute 평균_2=mean(v1 to v3).
  EXE.

④ 결측값은 변수마다 지정해야 한다. 특히, 결측값이 지정된 변수라 하더라도 '코딩변경'에 의해서는 결측값이 영향을 받게 된다는 점을 주의해야 한다. 예컨대, v2에서 '9'를 결측값으로 지정하였더라도 '코딩변경'을 활용하여 '9'를 다른 값 (예, 5)으로 변경한다면, '9'는 결측값임에도 불구하고 '5'로 변경되며, 변경된 이후에는 더 이상 결측값으로 간주되지 않는다.

3. 대응별 결측값 제외와 목록별 결측값 제외

① 대응별 결측값 제외(pairwise deletion) – 각 변수의 쌍에 대해 데이터가 유효한 사례만을 사용하여 분석하는 방법이다.

② 목록별 결측값 제외(listwise deletion) – 결측값이 하나라도 있는 사례를 모두 제거하는 방법이다. 즉, 모든 변수에 대해 데이터가 유효한 사례만을 사용하여 분석하는 방법이다.

문제 '결측값.sav'를 활용하여 v1, v2, v3 간의 피어슨 적률상관을 대응별 결측값 제외와 목록별 결측값 제외로 구하여 비교하시오.

결측값.sav [DataSet1] – SPSS 데이터 편집기

	v1	v2	v3	총점_1	총점_2	평균_1	평균_2
1	1	2	3	6.00	6.00	2.00	2.00
2	3	5	7	15.00	15.00	5.00	5.00
3	6		7	.	13.00	.	6.50
4	2	2	2	6.00	6.00	2.00	2.00
5	4	9	8	.	12.00	.	6.00

데이터 보기 / 변수 보기

SPSS 프로세서이(가) 준비되었습니다.

문제 해설 및 해답: 부록 I 참조

② 결과물 파일

결과물 파일(output file)은 분석 후에 축적되는 결과물을 저장하면 생성되는 파일이다. 확장자는 '∗∗.spo'이다. 이를 흔글 파일로 불러오려면 인터넷 문서인 '∗∗.htm'으로 먼저 저장해야 한다.

1) '∗∗.spo' 파일

다음은 10명의 학생에 대한 자기조절학습능력을 4번 반복측정하여 얻은 자료의 시점별 평균과 표준편차 분석 결과다.

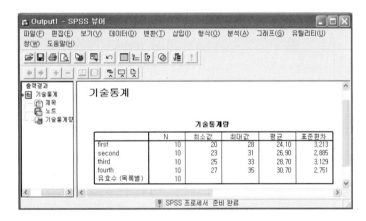

※ 결과물이 있는 상태에서 새로운 분석을 추가하면 새로운 결과물은 이전 결과물 이후에 계속 축적된다. 그러므로 잘못 분석한 결과물이 있다면 삭제하고 새롭게 분석을 하는 것이 좋다.

(1) 결과물 파일 저장방법

• 결과물 보기 창의 '파일' 메뉴
  ✔ '다른 이름으로 저장'
  ✔ '파일 이름' 창에 원하는 파일 이름을 입력 ⇨ '저장'

(2) 결과물 파일 불러오기 방법

• '결과물 보기' 창의 '파일' 메뉴

✔ '열기' ⇨ '출력결과'

✔ 찾는 위치에서 열고자 하는 파일이 저장된 '폴더'를 찾음

✔ 열고자 하는 '파일 이름' 선택 ⇨ '열기'

2) '**.htm' 파일

다음은 '내보내기(export)' 기능을 활용하여 SPSS 결과물을 흔글 파일로 편집하는 과정이다. SPSS 결과물은 10명의 학생에 대한 자기조절학습능력을 4번 반복측정하여 얻은 자료의 시점별 평균과 표준편차 분석 결과다.

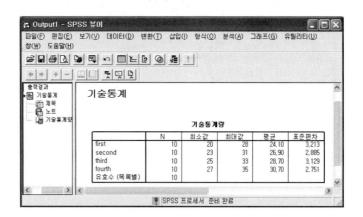

(1) 1단계: '**.htm'파일 생성

• '결과물 보기' 창의 '파일' 메뉴

✔ '내보내기': 이때 주의할 점은 결과물 중 특정표가 선택된 상황에서 '내보내기'를 하면, 선택된 표만 '**.htm'에 저장된다는 것이다.

✔ '찾아보기' 클릭 후 '저장할 폴더 선택'하여 '파일 이름' 입력

✔ '저장' ⇨ '확인'

(2) 2단계 : ᄒᆞᆫ글에서 불러오기

• ᄒᆞᆫ글 열기

  ✔ '불러오기' ⇨ '파일 형식'에서 인터넷 문서 지정

  ✔ '**.htm'이 저장된 폴더를 찾아서 '**.htm' 파일 열기

  ✔ '문자 코드 선택〔한국(KS)〕' ⇨ '확인'

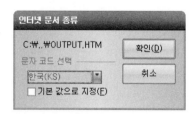

  ✔ '**.hwp' 파일로 저장

  ※ 편집의 편의를 위해서 ᄒᆞᆫ글 97에서 불러올 것을 추천한다.

3 명령문 파일

명령문은 DOS형 프로그램을 만들어 통계분석을 하는 곳이다. 명령문 파일 (systax file)은 명령문을 저장한 파일로서, 확장자는 '**.sps'다.

다음은 10명의 학생에 대한 자기조절학습능력을 4번 반복측정하여 얻은 자료의 평균, 표준편차를 구하는 과정을 명령문으로 처리하는 절차다.

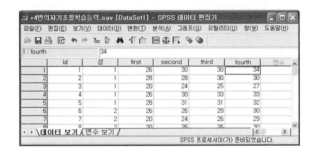

• '분석' 메뉴

✓ '기술통계량' ⇨ '기술통계'

✓ first, second, third, fourth 4개의 파일을 '변수'로 이동 ⇨ '붙여넣기' 클릭

※ SPSS 12.0 이하 버전에서는 '붙여넣기' 대신에 '명령문' 아이콘을 이용한다.

- '명령문' 창의 '파일' 메뉴
  - ✔ '다른 이름으로 저장'에서 '파일 이름' 창에 원하는 파일 이름 입력
  - ✔ '저장'

- '실행' 메뉴
  - ✔ '모두' 또는 블록을 지정한 상태에서 '선택영역'을 클릭한다.

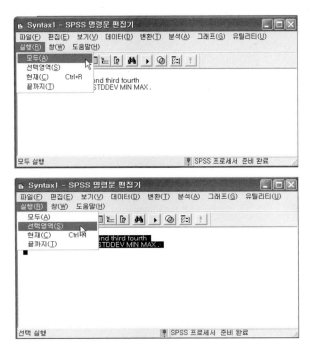

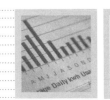

제9장
데이터 입력방법

1 SPSS에 직접 입력하는 방법

데이터를 SPSS에 입력하는 첫 번째 방법은 '데이터 보기' 창에 데이터를 직접
입력하는 것이다.

	VAR00001	VAR00002	VAR00003	변수	변수	변수	변수	변수
1	1.00	162.00	45.00					
2	1.00	158.00	50.00					
3	1.00	159.00						
4	1.00	162.00						
5	1.00	166.00						
6	2.00	175.00						
7	2.00	178.00						
8	2.00	182.00						
9	2.00	190.00						
10	2.00	177.00						
11								
12								
13								
14								
15								
16								

이때 주의할 점은 입력한 데이터를 분석에 이용할 수 있도록 가능한 한 데이터
를 '숫자'로 입력해야 한다는 것이다. 예컨대, '남학생', '여학생'을 직접 입력하는

것보다 이들을 '1', '2'와 같은 숫자로 부호화하여 입력하는 것이 바람직하다.

여러 개의 변수를 효율적으로 관리하기 위해 '변수 보기' 창을 이용하도록 한다.

② 엑셀에 입력하여 SPSS로 불러오는 방법

데이터를 SPSS에 입력하는 두 번째 방법은 데이터를 엑셀에 입력해서 SPSS에서 불러오는 것이다.

1) 1단계: 엑셀 파일에 데이터 입력 및 저장하기

✔ 엑셀 프로그램에서 데이터 입력 ⇨ '저장' ⇨ 엑셀 창을 닫음

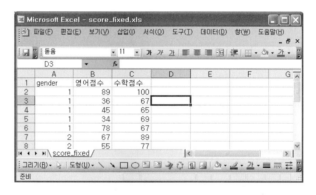

※ 1행에는 '변수명'을 입력한다. 주의할 것은 1행의 변수명은 SPSS에서 그대로 이용되기 때문에 'SPSS에서 변수 이름 지정 시 유의할 점'이 그대로 지켜져야 한다. 예컨대, '1번', '수학 성적' 등과 같이 숫자가 앞에 오거나 띄어쓰기를 이용한 변수명은 절대로 사용해서는 안 된다.

※ '저장한 엑셀 파일'을 SPSS에서 불러오려면 엑셀 파일 창을 반드시 종료해야 한다.

2) 2단계: SPSS에서 엑셀 파일 불러오기

✔ '파일' 메뉴 ⇨ '열기' ⇨ '데이터'

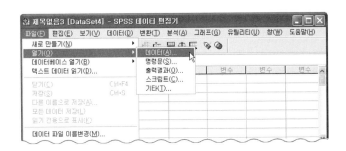

✔ 파일 열기 창에서 '파일 형식'을 'Excel(**.xls)'로 변경

✔ 엑셀 파일을 찾아 '열기'

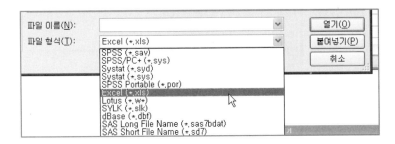

✔ '확인'

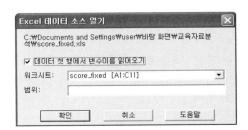

※ 엑셀 파일에서 1행에 변수이름을 지정하지 않은 경우는 '데이터 첫 행에서 변수이름 읽어오기' 앞에 체크를 제거해야 한다.

③ 텍스트 파일로 입력하여 SPSS로 불러오는 방법

데이터를 SPSS에 입력하는 세 번째 방법은 데이터를 텍스트 파일에 입력해서 SPSS에서 불러오는 것이다.

1) 1단계 : 텍스트 파일에 데이터 입력 및 저장하기

- 메모장 여는 방법
  ✔ '시작' ⇨ '모든 프로그램' ⇨ '보조프로그램' ⇨ '메모장'
- 데이터 입력방법
  ✔ 성별(1자리), 영어점수(3자리), 수학점수(3자리)일 때, 다음과 같이 입력

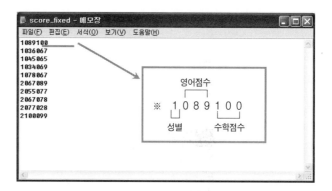

  ✔ '저장'

2) 2단계 : SPSS에서 텍스트 파일 불러오기

- '파일' 메뉴
  ✔ '텍스트 데이터 읽기'
  ✔ 텍스트 파일이 있는 곳으로 경로에서 파일을 찾은 후 '열기'

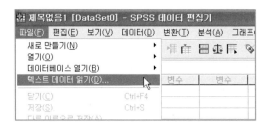

✔ '텍스트 가져오기 마법사-6단계 중 1단계' ⇨ '다음'

✔ '텍스트 가져오기 마법사-6단계 중 2단계' ⇨ '고정 너비로 배열'

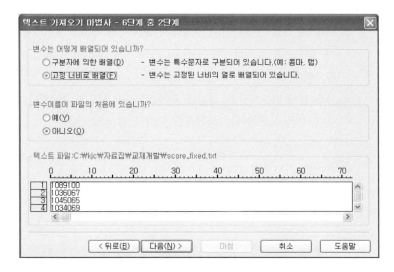

※ '고정 너비로 배열'을 선택하면 변수 구분을 열의 위치로 하게 된다. 이를 위해
  서는 각 변수가 차지하는 최대 자릿수를 파악해야 한다. 여기에서는 성별 1칸
  (남학생 1, 여학생 2), 영어점수는 2~4칸(100점도 있을 수 있으므로), 수학점
  수는 5~7칸(100점도 있을 수 있으므로)에 입력하였다.

※ '구분자에 의한 배열'을 선택하면 '띄어쓰기' 또는 ' , ' 등으로 변수를 구분하
  게 된다. 여기에서는 열의 위치로 변수를 구분하는 '고정너비로 배열' 방법
  만 다루도록 한다.

✔ '텍스트 가져오기 마법사-6단계 중 3단계' ⇨ '다음'

✔ '텍스트 가져오기 마법사-6단계 중 4단계' ⇨ 변수를 '화살표(↑)'로 구분

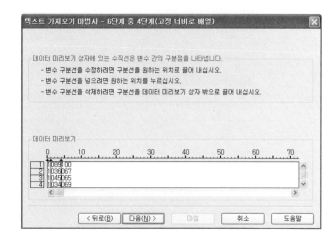

※ '화살표(↑)'로 구분하려면 숫자와 숫자 사이에 마우스 포인터를 놓고 클릭한
다. 화살표를 삭제하려면 '화살표(↑)의 머리 부분'에 마우스 포인터를 놓고
클릭한다.

※ 가장 앞에 있는 0칸의 '화살표(↑)'를 지우지 않도록 주의한다. 이에 비해서
숫자 가장 오른쪽에는 화살표를 만들지 않아도 된다.

✔ '텍스트 가져오기 마법사-6단계 중 5단계' ⇨ '다음'
✔ '텍스트 가져오기 마법사-6단계 중 6단계' ⇨ '마침'

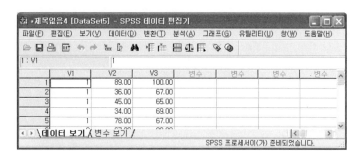

✔ '변수 보기' 창으로 들어가서 변수이름 변경 등의 변수 관리
✔ '저장'

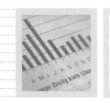

제10장
저장 및 다시 불러오기

1 저 장

SPSS에서는 분석 과정에서 생기는 데이터 파일, 결과물 파일, 명령문 파일 등을 저장할 수 있다. '영어점수.sav'를 이용하여 이 방법을 설명하기로 한다. '영어점수.sav'는 성별에 따른 10명의 수학점수와 영어점수 결과다.

1) 데이터 파일의 저장

- '파일' 메뉴
  - ✔ '저장' 또는 디스켓 모양의 아이콘을 클릭해서 '저장'

※ 데이터 파일의 확장자는 'sav'다(**.sav).

2) 결과물 파일의 저장

- 분석 결과물 생성
  - ✔ 예컨대, '분석' ⇨ '기술통계량' ⇨ '기술통계'
  - ✔ 영어점수와 수학점수를 '변수'로 이동 ⇨ '실행'
- 결과물 파일의 저장
  - ✔ '결과물 보기 창' ⇨ '파일' 메뉴 ⇨ '저장'

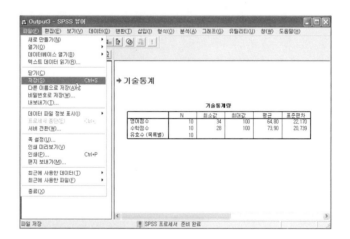

※ 결과물 파일의 확장자는 'spo'다(**.spo).

3) 명령문 파일의 저장

- 명령문 생성
  - ✔ 예컨대, '분석' ⇨ '기술통계량' ⇨ '기술통계'
  - ✔ '영어점수'와 '수학점수'를 '변수'로 이동 ⇨ '붙여넣기'

• 명령문 파일의 저장

✔ 명령문 편집기의 '파일' 메뉴 ⇨ '저장' ⇨ '파일 이름'을 지정한 후 '저장'

※ 명령문 파일의 확장자는 'sps'다(∗∗.sps).

2 다시 불러오기

SPSS에서는 확장자가 ∗∗.sav(데이터 파일), ∗∗.sps(명령문 파일) 및 ∗∗.spo(결과물 파일)인 파일을 다시 불러올 수 있다.

1) 데이터 파일 다시 불러오기

✔ '파일' 메뉴 ⇨ '열기' ⇨ '데이터'

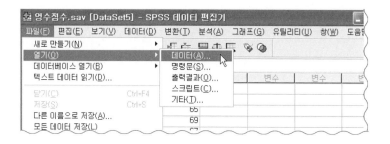

✔ '찾는 위치'에서 찾고자 하는 파일의 경로 지정

✔ 파일 형식으로 'SPSS(∗∗.sav)'를 선택 ⇨ 파일 이름 선택 ⇨ '열기'

2) 명령문 파일 다시 불러오기

✔ '파일' 메뉴 ⇨ '열기' ⇨ '명령문'

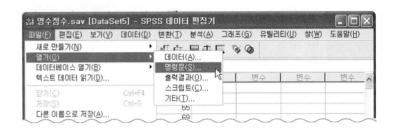

✔ '찾는 위치'에서 찾으려는 파일의 경로 지정
✔ 파일 형식으로 '명령문(**.sps)'을 선택 ⇨ 파일 이름 선택 ⇨ '열기'

3) 결과물 파일 다시 불러오기

✔ '파일' 메뉴 ⇨ '열기' ⇨ '출력결과'

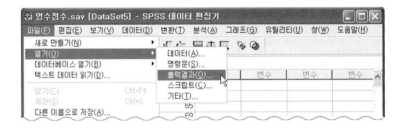

✔ '찾는 위치'에서 찾으려는 파일의 경로 지정
✔ 파일 형식으로 '뷰어 문서(**.spo)'를 선택 ⇨ 파일 이름 선택 ⇨ '열기'

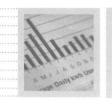

제11장
자료 변환

① 코딩변경

1) 개 념

코딩변경(recode)이란 준비된 데이터에 특정한 조건을 주어 같은 변수 혹은 새로운 변수로 변경하는 것을 말한다.

2) 코딩변경의 예

다음은 '영수점수.sav (연습용 파일)' 데이터 파일의 영어점수 변수를 40점 미만이면 3, 40점 이상 70점 미만이면 2, 70점 이상이면 1로 코딩변경하는 절차다.

(1) '변환' 메뉴

✔ '코딩변경' ⇨ '새로운 변수로'

✔ 영어점수를 '숫자 변수 → 출력변수'로 이동

✔ '출력변수'의 '이름'에 '영어등급'을 입력 ⇨ '바꾸기'

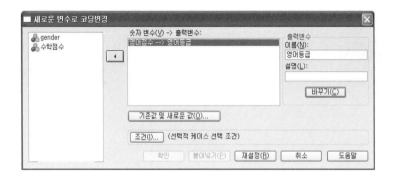

(2) '기존값 및 새로운 값'

✔ 첫 번째 기준이 '40점 미만이면 3'이므로 '기존값'의 '최저값에서 다음 값까지의 범위'에 39.9999999999를 입력하고 '새로운 값'에 3을 기입 ⇨ '추가'

✔ 두 번째 기준이 '40점 이상 70점 미만이면 2'이므로 '기존값'의 '범위'에 40과 69.9999999999를 입력 지정한 후 '새로운 값'에서 2를 기입 ⇨ '추가'

✔ 세 번째 기준이 '70점 이상이면 1' 이므로 '기존값'의 '다음 값에서 최대값까지 범위'에 70을 입력하고 '새로운 값'에 1을 기입 ⇨ '추가' ⇨ '계속'

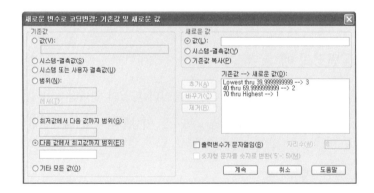

✔ '확인'

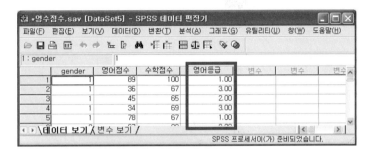

※ '변환' 메뉴 ⇨ '코딩변경' ⇨ '같은 변수로'의 경우, 코딩변경한 변수 자료가
   이전 변수의 자료를 대신하게 된다.

※ SPSS에서는 소수 14번째 자리에서 반올림한 소수 13번째 자리까지만 계산된
   다. 그러므로 '기존값 및 새로운 값'에 있는 수(예, 39.9999999999)는 소수 13째
   자리까지만 허용한다.

※ '메뉴' 창에서 '재설정'은 초기화시키는 곳이다.

문제 1 '영수점수.sav (연습용 파일)' 데이터 파일에서 영어점수 변수를 이용하여
50점 이상이면 '합격', 50점 미만이면 '불합격'으로 처리한 '합격여부' 변수를
생성하시오.

문제 해설 및 해답: 부록 Ⅰ 참조

문제 2 'if활용.sav (연습용 파일)' 데이터 파일을 이용하여 다음 〈기준〉에 따라 '합격
여부' 변수를 생성하시오(단, 남학생은 1, 여학생은 2).

─── <기 준> ───

• 2학년이면서 남학생인 경우, score가 60점 이상이면 합격 '1', 60점 미만
  이면 불합격 '2'
• 2학년이면서 여학생인 경우, score가 50점 이상이면 합격 '1', 50점 미만
  이면 불합격 '2'

문제 해설 및 해답: 부록 Ⅰ 참조

			보충학습			
			SPSS의 '조건'에서 사용하는 연산자			
논리 연산자	&	AND	관계 연산자	=	같다	
	|	OR		~ =	같지 않다	
	~	NOT		<	작다	
산술 연산자	+	덧셈		>	크다	
	−	뺄셈		< =	작거나 같다	
	*	곱셈		> =	크거나 같다	
	/	나눗셈				
	**	제곱				

문제 3 '학년=1이면서 age가 15 이상'이면, 'math 변수를 세제곱한 다음 english 변수를 더하여 score 변수를 생성하는 명령문'을 작성하시오.

문제 해설 및 해답: 부록 I 참조

② 변수 계산

1) 개 념

변수 계산(compute)이란 기존의 변수에 가감승제를 하여 새로운 변수를 생성하는 것을 말한다.

2) 변수 계산의 예

다음은 '영수점수.sav (연습용 파일)' 데이터 파일에서 영어점수와 수학점수의 평균을 구하여 '영수평균'이라는 새로운 변수를 생성하는 절차다.

(1) '변환' 메뉴

✔ '변수 계산'

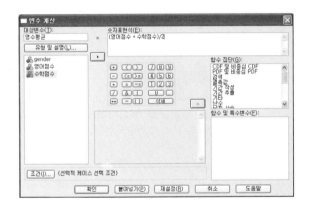

✔ '대상변수'에 '영수평균', '숫자표현식'에 '(영어점수＋수학점수)/2' 입력 ⇨
'확인'

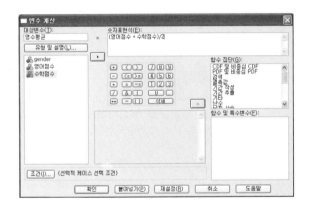

※ '숫자표현식'은 직접 숫자나 글자를 입력해도 되고, 숫자 표현식 아래에 있는
'계산기'와 '함수'를 이용하여 입력해도 된다.

(2) 결 과

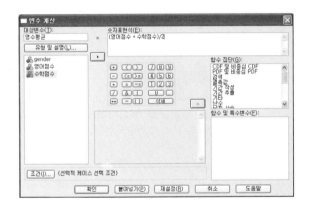

문제 4 '영수점수.sav (연습용 파일)' 데이터 파일에서, 영어점수는 60점 이상이고, 수학점수는 50점 이상인 학생은 1, 그렇지 않으면 2로 코드화하여, '합격여부'라는 새로운 변수를 생성하는 명령문을 작성하시오.

문제 해설 및 해답: 부록 Ⅰ 참조

문제 5 'mean_sum구하기.sav (연습용 파일)'에서 v1, v2, v3의 총점을 구하시오.

문제 해설 및 해답: 부록 Ⅰ 참조

문제 6 'mean_sum구하기.sav (연습용 파일)'에서 v1, v2, v3의 평균을 구하시오.

문제 해설 및 해답: 부록 Ⅰ 참조

문제 7 '평균1'과 '평균2'라는 두 개의 변수가 있다. '평균1은 2.0 이상이고, 평균2는 3.0 이상인 학생'은 합격 '1', 그 이외에는 불합격 '2'로 처리하여 '합격여부'라는 변수를 생성하는 명령문을 작성하시오.

문제 해설 및 해답: 부록 Ⅰ 참조

제12장
파일 합치기

1 케이스 추가

1) 개 념

- '케이스 추가'는 동일한 변수로 입력된 다른 사례를 추가하여 합치는 데 이용한다.
- 가장 많이 이용할 수 있는 경우는 동일한 설문지를 여러 사람이 나누어 입력하여 얻은 파일을 합치는 상황을 들 수 있다.
- 주의할 것은 동일한 문항에 대한 변수명은 두 파일에서 반드시 동일하게 설정해야 한다는 것이다.
- 만약 두 설문지 중에서 일부 문항이 다르다면, 그 문항에 대한 변수명을 달리 설정해야 한다(다음의 '케이스 추가의 예'에서 변수 X3이 이에 해당함).

2) 케이스 추가의 예

다음은 동일한 설문지 내용을 두 사람이 나누어 코딩한 '케이스추가1.sav'와 '케이스추가2.sav'의 파일을 합치는 절차다(단, 케이스추가2.sav에는 'X3'이라는 변수가 하나 더 있으며, 이를 포함하여 파일을 합하도록 한다).

(1) 데이터 파일

- 파일 1 : 케이스추가.sav (연습용 파일)

- 파일 2 : 케이스추가2.sav (연습용 파일)

(2) 파일 합치는 절차

- '케이스추가1.sav'를 연 상태
  - ✔ '데이터' ⇨ '파일 합치기'
  - ✔ '케이스 추가'
  - ✔ '케이스추가2.sav'를 찾음
  - ✔ '계속'

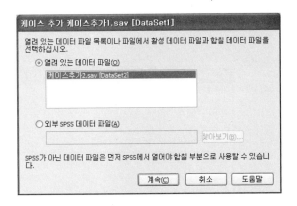

※ 찾고 있는 파일이 열려 있는지 여부에 따라서 '열려 있는 데이터 파일' 또는
'외부 SPSS 데이터 파일' 중에서 하나를 선택한다. 여기에서는 '열려 있는 데
이터 파일'을 선택한다.

① 방법 1: 두 파일에 동일하게 포함된 변수만 추가할 때

  ✔ 합치려는 두 파일에서 변수이름이 동일한 것은 '새 활성 데이터 파일의 변
    수'에, 동일하지 않은 것은 '대응되지 않은 변수'에 표시

  ✔ '확인'

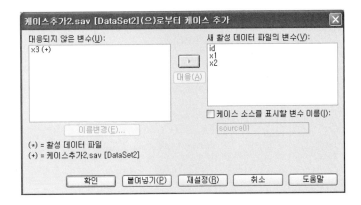

✔ 결과

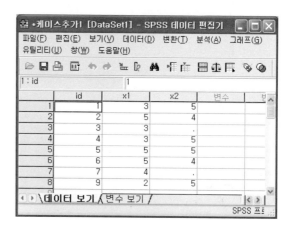

② 방법 2: 두 파일에 동일하게 포함되지 않은 변수까지 포함할 때

    ✔ 합치려는 두 파일에서 변수이름이 동일한 것과 동일하지 않은 것을 모두 '새 활성 데이터 파일의 변수'에 표시

    ✔ '확인'

✔ 결과

② 변수 추가

1) 개 념

- 변수 추가는 동일한 사례에 대해서 서로 다른 변수로 입력된 두 데이터를 합치는 데 이용된다.

- 변수 추가를 가장 많이 이용할 수 있는 경우는 사전검사 후에 일정 시간이 지나고 사후검사를 보는 경우다. 즉, 동일 피험자를 대상으로 일정 간격을 두고 얻은 데이터 파일을 합치는 상황이다. 이를 특히 '수준이 동일한 변수 합치기'라고 한다.

- 또한 학교변수(예, 학교장 리더십)와 학생변수(학생성취도)로 각각 코딩된 데이터 파일이 있다고 할 때, 학생변수 옆에 그 학생이 포함된 학교의 학교변수를 입력하는 경우에도 '변수 추가' 메뉴를 이용할 수 있다. 이를 특히 '수준이 상이한 변수합치기'라고 한다.

- 주의할 것은 링크하는 데 필요한 변수명은 두 데이터 파일에 동일하게 포함되어 있어야 하며(이를 '기준변수' 또는 '공유변수'라고 한다), 그 나머지 변수명은 모두 서로 달라야 한다는 것이다. 특히, 기준변수는 정렬(sorting)되어 있어야 한다.

2) 수준이 동일한 변수합치기의 예

처치 프로그램의 효과를 검정하기 위해서는 사전검사를 실시한 후, 일정 기간이 지난 다음 사후검사를 실시해야 한다. 다음은 '사전검사.sav'와 '사후검사.sav'라는 두 개의 파일을 하나의 파일로 합치는 절차다.

(1) 분석 데이터

• 파일 1: 사전검사.sav (연습용 파일)

• 파일 2: 사후검사.sav (연습용 파일)

(2) 파일 합치는 절차

① 1단계 : 링크하려는 각 파일의 기준변수(여기서는 id)를 정렬(sorting)하는
단계다.

    ✔ '데이터' ⇨ '케이스 정렬'

    ✔ 기준변수인 'id'를 오른쪽 창으로 보내고 '오름차순' 체크 ⇨ '확인'

    ※ 1단계 대신 링크하려는 두 개의 파일에 다음의 '명령문'을 적용해도 같은 결과
를 얻을 수 있다. 다만, 기준변수 이름(여기서는 id)은 주어진 데이터에 따라
서 변경해야 한다.

```
SORT CASES BY
id (A).
```

② 2단계 : 두 개의 파일에 기준변수인 'id'를 제외하고, 동일한 변수명이 없도
록 변수명을 변경하는 단계다.

③ 3단계 : 한 개의 파일(여기서는 '사전검사.sav')을 연 상태에 다음을 적용함
으로써 다른 파일(여기서는 '사후검사.sav')을 합치는 단계다.

    ✔ '데이터' ⇨ '파일 합치기' ⇨ '변수 추가'

    ✔ '외부 SPSS 데이터 파일'에서 '사후검사.sav'를 선택 ⇨ '계속'

    ※ 찾는 파일이 열려 있는지 여부에 따라서 '열려 있는 데이터 파일' 또는 '외부
SPSS 데이터 파일' 중에서 하나를 선택할 수 있다.

✔ '정렬된 파일에서 기준변수에 맞추어 케이스를 연결'을 체크

✔ '양쪽 파일에 기준이 있음'을 선택

✔ 제외된 변수에 있는 'id'를 '기준변수'란에 보냄 ⇨ '확인'

✔ 경고 메시지가 나오더라도 '확인'을 선택

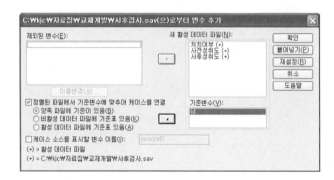

※ 3단계 대신 한 개의 파일(여기서는 '사전검사.sav')을 연 상태에서 다음의 '명
령문'을 적용해도 같은 결과를 얻을 수 있다. 다만, 기준변수 이름(여기서는
id)과 대상 파일명(여기서는 '사후검사.sav')은 주어진 데이터에 따라서 변경
해야 한다.

```
MATCH FILES /FILE=*
  /FILE='사후검사.sav'
  /BY id.
EXECUTE.
```

✔ 결과

3) 수준이 상이한 변수합치기의 예

학생 성취도와 학교별 평균 및 학교별 표준편차 간의 관계를 구하기 위해서 '학생성취도.sav'와 '학교별평균성취도.sav'라는 두 개의 파일을 얻었다. 다음은 이를 하나의 파일로 합치는 절차다.

(1) 분석 데이터

* 파일 1: 학생성취도.sav (연습용 파일)

	school	성취도	변수
1	111	56	
2	111	86	
3	111	55	
4	112	22	
5	112	99	
6	112	55	
7	112	11	
8	112	77	
9	113	56	
10	113	84	
11	113	55	
12	113	12	

* 파일 2: 학교별평균성취도.sav (연습용 파일)

	school	학생수	학교별평균	학교별표준편
1	111	3	65.66667	17.61628
2	112	5	52.80000	36.81304
3	113	4	51.75000	29.71391

(2) 파일 합치는 절차

① 1단계: 링크하려는 각 파일의 기준변수(여기서는 school)를 정렬(sorting)하는 단계다.

    ✔ '데이터' ⇨ '케이스 정렬'

    ✔ 기준변수인 'school'을 오른쪽 창으로 보내고 '오름차순' 체크 ⇨ '확인'

    ※ 1단계 대신 링크하려는 두 개의 파일에 다음의 '명령문'을 적용해도 같은 결과를 얻을 수 있다. 다만, 기준변수 이름(여기서는 school)은 주어진 데이터에 따라서 변경해야 한다.

```
SORT CASES BY
school (A) .
```

② 2단계: 두 개의 파일에 기준변수인 'school'을 제외하고, 동일한 변수명이 없도록 변수명을 변경하는 단계다.

③ 3-1단계: '학생성취도.sav'에 '학교별평균성취도.sav'를 합치는 단계다.

    ✔ '학생성취도.sav'를 연다.

    ✔ '데이터' ⇨ '파일 합치기' ⇨ '변수 추가'

    ✔ '외부 SPSS 데이터 파일'에서 '학교별평균성취도.sav'를 선택 ⇨ '계속'

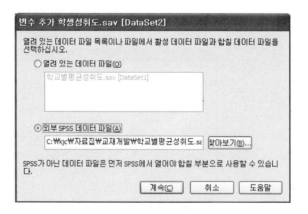

    ※ 찾고 있는 파일이 열려 있는지 여부에 따라서 '열려 있는 데이터 파일' 또는 '외부 SPSS 데이터 파일' 중에서 하나를 선택할 수 있다.

✔ '정렬된 파일에서 기준변수에 맞추어 케이스를 연결'을 체크

✔ '비활성 데이터 파일에 기준표 있음'을 선택

✔ 제외된 변수에 있는 'school'을 '기준변수'란에 보냄 ⇨ '확인'

✔ 경고 메시지가 나오더라도 '확인'을 선택

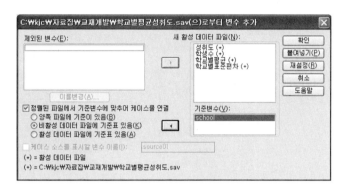

※ '3-1단계' 대신 한 개의 파일(여기서는 '학생성취도.sav')을 연 상태에서 다음의 '명령문'을 적용해도 같은 결과를 얻을 수 있다. 다만, 기준변수 이름(여기서는 school)과 대상 파일명(여기서는 '학교별평균성취도.sav')은 주어진 데이터에 따라서 변경해야 한다.

```
MATCH FILES /FILE=*
  /TABLE='학교별평균성취도.sav'
  /BY school.
EXECUTE.
```

✔ 결과

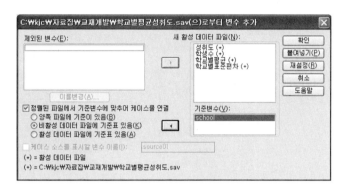

④ 3-2단계: '학교별평균성취도.sav'에 '학생성취도.sav'를 합치는 단계다.

    ✔ '학교별평균성취도.sav'를 연다.

    ✔ '데이터' ➡ '파일 합치기' ➡ '변수 추가'

    ✔ '외부 SPSS 데이터 파일'에서 '학생성취도.sav'를 선택 ➡ '계속'

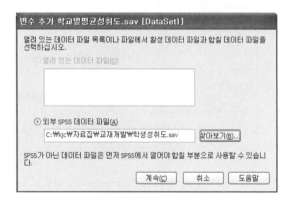

※ 찾고 있는 파일이 열려 있는지 여부에 따라서 '열려 있는 데이터 파일' 또는 '외부 SPSS 데이터 파일' 중에서 하나를 선택할 수 있다.

    ✔ '정렬된 파일에서 기준변수에 맞추어 케이스를 연결'을 체크

    ✔ '활성 데이터 파일에 기준표 있음'을 선택

    ✔ 제외된 변수에 있는 'school'을 '기준변수'란에 보냄 ➡ '확인'

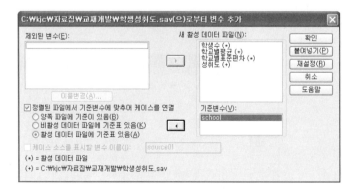

※ '3−2단계' 대신 한 개의 파일(여기서는 '학교별평균성취도.sav')을 연 상태에서 다음의 '명령문'을 적용해도 같은 결과를 얻을 수 있다. 다만, 기준변수이름(여기서는 school)과 대상 파일명(여기서는 '학생성취도.sav')은 주어진 데이터에 따라서 변경해야 한다.

```
MATCH FILES /TABLE=*
  /FILE='학생성취도.sav'
  /BY school.
EXECUTE.
```

✔ 결과

제13장
케이스 선택

1) 개 념

　일정한 조건에 해당하는 케이스를 선택하여 분석할 때 이용한다. 예컨대, 남학생이면서 1학년인 학생만을 대상으로 평균과 표준편차를 구하는 경우, 케이스 선택 메뉴를 이용한다.

2) 케이스 선택의 예

　다음은 '케이스선택.sav' 파일에서 '남학생이면서 1학년인 학생의 영어점수' 및 '여학생이면서 3학년인 학생의 수학점수'의 사례 수, 평균 및 표준편차를 구하는 절차다.

(1) 분석 데이터

- 케이스선택.sav (연습용 파일)

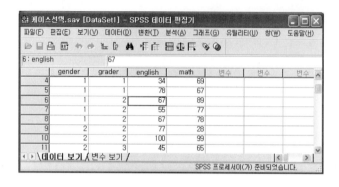

(2) 분석 절차

① 1단계: 전체 집단에 대한 기술통계치를 구하는 명령문 작성 단계

✔ '분석' ➡ '기술통계량' ➡ '기술통계' ➡ 'english'를 '변수'로 이동

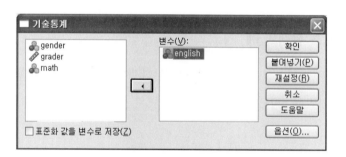

※ 기술통계는 각 변수에 대한 평균과 표준편차를 구하는 곳이다.

✔ '붙여넣기'를 클릭하면 다음과 같은 명령문 창이 생김

② 2단계: 일부 집단에 대한 기술통계치를 구하는 명령문 작성 단계

  ✔ 앞에서 얻은 '명령문 앞에 다음을 직접 입력 ⇨ '실행' ⇨ '모두'

> temporary.
> select if gender＝1 ＆ grader＝1.

  ※ 케이스를 선택하여 분석할 경우는 명령문(syntax)을 이용하는 것이 유용하다.

  ※ 이 명령문은 'gender＝1이면서 grader＝1인 케이스를 선택하여 바로 다음에 오는 명령문을 구하라.'는 것을 의미한다.

  ※ 'temporary. Enter↵ select if ○○○. Enter↵ '는 바로 다음에 오는 명령문에만 영향을 준다.

  ✔ '여학생이면서 3학년인 학생의 수학점수의 평균과 표준편차'를 구하기 위해, 앞에서 얻은 명령문을 복사하여 'gender＝1, grader＝1, english'를 각각 'gender＝2, grader＝3, math'로 고친다.

  ✔ '실행'

  ✔ '모두' 또는 '실행하려는 부분에 블록을 지정한 상태에서 선택영역'을 클릭

(3) 분석 결과

기술통계량

	N	최소값	최대값	평균	표준편차
english	5	34	89	56.40	25.383
유효수 (목록별)	5				

기술통계량

	N	최소값	최대값	평균	표준편차
math	5	65	89	73.40	9.839
유효수 (목록별)	5				

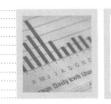

제**14**장
가변수 만들기

1) 개 념

　예컨대, 지능과 지역을 독립변수, 학업성취도를 종속변수로 하는 중다회귀분석을 할 경우, 지능은 양적변수인 반면 지역은 대도시, 중·소도시, 읍·면지역으로 구분되는 질적변수이기 때문에, '지역'이라는 변수를 독립변수로 투입하려면 가변수로 변환하는 절차를 거쳐야 한다. '가변수(dummy variable)'란 수준의 개수가 n개인 유목변수를 0과 1을 포함한 $n-1$개의 변수로 변환한 변수를 말한다. 3개의 유목을 가진 '지역'이라는 변수는 2개의 변수를 가진 가변수로 변환할 수 있다. 예컨대, 대도시는 0, 1, 중·소도시는 1, 0, 읍·면지역은 0, 0과 같이 가변수로 변환할 수 있다.

2) 가변수 만들기의 예

　다음은 '가변수.sav' 파일의 지역 변수를 가변수로 변환하는 절차다(단, 지역 변수는 대도시는 1, 중·소도시는 2, 읍·면지역은 3으로 코딩되어 있다).

(1) 분석 데이터

- 가변수.sav (연습용 파일)

※ 유목의 수준이 3개이므로 두 개의 가변수(X1, X2)를 이용해야 한다.

(2) 절 차

① 방법 1: 모든 값이 0인, 'X1'과 'X2'라는 두 개의 변수를 생성하도록 다음과 같은 명령문을 작성한다. 이 명령문은 변수명과 유목의 수에 따라서 달라진다.

✔ 명령문의 '실행' 메뉴

✔ '모두' 또는 실행하려는 영역에 블록을 지정한 상태에서 '선택영역' 선택

```
compute X1=0.
exe.
compute X2=0.
exe.
```

✔ 중간 결과

✔ 'X1'과 'X2'를, 대도시는 0, 1로, 중·소도시는 1, 0으로, 읍·면지역은 0, 0으로 변환하는 다음과 같은 명령문을 작성한다. 이 명령문은 변수명과 유목의 수에 따라서 달라진다.

✔ 명령문의 '실행' 메뉴

✔ '모두' 또는 실행하려는 영역에 블록을 지정한 상태에서 '선택영역' 선택

```
IF (지역=1) X2 = 1 .
EXECUTE .

IF (지역=2) X1 = 1 .
EXECUTE .
```

✔ 최종 결과

② 방법 2: 지역의 척도인 1, 2, 3에 따라서 'X1'과 'X2'라는 두 개의 변수를 생성하도록 다음과 같은 명령문을 작성한다. 이 명령문은 변수명과 유목의 수에 따라서 달라진다.

✔ 명령문의 '실행' 메뉴

✔ '모두' 또는 실행하려는 영역에 블록을 지정한 상태에서 '선택영역'을 선택

```
IF (지역=1) X1 = 0 .
EXECUTE .

IF (지역=1) X2 = 1 .
EXECUTE .

IF (지역=2) X1 = 1 .
EXECUTE .

IF (지역=2) X2 = 0 .
EXECUTE .

IF (지역=3) X1 = 0 .
EXECUTE .

IF (지역=3) X2 = 0 .
EXECUTE .
```

※ SPSS에서 if는 한 번 사용하면 그 조건이 이후의 계산에서도 계속 남아 있게
  된다. 예컨대, 지역=1이면 X1을 100, 지역=2이면 X1을 150, 지역=3이면
  X1을 200으로 변환하려면 다음과 같이 한다.

```
IF (지역=1) X1 = 100 .
EXECUTE .

IF (지역=2) X1 = 150 .
EXECUTE .

IF (지역=3) X1 = 200 .
EXECUTE .
```

알아두면 편리한 명령문(syntax)

※ 박스는 각 명령문을 활용한 실제 예다.

1. 리코딩(recoding)하기

① 다른 변수로 리코딩하기

```
RECODE
  varname
  (Lowest thru 1=SYSMIS) (1=2)(2=3) (4 thru Highest=SYSMIS) INTO 지역.
execute.
```

② 같은 변수로 리코딩하기

```
RECODE
  v1 to v10 (Lowest thru 1=SYSMIS) (1=2)(2=3) (4 thru Highest=
SYSMIS).
execute.
```

2. 결측값 지정

① 방법 1: 유형이 문자열인 경우

```
missing values a1 to a3 ('8', '9', 'n').
exe.
```

② 방법 2: 유형이 숫자인 경우

```
missing values a1 to a3 (997,998,999).
exe.
```

3. 변수 라벨 붙이기

① 변수가 1개인 경우

```
VARIABLE LABELS v1 '지식'.
execute.
```

② 변수가 여러 개인 경우

```
variable labels
country          "나라이름"
성               "성별"
a1               "MILK Q1"
a2               "MILK Q2"
a3               "MILK Q3".
```

4. 변수값에 라벨 붙이기

① 방법 1

```
VALUE LABELS variablename1 variablename2 (1) 대도시
  (2) 중소도시 (3) 읍면지역.
EXECUTE.
```

② 방법 2

```
value labels
 a1 to a3
        "n"  "N/A"
        "r"  "Not reached"
        "8"  "M/R"
        "9"  "Missing".
```

5. 함수 계산

① 함수 계산은 다음의 형식을 이용

```
COMPUTE 지역 = 5-지역1.
exe.
```

② 주석 붙이기

'*' 다음에 오는 글은 분석에서 제외되는 주석이다. 마지막에 '.'을 잊어서는 안 된다.

```
*** 성과 교수방법에 따른 성취도의 차이 검정을 위한 이원분산분석.
```

6. 타이틀 붙이기 : title은 제목을 붙이는 명령어다.

```
title 'ANOVA'. .
```

7. 텍스트 파일 불러오기 : 텍스트 파일을 불러오는 명령문이다.

```
SET decimal=dot.
DATA LIST FILE = "c:₩aa.txt"/
country          1-3 (A)
성               4-6 (A)
a1               7-8
a2               9-10
a3               11-12
.
```

8. 변수명 변경 : 변수명을 변경할 수 있는 명령문이다.

```
rename variables V1=rc1.
rename variables V2=rc2.
rename variables V3=rc3.
exe.
```

9. 변수 삭제 : 변수를 삭제할 수 있는 명령문이다.

```
delete variable v1 to v10.
exe.
```

10. SAV 파일 불러오기 및 저장하기

① 데이터 파일 불러오기

```
GET files="C : ₩aaaa.sav".
```

② 데이터 파일 저장하기

```
SAVE OUTFILE="c : ₩aaaa.sav".
```

11. 변수의 소수점 이하 자리 지정 : 다음의 명령문은 v1에서 v40까지의 변수에 대해서 소수점 이하 첫 번째 자리에서 반올림한 값을 구하도록 한다.

```
FORMATS v1 to v40 (F8.0).
```

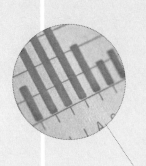

제5부

빈도분석과 교차분석

제 **15**장
교차분석과 χ^2 검정

A. 자녀의 성별은 무엇입니까?

   ① 남자   ② 여자

1. 자녀의 담임교사로 가장 선호하는 유형은 무엇입니까?

   ① 엄격한 교사

   ② 자상한 교사

   ③ 성적 향상에 열정을 쏟는 교사

   ④ 인성교육에 최선을 다하는 교사

앞의 질문에 대해서 174명이 반응한 결과가 있다고 하자. 이와 같은 질적인 자료는 어떻게 요약할 것인가? 경우에 따라서 하나만 고르는 단일응답 자료가 아니라 '있는 대로 고르시오.', '2개만 고르시오.', '중요한 순서대로 고르시오.'와 같은 다중응답 자료(multiple response data)인 경우 자료를 어떻게 요약할 것인가?

단일응답 자료의 경우에는 <표 15-1>과 같이 자료를 요약하게 된다.

<표 15-1> 자녀 성별에 따른 학부모가 선호하는 담임교사 유형에 대한 교차분석 결과

배경 변수	엄격한 교사	자상한 교사	성적 향상에 열정을 쏟는 교사	인성교육에 최선을 다하는 교사	계	χ^2
남 자	34(35.1)	18(18.6)	21(21.6)	24(24.7)	97(100)	16.10**
여 자	11(14.3)	33(42.9)	17(22.1)	16(20.8)	77(100)	
전 체	45(25.9)	51(29.3)	38(21.8)	40(23.0)	174(100)	

( ): 백분율　　**$p < .01$

　'자녀의 담임교사로 가장 선호하는 유형은 무엇입니까?'와 같이 연구자가 궁극적으로 관심이 있는 변수를 '종속변수(dependent variable)'라고 한다. 이에 비해서 '자녀의 성별은 무엇입니까?'와 같이 응답자의 배경에 해당하는 변수를 '독립변수(independent variable)' 또는 '배경변수(background variable)'라고 한다.

　앞의 설문지를 통해서 연구자가 확인하려는 연구문제는 다음의 두 가지다.

　첫째, '1번'에 대해 각 항목별로 빈도와 백분율이 어떠한가?

　둘째, '1번'의 항목별 빈도와 백분율이 배경변수인 'A'에 따라서 어떠한 차이가 있는가?

　첫 번째 연구문제에 대한 분석, 즉 항목별 빈도와 백분율로 자료를 요약하는 것을 '빈도분석(frequency analysis)'이라고 하고, 두 번째 연구문제에 대한 분석, 즉 배경변수의 각 유목별 빈도분석을 행하는 것을 '교차분석(crosstab analysis)'이라고 한다. <표 15-1>에서 '전체'에 해당하는 빈도와 백분율은 빈도분석에 해당하고, 남녀별 빈도와 백분율은 교차분석에 해당한다.

　빈도분석과 교차분석의 가장 큰 특징은 종속변수가 질적변수(범주형 변수), 즉 명명변수 또는 서열변수라는 데 있다.

1 χ^2 검정의 기본 원리

교차분석의 경우, 반응 빈도 및 백분율의 분포가 배경변수의 유목에 따라서 통계적으로 유의미한 차이가 있는지를 보기 위해서 χ^2 검정을 시도한다. 예컨대, 어느 대학의 입학시험에서 남자는 825명 중에서 512명이 합격하였고, 여자는 108명 중에서 89명이 합격하였다고 할 때, 이 대학의 남녀 합격률이 동일하다고 할 수 있는지는 χ^2 분포를 이용하여 검정할 수 있다. 이때의 원가설은 '성별과 합격 여부는 아무 관계도 없다.' 또는 '남자와 여자의 합격률은 동일하다.'는 것이다. 이러한 가설을 '동질성의 가설(hypothesis of homogeneity)'이라고 한다. 즉, χ^2 검정은 동질성의 가설을 검정하는 데 이용된다. 그러나 교차분석에서 가설검정이 가능한 경우는 여러 개 중에서 하나를 고르는 경우에 제한됨을 유의해야 한다.

여기에서는 χ^2 검정의 기본 원리에 대해 소개하고자 한다.

<표 15-2>는 남학생 90명, 여학생 110명 총 200명의 대학생을 대상으로 조기 유학의 필요성에 대한 찬반 의견을 조사한 결과다. 이때 각 셀에 포함된 사례 수를 '관찰빈도'라고 한다.

<표 15-2> 관찰빈도와 기대빈도의 실례

성 별	찬 성	반 대	전 체
남	70 (a)	20 (b)	90
여	70 (c)	40 (d)	110
전 체	140	60	200

이에 비해서 조기 유학의 필요성에 대해 성별과 찬반 의견이 서로 독립적이라고 할 때, 즉 찬반 의견이 남녀 간 차이가 없다고 가정할 때 각 셀에 기대되는 빈도를 '기대빈도'라고 한다.

성별과 찬반 의견이 서로 독립적이라는 것은 남학생의 찬반 비율과 여학생의 찬반 비율이 동일하다는 것을 의미한다. 남녀에 따라서 찬반 의견이 차이가 없다면 찬반 비율은 남녀를 통합한 찬반 비율인 140 : 60으로 보는 것이 합리적일 것이다. 그렇다면 (a)와 (b)에 들어갈 기대빈도는 남학생 90명을 140 : 60으로 나눈 값이 된다. 그리고 (c)와 (d)에 들어갈 기대빈도도 여학생 110명을 140 : 60으로 나눈 값이 된다. 그러므로 (a)와 (b) 및 (c)와 (d)에 들어갈 기대빈도는 각각 다음과 같이 구할 수 있다.

$$(a) : 90 \times \frac{140}{200} = 63 \qquad (b) : 90 \times \frac{60}{200} = 27$$

$$(c) : 110 \times \frac{140}{200} = 77 \qquad (d) : 110 \times \frac{60}{200} = 33$$

분할표(crosstab table)에서 i 행 $\times j$ 열의 관찰빈도(O_{ij})에 대한 기대빈도(E_{ij})는 다음과 같이 구할 수 있다.

$$E_{ij} = \frac{i\,\text{행의 관찰빈도의 합} \times j\,\text{열의 관찰빈도의 합}}{\text{총 관찰빈도}} = \frac{n_{i+} \times n_{+j}}{N}$$

이때 피어슨은 다음의 검정통계량이 χ^2 분포에 의해서 접근할 수 있음을 보여 주었다.

$$\sum_{i=1}^{I}\sum_{j=1}^{J} \frac{(\text{관찰빈도}\,O_{ij} - \text{기대빈도}\,E_{ij})^2}{\text{기대빈도}\,E_{ij}} \sim \chi^2[(I-1)(J-1)]$$

[단, I, J는 각각 유목의 수이고, I 또는 J가 1이면 자유도는 $\max(I-1, J-1)$]

이를 '피어슨의 χ^2 검정통계량'이라고 한다. 특히, 자유도가 1인 경우 각각의 기대빈도는 최소한 10 이상은 되어야 χ^2분포로 접근한다. 그리고 자유도가 2 이상인 경우에도 각각의 기대빈도는 최소한 5 이상은 되어야 χ^2분포로 접근한다. 만약 그렇지 못하다면 유의확률을 초기하학적 분포(hypergeometric distribution)를 이용해서 직접 구해야 한다.

<표 15-2>에 대해 χ^2값을 구하면 다음과 같다.

$$\chi^2 = \frac{(70-63)^2}{63} + \frac{(20-27)^2}{27} + \frac{(70-77)^2}{77} + \frac{(40-33)^2}{33} = 4.713$$

성별과 찬반 의견이 서로 독립적이라는 가정하에, 무선적으로 생성한 자료를 토대로 얻은 $\sum_{i=1}^{2}\sum_{j=1}^{2}\frac{(O_{ij}-E_{ij})^2}{E_{ij}}$ 값들이 χ^2분포를 따른다는 것은 시뮬레이션을 통해서도 경험적으로 확인할 수 있다.

<표 15-3> 차량 5부제 시행에 대한 찬반 의견 조사 자료의 일부

성 별	찬 성	반 대	전 체
남	a	b	140
여	c	d	60
전 체	90	110	200

<표 15-3>은 남학생 140명, 여학생 60명 총 200명의 대학생을 대상으로 차량 5부제 시행에 대한 찬반 의견을 조사한 결과의 일부다. 남녀 비율이 140:60이고 찬성과 반대 비율이 90:110이라는 조건하에서, 각 셀에 들어갈 빈도가 무선적으로 결정된다고 하자. 이때 a, b, c, d는 모두 자유롭게 변하는 것이 아니다. 이 중에서 한 값만 결정되면 나머지 값은 자동적으로 결정된다. 예컨대, a가 50이면 b는 90, c는 40, d는 20이 된다. 이러한 이유에서 2×2분할표에서의 자유도는 1이 된다. 뿐만 아니라 a의 값은 30 이상이면서 90 이하인 자연수이어야 한다. 이 범위를 벗어나면 b, c, d에서 음수가 발생하기 때문이다. 예컨대, a가 20이면 b는 120, c는 70, d는 -10으로 d가 음수가 된다. 그러나 a, b, c, d는 빈도이기 때문에 음수가 될 수 없다.

<표 15-4>는 30에서 90까지의 자연수를 무선으로 300개를 뽑아서 이들 각각을 a라 하고, 이에 대한 b, c, d 및 $\sum_{i=1}^{2}\sum_{j=1}^{2}\frac{(O_{ij}-E_{ij})^2}{E_{ij}}$ 값을 구한 결과의 일부다. 그리고 [그림 15-1]은 이들 300개의 $\sum_{i=1}^{2}\sum_{j=1}^{2}\frac{(O_{ij}-E_{ij})^2}{E_{ij}}$ 에 대한 빈도분포다. 이것을 통

해 [그림 15-1]과 같이 표집분포 $\displaystyle\sum_{i=1}^{2}\sum_{j=1}^{2}\frac{(O_{ij}-E_{ij})^2}{E_{ij}}$ 는 자유도가 1인 χ^2 분포와 유사함을 확인할 수 있다.

<표 15-4> 300번의 표본에 의한 χ^2 값

순번	a	b	c	d	χ^{2*}	순번	a	b	c	d	χ^{2*}
1	81	59	9	51	31.2	11	76	64	14	46	16.3
2	63	77	27	33	0.0	12	82	58	8	52	34.7
3	41	99	49	11	46.6	13	55	85	35	25	6.2
4	75	65	15	45	13.9	14	54	86	36	24	7.8
5	46	94	44	16	27.8	15	86	54	4	56	50.9
6	82	58	8	52	34.7	:	:	:	:	:	:
7	81	59	9	51	31.2	:	:	:	:	:	:
8	79	61	11	49	24.6	298	61	79	29	31	0.4
9	65	75	25	35	0.4	299	86	54	4	56	50.9
10	74	66	16	44	11.6	300	85	55	5	55	46.6

* $\displaystyle\chi^2 = \sum_{i=1}^{2}\sum_{j=1}^{2}\frac{(O_{ij}-E_{ij})^2}{E_{ij}}$

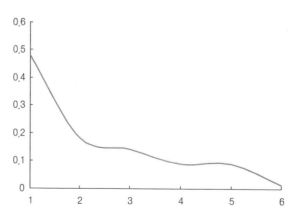

[그림 15-1] $\displaystyle\sum_{i=1}^{2}\sum_{j=1}^{2}\frac{(O_{ij}-E_{ij})^2}{E_{ij}}$ 의 표집분포

일반적으로 표집분포인 $\displaystyle\sum_{i=1}^{I}\sum_{j=1}^{J}\frac{(O_{ij}-E_{ij})^2}{E_{ij}}$ 는 자유도가 $(I-1)(J-1)$인 χ^2 분포를 따른다는 것을 수학적으로 증명할 수 있다. 이때 연구자가 실제로 수집한 표본에서 구한, 검정통계량 χ^2 값이 표집분포에서 어디에 위치하는지를 근거로 원가설의 기각 여부를 판정하게 된다. 원가설을 기각할 수 있다는 것은 범주형 변수 간의 독립성을 인정할 수 없다는 것을 의미하며, 이는 곧 범주형 변수 간에는 연관성이 있음을 증거해 준다.

이밖에 자주 쓰이는 검정통계량으로는 '우도비 χ^2(likelihood ratio χ^2)'이 있다. 우도비 χ^2은 다음과 같이 구할 수 있다.

$$2\sum_{i=1}^{I}\sum_{j=1}^{J}\left(관찰빈도\,O_{ij}\times\ln\frac{관찰빈도\,O_{ij}}{기대빈도\,E_{ij}}\right)\sim\chi^2[(I-1)(J-1)]$$

2 연관성의 측도

범주형 변수 간의 독립성을 인정할 수 없다는 것은 범주형 변수 간의 연관성이 있다는 것을 의미한다. 두 범주형 변수 간의 결합성의 정도를 기술통계치로 나타낸 것이 '연관성의 측도(measure of association)'다. 예컨대, 대통령 선거에서 지역과 지지 후보에 대한 분할표를 만들었을 때 대통령 지지 후보가 지역에 따라 다르다는 결과가 나왔다면, '지역'과 '대통령 지지 후보'라는 범주형 변수 간에는 연관성이 높다고 할 수 있다. 이때에는 χ^2검정에서 원가설이 기각될 가능성이 높다.

이러한 연관성의 측도는 매우 다양하다. 먼저, 피어슨 χ^2 검정통계량에 근거한 '파이계수(φ ; 0≤측도값≤ +1)', '유관계수(Contingency Coefficient ; 0≤측도값≤ +1)', 'Cramer의 V계수(0≤측도값≤ +1)' 등이 있고, 순서가 없는 명목형 변수 간의 연관성 측도로는 '람다(λ ; 0≤측도값≤ +1)'가 있다. 마지막으로 순서가 있는 유목변수 간의 연관성 측도로는 '감마(γ ; −1≤측도값≤ +1)', 'Kendall의 $\tau-b$(−1≤측도값≤ +1)', 'Stuart의 $\tau-c$(−1≤측도값≤ +1)', 'Somer의 D(−1≤측도값≤ +1)' 등이 있다.

대개 이들 값의 절대값이 ASE(asymptotic standard error, 점근표준오차)의 두 배보다 더 클 때 '두 범주형 변수 간에는 연관성이 있다.'고 판단한다(유의수준 5%).

③ χ^2 검정의 특징 및 가정

χ^2 검정은 다른 검정통계량에 비해서 표본의 크기에 대해 매우 민감하다는 특징을 가지고 있다. 일반적으로 표본의 크기가 커짐에 따라서 통계적 검정력은 커진다. 그러나 통계적 검정력이 표본의 크기에 따라서 지나치게 민감하게 반응한다는 것은 통계적으로 유의미한 차이가 없음에도 표본의 크기가 크다는 것 때문에 차이가 있다고 잘못 판단할 가능성이 높음을 의미한다.

피어슨 χ^2 검정을 적용하기 위해서는 다음과 같은 기본 가정을 필요로 한다.

첫째, 전체 표본의 크기는 적어도 30 이상이 되어야 하며, 기대빈도가 5 이하인 셀이 전체의 20% 이하가 되어야 한다. 기대빈도가 5 이하인 셀이 전체의 20% 이하가 되지 않는 경우에는 배경변수의 유목 수 또는 종속변수의 항목 수를 유사한 것끼리 묶어서 줄일 필요가 있다. 이밖에 로짓모형 등의 분석방법을 적용하는 것도 하나의 방안이 될 수 있다.

둘째, 특정한 유목에 속하는 관찰빈도는 다른 유목에 속하는 관찰빈도와 상호 독립적이어야 한다. 따라서 질적인 변수를 이용하여 동일집단을 대상으로 반복측정한 다음, 반복측정에서의 반응빈도 비율이 차이가 있는지를 보고자 하는 경우와 같이, 관찰빈도 간에 상호 의존성이 있는 경우에는 피어슨 χ^2 검정을 적용할 수 없다. 예컨대, 상담 프로그램이 우울증 감소에 영향을 주는지 보기 위해서 100명을 대상으로 프로그램 적용 전후에 우울증의 변화 유무를 묻는 1개의 문항으로 조사한 경우에는 피어슨 χ^2 검정을 적용할 수 없다. 이 경우에는 McNemar검정(이분변수인 경우) 등의 다른 방법을 이용해야 한다. 이에 관한 자세한 내용은 임인재, 김신영, 박현정(2003: 266-279)을 참조하기 바란다.

제**16**장
단일응답일 때의 교차분석

1) 설문지

다음과 같은 설문지를 중학생 60명에게 실시하였다고 하자.

A. 당신은 몇 학년입니까?

  ① 1학년   ② 2학년   ③ 3학년

B. 당신의 성별은 무엇입니까?

  ① 남자   ② 여자

1. 수학에 대한 흥미를 가장 많이 떨어뜨리는 때는 언제입니까?

  ① 교사가 혼자서 일방적으로 수업을 할 때

  ② 시험을 못 봤을 때

  ③ 어제 풀었던 문제를 오늘은 못 풀 때

  ④ 수업 중 내용을 전혀 알아들을 수 없을 때

2. 수학에 대한 흥미를 가장 많이 떨어뜨리는 내용 영역은 무엇입니까?

  ① 집합

  ② 수와 식

  ③ 방정식

  ④ 함수

2) 코딩방식 및 분석 데이터

- 코딩방식: 학년, 성, 1번 문항, 2번 문항에 대한 반응 결과를 차례대로 입력한다. 이때 한 피험자에 대한 반응은 하나의 행에 입력해야 한다.
- 분석 데이터: 수학흥미.sav (연습용 파일)

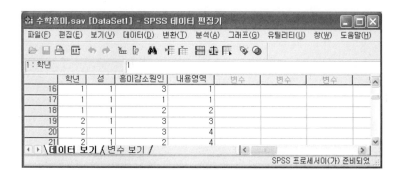

3) 분석 절차

(1) 1단계: 교차분석표 구하는 절차

- '분석' 메뉴
  - ✔ '표' ⇨ '일반적 통계표'
  - ✔ 배경변수 중 하나를 '행'으로 이동

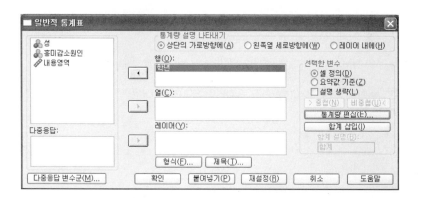

◆ 통계량 편집

   ✔ '행 %' 선택 ⇨ '형식'에서 (ddd.dd) 선택

   ✔ '소수점이하자리' 지정 ⇨ '추가' ⇨ '계속'

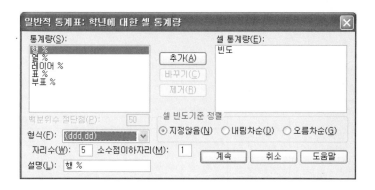

   ✔ 나머지 배경변수를 모두 '행'으로 이동

   ✔ 합계 삽입

   ✔ 종속변수 중 1개를 '열'로 이동

   ✔ 합계 삽입

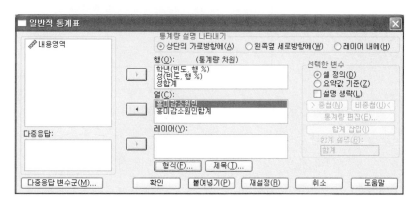

※ '행'에 들어갈 배경변수는 한꺼번에 여러 개를 처리할 수 있지만, '열'에 들어갈 종속변수는 한 번에 한 개의 변수만 처리 가능함에 유의해야 한다.

- '통계량 설명 나타내기' 선택

  ✔ 다음과 같이 백분율을 빈도 오른쪽에 나타낼 때는 '상단의 가로방향에' 선택

	1		2		3		4		합계	
	빈도	행 %	빈도	행 %	빈도	행 %	빈도	행 %	빈도	행 %
1학년	3	(16.7)	3	(16.7)	11	(61.1)	1	(5.6)	18	(100.0)
2학년	10	(47.6)	4	(19.0)	5	(23.8)	2	(9.5)	21	(100.0)
3학년	4	(19.0)	8	(38.1)	4	(19.0)	5	(23.8)	21	(100.0)

  ✔ 다음과 같이 백분율을 빈도 아래쪽에 나타내고자 할 때에는 '왼쪽의 세로방
     향에' 선택

		1	2	3	4	합계
1학년	빈도	3	3	11	1	18
	행 %	(16.7)	(16.7)	(61.1)	(5.6)	(100.0)
2학년	빈도	10	4	5	2	21
	행 %	(47.6)	(19.0)	(23.8)	(9.5)	(100.0)
3학년	빈도	4	8	4	5	21
	행 %	(19.0)	(38.1)	(19.0)	(23.8)	(100.0)

  ※ 여기서는 '상단의 가로방향에'를 선택하였다.

- '형식' 지정

  ✔ 빈 셀이 생길 때 0이 표시되도록 하기 위해서는 '0값 표시' 선택 ⇨ '계속'

- 종속변수가 여러 개인 경우, 이상의 과정을 반복해야 한다. 효율적인 반복 분석
  을 위해서 명령문 활용을 권장한다.
  ✔ 명령문으로 이상의 과정을 축적하기 위해서 '붙여넣기' 선택

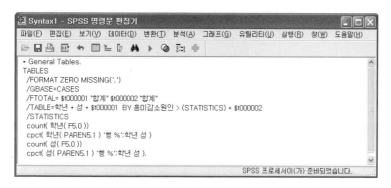

※ 위 그림은 교차분석표를 구하는 명령문이다.

(2) 2단계 : 'χ^2 값과 p 값' 구하기

✔ '분석' 메뉴 ⇨ '기술통계량' ⇨ '교차분석'

✔ 배경변수를 모두 '행'으로 이동

✔ 종속변수 중 1개를 '열'로 이동

✔ 교차표는 이미 일반적 통계표로 구했기 때문에 '교차표 출력않음' 선택

✔ '확인'

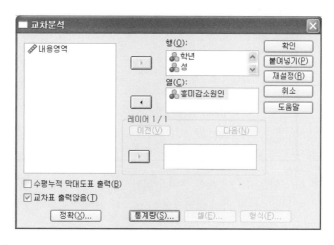

※ 배경변수와 종속변수는 1단계에서 이용된 변수와 동일하도록 한다.

• '통계량' 클릭

✔ '카이제곱' 선택 ⇨ '계속'

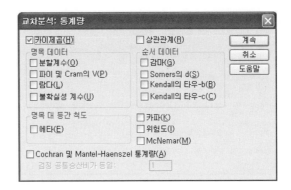

※ 이를 통해서 응답자의 성, 학년에 따른 χ^2값과 p값을 구할 수 있다.

◆ 종속변수가 여러 개인 경우, 이상의 과정을 반복해야 한다. 효율적인 반복 분석을 위해서 명령문 활용을 권장한다.

✔ 명령문으로 이상의 과정을 축적하기 위해서 '붙여넣기' 선택

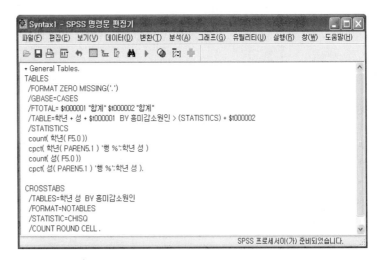

※ 이 그림은 수학에 대한 흥미가 떨어진 이유(종속변수)에 대한 반응빈도 비율이 '학년'과 '성'에 따라서(배경변수) 어떠한 차이가 있는지를 분석한 명령문이다.

(3) 3단계: 나머지 종속변수에 대한 명령문 분석 프로그램 작성

✔ 하나의 종속변수를 분석하는 1단계와 2단계의 명령문 분석 프로그램을 종속변수 개수만큼 복사

✔ 종속변수 이름만 바꿈으로써 다른 종속변수에 대한 명령문 분석 프로그

램을 작성

✔ 명령문의 '실행' 메뉴

✔ '모두' 또는 실행한 영역에 블록을 지정한 상태에서 '선택영역' 선택

4) 분석 결과

• 교차분석표 결과

	흥미감소원인								합계	
	1		2		3		4			
	빈도	행 %	빈도	행 %	빈도	행 %	빈도	행 %	빈도	행 %
1학년	3	(16.7)	3	(16.7)	11	(61.1)	1	(5.6)	18	(100.0)
2학년	10	(47.6)	4	(19.0)	5	(23.8)	2	(9.5)	21	(100.0)
3학년	4	(19.0)	8	(38.1)	4	(19.0)	5	(23.8)	21	(100.0)
남	4	(15.4)	4	(15.4)	15	(57.7)	3	(11.5)	26	(100.0)
여	13	(38.2)	11	(32.4)	5	(14.7)	5	(14.7)	34	(100.0)
합계	17	(28.3)	15	(25.0)	20	(33.3)	8	(13.3)	60	(100.0)

※ 이러한 교차분석표는 종속변수의 개수만큼 생성된다.

• 'χ^2 값과 p 값' 결과

학년 ★ 흥미감소원인

카이제곱 검정

	값	자유도	점근 유의확률 (양측검정)
Pearson 카이제곱	15.296ᵃ	6	.018
우도비	14.349	6	.026
선형 대 선형결합	.022	1	.883
유효 케이스 수	60		

a. 4 셀 (33.3%)은(는) 5보다 작은 기대 빈도를 가지는 셀
입니다. 최소 기대빈도는 2.40입니다.

성 ★ 흥미감소원인

카이제곱 검정

	값	자유도	점근 유의확률 (양측검정)
Pearson 카이제곱	12.690ᵃ	3	.005
우도비	13.082	3	.004
선형 대 선형결합	4.886	1	.027
유효 케이스 수	60		

a. 2 셀 (25.0%)은(는) 5보다 작은 기대 빈도를 가지는 셀
입니다. 최소 기대빈도는 3.47입니다.

※ 'Pearson 카이제곱' 오른쪽의 값이 'χ^2 값'이며, '점근 유의확률'이 'p 값'이다.

※ 이러한 표는 각 종속변수별로 배경변수의 개수만큼 생성된다.

5) 보고서 제시 및 해석방법

'교차분석표'와 'χ^2 값과 p 값' 결과를 활용하여, 최종 교차분석 결과를 <표 16-1>과 같이 작성하고 이에 대한 적절한 해석을 시도한다.

<표 16-1> 수학에 대한 태도가 가장 떨어지는 경우에 대한 교차분석 결과

배경변수	항목	교사가 일방적으로 수업을 할 때	시험을 못 봤을 때	어제 풀었던 문제를 오늘은 못 풀 때	실용적이지 못하다고 느껴질 때	합계	χ^2
학년	1학년	3(16.7)	3(16.7)	11(61.1)	1(5.6)	18(100)	
	2학년	10(47.6)	4(19.0)	5(23.8)	2(9.5)	21(100)	15.296*
	3학년	4(19.0)	8(38.1)	4(19.0)	5(23.8)	21(100)	
성별	남학생	4(15.4)	4(15.4)	15(57.7)	3(11.5)	26(100)	
	여학생	13(38.2)	11(32.4)	5(14.7)	5(14.7)	34(100)	12.690**
전체		17(28.3)	15(25.0)	20(33.3)	8(13.3)	60(100)	

*$p<.05$ **$p<.01$

<표 16-1>과 같이, 수학에 대한 흥미가 가장 떨어지는 때는 '어제 풀었던 문제를 오늘은 못 풀 때(33.3%)'였고, '교사가 혼자서 일방적으로 수업을 할 때(28.3%)'가 그 뒤를 이었다. 이를 좀 더 구체적으로 보면, 이러한 반응 경향은 학년, 성별에 따라서 통계적으로 유의미한 차이가 있었다. 먼저, 학년별로 본다면 1학년은 '어제 풀었던 문제를 오늘은 못 풀 때'라고 답한 학생이 가장 많았으나 2학년은 '교사가 일방적으로 수업을 할 때', 3학년은 '시험을 못 봤을 때'라고 답한 학생이 가장 많았다. 성별로 본다면 남학생은 '어제 풀었던 문제를 오늘은 못 풀 때'라고 답한 학생이 가장 많았으나, 여학생은 '교사가 혼자서 일방적으로 수업을 할 때'라고 답한 학생이 가장 많았다.

제17장
다중응답일 때의 교차분석

1 '모두 고르시오.'일 때의 교차분석

1) 설문지

다음과 같은 설문지를 대학생 60명에게 실시하였다고 하자.

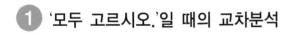

A. 당신은 몇 학년입니까?

    ① 1학년   ② 2학년   ③ 3학년

B. 당신의 성별은 무엇입니까?

    ① 남자   ② 여자

1. 학술정보관을 이용하는 목적을 모두 고르시오.

    ① 열람실 이용   ② DVD 관람

    ③ 도서 및 논문 대여   ④ PC 사용

앞의 설문지를 통해서 연구자가 확인하려는 연구문제는 두 가지다.

첫째, '1'번에 대해 각 항목별로 빈도와 백분율이 어떠한가?
둘째, '1'번의 항목별 빈도와 백분율이 배경변수에 따라서 어떠한 차이가 있는가?

첫 번째 연구문제에 대한 분석을 '빈도분석(frequency analysis)'이라고 하고, 두 번째 연구문제에 대한 분석을 '교차분석(crosstab analysis)'이라고 한다. 단일응답일 때와 달리 이 경우에는 교차분석 과정에서 x^2검정을 제공하지 않는다.

2) 코딩방식 및 분석 데이터

- 코딩방식: 학년, 성, 1번 문항에 대한 반응 결과를 차례대로 입력한다. 이 때 한 피험자에 대한 반응은 하나의 행에 입력해야 한다. 특히, 1번 문항과 같이 '모두 고르는 문항'인 경우 항목의 개수만큼의 변수가 필요하다. 선택한 항목은 1, 선택하지 않은 항목은 0으로 입력한다. 예컨대, 첫 번째 피험자(id가 1인 피험자)가 1번 문항에 대해 1, 3, 4를 선택했다면, 다음 그림의 첫 번째 행과 같이 입력한다.
- 분석 데이터: 빈도분석_모두고르기.sav (연습용 파일)

3) 분석 절차

(1) 1단계: 교차분석표 구하는 절차

• '분석' 메뉴
　✔ '표' ⇨ '다중응답표'
　✔ '변수군 정의'
　✔ 1번 문항을 코딩한 변수인 v1_1에서 v1_4를 '변수군에 포함된 변수'로 이동
　✔ '변수들의 코딩형식'에서 '이분형' 선택
　✔ '빈도화 값'에 '1' 입력: 선택한 항목을 1이라고 코딩하였으므로 '빈도화 값'
　　에 '1'을 입력한 것이다. 만약, 선택한 항목을 2로 코딩하였다면 '빈도화 값'
　　에 '2'를 입력해야 한다.
　✔ '이름'에 변수군으로 정의된 새로운 변수이름을 임의로 입력한다. 편의상
　　여기에서는 'v1'을 입력했다고 하자. 이후에 'v1'은 자동적으로 앞에 '$'가 붙
　　어 '$v1'이 된다. '$v1'은 'v1_1에서 v1_4를 하나의 변수로 묶은 변수군을
　　의미한다.
　✔ '추가' ⇨ '저장'

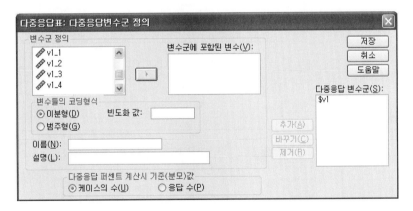

※ '다중응답 퍼센트 계산 시 기준(분모)값'에는 '케이스의 수'와 '응답 수' 중 하나
　를 선택할 수 있다. 이 두 가지의 차이는 백분율을 계산할 때 '케이스 수'는
　전체 피험자 수를 분모로 하는 반면, '응답 수'는 전체 피험자가 선택한 총
　항목 수를 분모로 한다. <표 17-1>에서 케이스 수는 60이며, 응답 수는
　144(36＋30＋33＋45)다.

<표 17-1> '케이스의 수'와 '응답 수'의 비교

항 목 분모값	PC 사용	DVD 관람	도서 및 논문 대여	열람실 이용	합 계
케이스의 수	36(60.0)	30(50.0)	33(55.0)	45(75.0)	60(100)
응답 수	36(25.0)	30(20.8)	33(22.9)	45(31.3)	60(41.7)

◆ '다중응답표'

✔ 모든 배경변수를 '행'으로 이동

✔ 다중응답 변수군에서 새롭게 생성된 변수군 '$v1'을 '열'로 이동

✔ 중첩하기의 행에 있는 체크(✔)를 없앤다.

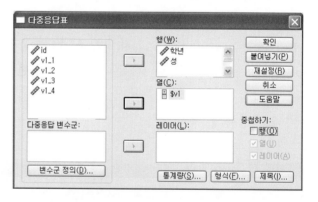

※ 행에 체크(✔)가 있으면 각 학년에서의 성별 빈도가 구해진다. 다음은 행에
체크(✔)가 있을 때의 분석 결과다.

| | | \$v1 | | | | | | | | 합계 | |
| | | 1.00 | | 2.00 | | 3.00 | | 4.00 | | | |
		빈도	행 %	빈도	행 %	빈도	행 %	빈도	행 %	빈도	행 %
1학년	남자	12	(100.0)	9	(75.0)	6	(50.0)	9	(75.0)	12	(100.0)
	여자	6	(66.7)	3	(33.3)	3	(33.3)	6	(66.7)	9	(100.0)
	합계	18	(85.7)	12	(57.1)	9	(42.9)	15	(71.4)	21	(100.0)
2학년	남자	6	(66.7)	6	(66.7)	6	(66.7)	6	(66.7)	9	(100.0)
	여자	6	(66.7)	3	(33.3)	3	(33.3)	6	(66.7)	9	(100.0)
	합계	12	(66.7)	9	(50.0)	9	(50.0)	12	(66.7)	18	(100.0)
3학년	남자	3	(33.3)	6	(66.7)	6	(66.7)	6	(66.7)	9	(100.0)
	여자	3	(25.0)	3	(25.0)	9	(75.0)	12	(100.0)	12	(100.0)
	합계	6	(28.6)	9	(42.9)	15	(71.4)	18	(85.7)	21	(100.0)

◆ '통계량'

✔ '행 퍼센트' 체크: '행 퍼센트'는 행의 백분율 합이 100이 되도록 하는 반면,

'열 퍼센트'는 열의 백분율 합이 100이 되도록 한다.

✔ '합계' 체크

✔ '퍼센트 형식'에서 '(ddd%)'를 선택

✔ '소수점이하자리'에 1을 입력

✔ '통계량 설명': 빈도 아래에 백분율을 제시하려면 '세로방향'을, 빈도 오른쪽
에 백분율을 제시하려면 '가로방향'을 선택한다. 여기서는 '가로방향'을 선택
하기로 한다.

✔ '계속'

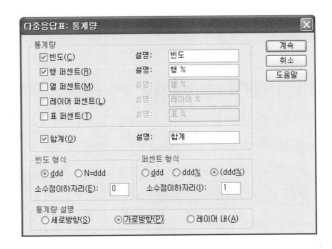

• '형식'

✔ '0값 표시' 선택 ⇨ '계속'

• 종속변수가 여러 개인 경우 이상의 과정을 반복해야 한다. 효율적인 반복 분석
을 위해서 명령문 활용을 권한다.

✔ 명령문으로 이상의 과정을 축적하기 위해서 '붙여넣기' 선택

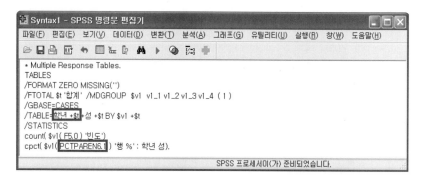

※ 이 그림은 학술정보관 이용 목적(종속변수)에 대한 반응빈도 비율이 '학년'과 '성'에 따라서(배경변수) 어떠한 차이가 있는지를 분석한 명령문이다.

※ 결과물에서 '%'를 없애려면 명령문에서 'PCTPAREN6.1'을 'PAREN6.1'로 변경한다.

※ '학년에 대한 합계'를 없애려면 '학년+$t'에서 '+$t'를 삭제한다.

(2) 2단계: 나머지 종속변수에 대한 명령문 분석 프로그램 작성

- ✔ 하나의 종속변수를 분석하는 1단계의 명령문 분석 프로그램을 종속변수 개수만큼 복사

- ✔ 종속변수 이름(예, $v1 v_1 v_2 v_3 v_4)만 바꿈으로써 다른 종속변수에 대한 명령문 분석 프로그램을 작성

- ✔ 명령문의 '실행' 메뉴

- ✔ '모두' 또는 실행하려는 영역에 블록을 지정한 상태에서 '선택영역' 선택

4) 분석 결과

- ◆ 교차분석표 결과

| | \$v1 | | | | | | | | 합계 | |
| | 1.00 | | 2.00 | | 3.00 | | 4.00 | | | |
	빈도	행 %	빈도	행 %	빈도	행 %	빈도	행 %	빈도	행 %
1학년	18	(85.7)	12	(57.1)	9	(42.9)	15	(71.4)	21	(100.0)
2학년	12	(66.7)	9	(50.0)	9	(50.0)	12	(66.7)	18	(100.0)
3학년	6	(28.6)	9	(42.9)	15	(71.4)	18	(85.7)	21	(100.0)
합계	36	(60.0)	30	(50.0)	33	(55.0)	45	(75.0)	60	(100.0)
남자	21	(70.0)	21	(70.0)	18	(60.0)	21	(70.0)	30	(100.0)
여자	15	(50.0)	9	(30.0)	15	(50.0)	24	(80.0)	30	(100.0)
합계	36	(60.0)	30	(50.0)	33	(55.0)	45	(75.0)	60	(100.0)

※ 이러한 교차분석표는 종속변수의 개수만큼 생성된다.

5) 보고서 제시 및 해석방법

'교차분석표' 결과를 활용하여, 최종 교차분석 결과를 <표 17-2>와 같이 작성하고, 이에 대한 적절한 해석을 시도한다.

<표 17-2> 학술정보관을 이용하는 목적에 대한 교차분석 결과

배경변수	항목	열람실 이용	DVD 관람	도서 및 논문 대여	PC 사용	합계
학년	1학년	18(85.7)	12(57.1)	9(42.9)	15(71.4)	21(100.0)
	2학년	12(66.7)	9(50.0)	9(50.0)	12(66.7)	18(100.0)
	3학년	6(28.6)	9(42.9)	15(71.4)	18(85.7)	21(100.0)
성별	남학생	21(70.0)	21(70.0)	18(60.0)	21(70.0)	30(100.0)
	여학생	15(50.0)	9(30.0)	15(50.0)	24(80.0)	30(100.0)
전체		36(60.0)	30(50.0)	33(55.0)	45(75.0)	60(100.0)

<표 17-2>를 보면, 학술정보관의 이용 목적으로 'PC 사용'이라고 답한 학생이 전체 학생의 75%로 가장 많았다. 그 뒤를 이어 '열람실 이용', '도서 및 논문 대여', 'DVD 관람'이라고 답한 학생이 각각 전체의 60%, 55%, 50%였다. 학년별로 보면 1학년과 2학년은 3학년에 비해서 '열람실 이용', 'DVD 관람'이라고 답한 학생이 더 많은 반면, 3학년은 1학년과 2학년에 비해서 '도서 및 논문 대여', 'PC 사용'이라고 답한 학생이 더 많았다. 성별로 보면 남학생은 여학생에 비해서 '열람실 이용', 'DVD 관람', '도서 및 논문 대여'라고 답한 학생이 더 많은 반면, 여학생은 남학생에 비해서 'PC 사용'이라고 답한 학생이 더 많았다.

② '2가지만 고르시오.'일 때의 교차분석

1) 설문지

다음과 같은 설문지를 대학생 60명에게 실시하였다고 하자.

A. 당신은 몇 학년입니까?

　　① 1학년　　　　　② 2학년　　　　　③ 3학년

B. 당신의 성별은 무엇입니까?

　　① 남자　　　　　② 여자

1. 학술정보관을 이용하는 목적을 2가지만 고르시오.

　　① 열람실 이용
　　② DVD 관람
　　③ 도서 및 논문 대여
　　④ PC 사용

이 설문지를 통해서 연구자가 확인하려는 연구문제는 두 가지다.

첫째, '1'번에 대해 각 항목별로 빈도와 백분율이 어떠한가?
둘째, '1'번의 항목별 빈도와 백분율이 배경변수에 따라서 어떠한 차이가 있는가?

첫 번째 연구문제에 대한 분석을 '빈도분석(frequency analysis)'이라고 하고, 두 번째 연구문제에 대한 분석을 '교차분석(crosstab analysis)'이라고 한다. 단일응답일 때와 달리 이 경우에는 교차분석 과정에서 χ^2 검정을 제공하지 않는다.

2) 코딩방식 및 분석 데이터

- 코딩방식: 학년, 성, 1번 문항에 대한 반응 결과를 차례대로 입력한다. 이 때 한 피험자에 대한 반응은 하나의 행에 입력해야 한다. 특히, 1번 문항과 같이 '제한된 개수만 고르는 문항'인 경우 선택할 항목의 개수만큼의 변수가 필요하며, 선택한 항목을 차례대로 직접 입력하여야 한다. 예컨대, 첫 번째 피험자(id가 1인 피험자)가 1번 문항에 대해 3, 4를 선택했다면, 다음 그림의 첫 번째 행과 같이 입력한다.
- 분석 데이터: 빈도분석_2개만고르기.sav (연습용 파일)

	id	학년	성	v1_1	v1_2	변수	변수	변수	변수
1	1	1	1	3	4				
2	2	3	1	1	2				
3	3	1	1	3	4				
4	4	2	1	2	3				
5	5	3	1	3	4				
6	6	1	1	1	2				

3) 분석 절차

(1) 1단계: 교차분석표 구하는 절차

- '분석' 메뉴
  - ✔ '표' ⇨ '다중응답표'
  - ✔ '변수군 정의'
  - ✔ 1번 문항을 코딩한 변수인 v1_1과 v1_2를 '변수군에 포함된 변수'로 이동
  - ✔ '변수들의 코딩형식'에서 '범주형'을 선택
  - ✔ '이름'에 변수군으로 정의된 새로운 변수이름을 임의로 입력한다. 편의상 여기에서는 'v1'을 입력하였다고 하자. 이후에 'v1'은 자동적으로 앞에 '$'가 붙어 '$v1'이 된다. '$v1'은 'v1_1에서 v1_4'를 하나의 변수로 묶은 변수군을

의미한다.

✔ '추가' ⇨ '저장'

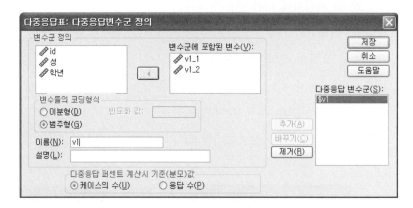

※ '다중응답 퍼센트 계산 시 기준(분모)값'에는 '케이스의 수'와 '응답 수' 중 하나를 선택할 수 있다. 이 두 가지의 차이는 백분율을 계산할 때 '케이스 수'는 전체 피험자 수를 분모로 하는 반면, '응답 수'는 전체 피험자가 선택한 총 항목 수를 분모로 한다. <표 17-3>에서 케이스 수는 60이며, 응답 수는 120(18+30+42+30)이다.

<표 17-3> '케이스의 수'와 '응답 수'의 비교

항 목 분모값	PC 사용	DVD 관람	도서 및 논문 대여	열람실 이용	합 계
케이스의 수	18(30.0)	30(50.0)	42(70.0)	30(50.0)	60(100)
응답 수	18(15.0)	30(25.0)	42(35.0)	30(25.0)	60(50.0)

• '다중응답표'

✔ 모든 배경변수를 '행'으로 이동

✔ 다중응답 변수군에서 새롭게 생성된 변수군 '$v1'을 '열'로 이동

✔ 중첩하기의 행에 있는 체크(✔)를 없앤다.

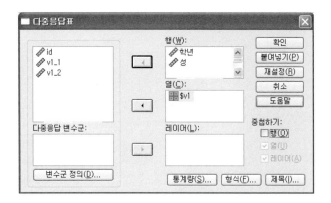

※ 행에 체크(✔)가 있으면 각 학년에서의 성별 빈도가 구해진다. 다음은 행에 체크(✔)가 있을 때의 분석 결과다.

		\$v1										합계	
		1		2		3		4					
		빈도	행 %	빈도	행 %	빈도	행 %	빈도	행 %			빈도	행 %
1학년	남자	3	(25,0)	6	(50,0)	9	(75,0)	6	(50,0)			12	(100,0)
	여자	3	(33,3)	6	(66,7)	3	(33,3)	6	(66,7)			9	(100,0)
	합계	6	(28,6)	12	(57,1)	12	(57,1)	12	(57,1)			21	(100,0)
2학년	남자	0	(,0)	9	(100,0)	6	(66,7)	3	(33,3)			9	(100,0)
	여자	3	(33,3)	6	(66,7)	6	(66,7)	3	(33,3)			9	(100,0)
	합계	3	(16,7)	15	(83,3)	12	(66,7)	6	(33,3)			18	(100,0)
3학년	남자	3	(33,3)	3	(33,3)	6	(66,7)	6	(66,7)			9	(100,0)
	여자	6	(50,0)	0	(,0)	12	(100,0)	6	(50,0)			12	(100,0)
	합계	9	(42,9)	3	(14,3)	18	(85,7)	12	(57,1)			21	(100,0)

• '통계량'

✔ '행 퍼센트' 체크: '행 퍼센트'는 행의 백분율 합이 100이 되도록 하는 반면, '열 퍼센트'는 열의 백분율 합이 100이 되도록 한다.

✔ '합계' 체크

✔ '퍼센트 형식'에서 '(ddd%)'를 선택

✔ '소수점이하자리'에서 1을 입력

✔ '통계량 설명': 빈도 아래에 백분율을 제시하려면 '세로방향'을, 빈도 오른쪽에 백분율을 제시하려면 '가로방향'을 선택한다. 여기서는 '가로방향'을 선택하기로 한다.

✔ '계속'

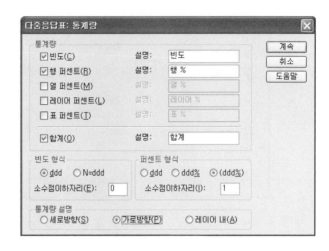

• 형식

   ✔ '0값 표시' 체크 ⇨ '계속'

• 종속변수가 여러 개인 경우 이상의 과정을 반복해야 한다. 효율적인 반복 분석을 위해서 명령문 활용을 권한다.

   ✔ 명령문으로 이상의 과정을 축적하기 위해서 '붙여넣기' 선택

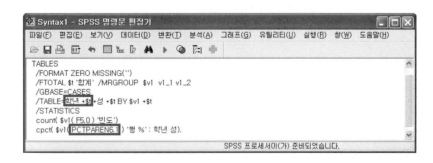

※ 앞 그림은 학술정보관 이용 목적(종속변수)에 대한 반응빈도 비율이 '학년'과 '성'에 따라서(배경변수) 어떠한 차이가 있는지를 분석한 명령문이다.
※ 결과물에서 '%'를 없애려면 명령문에서 'PCTPAREN6.1'을 'PAREN6.1'로 변경한다.
※ '학년에 대한 합계'를 없애려면 '학년+\$t'에서 '+\$t'를 삭제한다.

(2) 2단계 : 나머지 종속변수에 대한 명령문 분석 프로그램 작성

✔ 하나의 종속변수를 분석하는 1단계의 명령문 분석 프로그램을 종속변수 개수만큼 복사
✔ 종속변수 이름(예, \$v1 v_1 v_2)만 바꿈으로써 다른 종속변수에 대한 명령문 분석 프로그램을 작성
✔ 명령문의 '실행' 메뉴
✔ '모두' 또는 실행하고자 하는 영역에 블록을 입힌 상태에서 '선택영역' 선택

4) 분석 결과

• 교차분석표 결과

| | \$v1 | | | | | | | | 합계 | |
| | 1 | | 2 | | 3 | | 4 | | | |
	빈도	행 %	빈도	행 %	빈도	행 %	빈도	행 %	빈도	행 %
1학년	6	(28.6)	12	(57.1)	12	(57.1)	12	(57.1)	21	(100.0)
2학년	3	(16.7)	15	(83.3)	12	(66.7)	6	(33.3)	18	(100.0)
3학년	9	(42.9)	3	(14.3)	18	(85.7)	12	(57.1)	21	(100.0)
합계	18	(30.0)	30	(50.0)	42	(70.0)	30	(50.0)	60	(100.0)
남자	6	(20.0)	18	(60.0)	21	(70.0)	15	(50.0)	30	(100.0)
여자	12	(40.0)	12	(40.0)	21	(70.0)	15	(50.0)	30	(100.0)
합계	18	(30.0)	30	(50.0)	42	(70.0)	30	(50.0)	60	(100.0)

※ 이러한 교차분석표는 종속변수의 개수만큼 생성된다.

5) 보고서 제시 및 해석방법

'교차분석표' 결과를 활용하여, 최종 교차분석 결과를 <표 17-4>와 같이 작성하고 결과에 대한 적절한 해석을 시도한다.

<표 17-4> 학술정보관을 이용하는 목적에 대한 교차분석 결과

배경변수	항목	열람실 이용	DVD 관람	도서 및 논문 대여	PC 사용	합 계
학 년	1학년	6(28.6)	12(57.1)	12(57.1)	12(57.1)	21(100.0)
	2학년	3(16.7)	15(83.3)	12(66.7)	6(33.3)	18(100.0)
	3학년	9(42.9)	3(14.3)	18(85.7)	12(57.1)	21(100.0)
성 별	남학생	6(20.0)	18(60.0)	21(70.0)	15(50.0)	30(100.0)
	여학생	12(40.0)	12(40.0)	21(70.0)	15(50.0)	30(100.0)
전 체		18(30.0)	30(50.0)	42(70.0)	30(50.0)	60(100.0)

<표 17-4>를 보면, 학술정보관의 이용 목적으로 '도서 및 논문 대여'라고 답한 학생이 전체 학생의 70.0%로 가장 많았다. 그 뒤를 이어 'DVD 관람', 'PC 사용', '열람실 이용'이라고 답한 학생이 각각 50.0%, 50.0%, 30.0%였다. 학년별로 보면 1학년과 2학년은 3학년에 비해서 'DVD 관람'이라고 답한 학생이 더 많은 반면, 3학년은 1학년과 2학년에 비해서 '도서 및 논문 대여'라고 답한 학생이 더 많았다. 성별로 보면 남학생은 여학생에 비해서 'DVD 관람'이라고 답한 학생이 더 많은 반면, 여학생은 남학생에 비해서 '열람실 이용'이라고 답한 학생이 더 많았다.

③ '순서대로 고르시오.'일 때의 교차분석

1) 설문지

다음과 같은 설문지를 대학생 60명에게 실시하였다고 하자.

A. 당신은 몇 학년입니까?

　① 1학년　　　　　② 2학년　　　　　③ 3학년

B. 당신의 성별은 무엇입니까?

　① 남자　　　　　　　② 여자

1. 다음은 학술정보관을 이용하는 목적들입니다. 가장 중요하다고 생각하는 것부터
　순서대로 나열하시오. (　)-(　)-(　)-(　)
　① 열람실 이용
　② DVD 관람
　③ 도서 및 논문 대여
　④ PC 사용

앞의 설문지를 통해서 연구자가 확인하려는 연구문제는 두 가지다.

첫째, '1'번에 대해 각 항목별로 빈도와 백분율이 어떠한가?
둘째, '1'번의 항목별 빈도와 백분율이 배경변수에 따라서 어떠한 차이가 있는가?

　첫 번째 연구문제에 대한 분석을 '빈도분석(frequency analysis)'이라고 하고, 두
번째 연구문제에 대한 분석을 '교차분석(crosstab analysis)'이라고 한다. 단일응답일
때와 달리 이 경우에는 교차분석 과정에서 χ^2검정을 제공하지 않는다.

2) 코딩방식 및 분석 데이터

- 코딩방식: 학년, 성, 1번 문항에 대한 반응 결과를 차례대로 입력한다. 이
　때 한 피험자에 대한 반응은 하나의 행에 입력해야 한다. 특히, 1번 문항과
　같이 '중요한 순서대로 고르는 문항'인 경우 선택할 항목의 개수만큼의 변
　수가 필요하며, 선택한 항목을 차례대로 직접 입력해야 한다. 예컨대, 첫
　번째 피험자(id가 1인 피험자)가 1번 문항에 대해 4, 2, 1, 3 순서로 선택하였
　다면, 다음 그림의 첫 번째 행과 같이 입력한다.

• 분석 데이터: 빈도분석_순서대로고르기.sav (연습용 파일)

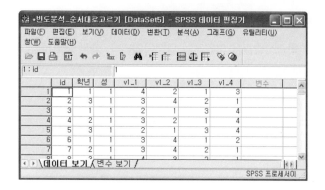

3) 분석 절차

(1) 1단계 : 각 배경변수에 대한 항목별 빈도를 구하는 절차

- '분석' 메뉴
  - ✔ '표' ⇨ '빈도분석 통계표'
  - ✔ 첫 번째·두 번째·세 번째·네 번째 중요하다고 반응한 변수를 '빈도변수' 창으로 이동
  - ✔ 배경변수를 '각 표내의 구분' 창으로 이동
  - ✔ '각각 분리하여(수직누적)'을 선택

• '윤곽'

    ✔ '변수 설명' 중에서 '왼쪽옆 세로방향에' 선택 ▷ '계속'

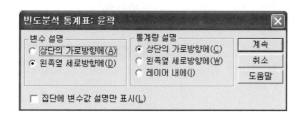

• '형식'

    ✔ '0값 표시' 선택 ▷ '계속' ▷ '확인'

• 분석 결과

		1 빈도	2 빈도	3 빈도	4 빈도
1학년	1st	5	3	9	4
	2nd	3	9	3	6
	3rd	7	6	5	3
	4th	6	3	4	8
2학년	1st		3	12	3
	2nd		3	6	9
	3rd	12	6		
	4th	6	6		6
3학년	1st	3	9	6	3
	2nd	3	3	9	6
	3rd	6	9	3	3
	4th	9		3	9
남자	1st	2	6	18	4
	2nd	6	9	3	12
	3rd	13	9	8	3
	4th	9	6	1	14
여자	1st	6	9	9	6
	2nd		6	15	9
	3rd	12	12	6	6
	4th	12	3	6	9

※ 앞의 그림에서 □안의 5, 3, 7, 6은 1학년 중에서 학술정보관 이용 목적 중에서
    '항목 1'을 가장 중요하다고 한 사람이 5명, 두 번째 중요하다고 한 사람이 3명,

세 번째 중요하다고 한 사람이 7명, 네 번째 중요하다고 한 사람이 6명이 있다는 것을 의미한다.

※ 가장 중요하다고 한 사람 수에는 가중치 4를, 두 번째 중요하다고 한 사람 수에는 가중치 3을, 세 번째 중요하다고 한 사람 수에는 가중치 2를, 네 번째 중요하다고 한 사람 수에는 가중치 1을 줌으로써 학술정보관 이용 목적에 대한 선호 정도를 평가할 예정이다(3단계 참조). 가중치는 연구자에 따라 다르게 부여할 수 있다.

(2) 2단계 : 항목별 빈도 구하는 절차

* '분석' 메뉴
  ✓ '표' ➡ '빈도분석 통계표'
  ✓ 첫 번째·두 번째·세 번째·네 번째 중요하다고 반응한 변수를 '빈도변수' 창으로 이동

* '윤곽'
  ✓ '변수 설명' 중에서 '왼쪽옆 세로방향에' 선택 ➡ '계속'

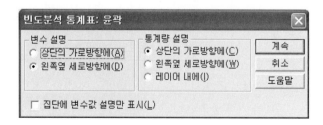

- '형식'

  ✔ '0값 표시' 선택 ⇨ '계속' ⇨ '확인'

- 분석 결과

	1 빈도	2 빈도	3 빈도	4 빈도
1st	8	15	27	10
2nd	6	15	18	21
3rd	25	21	8	6
4th	21	9	7	23

※ 앞의 그림에서 □ 안의 8, 6, 25, 21은 학술정보관 이용 목적 중에서 '항목 1'을 가장 중요하다고 한 사람이 8명, 두 번째 중요하다고 한 사람이 6명, 세 번째 중요하다고 한 사람이 25명, 네 번째 중요하다고 한 사람이 21명이 있다는 것을 의미한다.

※ 가장 중요하다고 한 사람 수에는 가중치 4를, 두 번째 중요하다고 한 사람 수에는 가중치 3을, 세 번째 중요하다고 한 사람 수에는 가중치 2를, 네 번째 중요하다고 한 사람 수에는 가중치 1을 줌으로써 학술정보관 이용 목적에 대한 선호 정도를 평가할 예정이다(3단계 참조).

(3) 3단계 : 엑셀 프로그램을 이용한 가중치 부여 절차

✔ 1단계와 2단계의 '분석 결과'를 '엑셀 프로그램'에 붙인다(ctrl + C, ctrl + V).

✔ H3란에 '=C3*4+C4*3+C5*2+C6*1'를 입력한다. 이는 ①을 가장 중요하다고 반응한 피험자 수에는 가중치 4를, ①을 두 번째 중요하다고 반응한 피험자에는 가중치 3을, ①을 세 번째 중요하다고 반응한 피험자에는 가중치 2를, ①을 네 번째 중요하다고 반응한 피험자에는 가중치 1을 부여하여 이들을 합한 값을 ①을 선택한 피험자 비율을 구하는 데 활용하겠다는 의미

다. ②, ③, ④를 선택한 피험자 비율도 마찬가지 방법으로 구한다.

✔ H4란에 '=H3*100/SUM($H3:$K3)'를 입력한다. 이는 가중치를 활용하여 구한 ①, ②, ③, ④를 선택한 피험자 수인 (49명+54명+59명+48명)에 대한 ①을 선택한 피험자 수의 백분율을 구하겠다는 의미다. ②, ③, ④를 선택한 피험자 백분율도 마찬가지 방법으로 구한다.

✔ 동일한 방법으로 2학년, 3학년, 남자, 여자, 전체에 대해 ①, ②, ③, ④를 선택한 피험자의 백분율을 구한다.

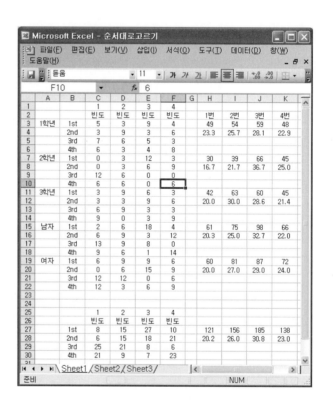

4) 보고서 제시 및 해석방법

'엑셀 프로그램' 결과를 활용하여 교차분석 결과를 <표 17-5>와 같이 작성하고 결과에 대한 적절한 해석을 시도한다.

<표 17-5>를 보면, 학술정보관의 이용 목적으로 '도서 및 논문 대여'라고 답한

학생이 전체 학생의 30.8%로 가장 많았다. 그 뒤를 이어 'DVD 관람', 'PC 사용', '열람실 이용'이라고 답한 학생이 각각 26.0%, 23.0%, 20.2%였다. 학년별로 보면 1학년과 2학년은 3학년에 비해서 '도서 및 논문 대여'라고 답한 학생이 더 많은 반면, 3학년은 1학년과 2학년에 비해서 'DVD 관람'이라고 답한 학생이 더 많았다. 성별로 보면 남학생은 여학생에 비해서 '도서 및 논문 대여'라고 답한 학생이 더 많은 반면, 여학생은 남학생에 비해서 'DVD 관람', 'PC 사용'이라고 답한 학생이 더 많았다.

<표 17-5> 학술정보관을 이용하는 목적에 대한 교차분석 결과(%)

배경 변수	항 목	열람실 이용	DVD 관람	도서 및 논문 대여	PC 사용	합 계
학 년	1학년	23.3	25.7	28.1	22.9	100
	2학년	16.7	21.7	36.7	25.0	100
	3학년	20.0	30.0	28.6	21.4	100
성 별	남학생	20.3	25.0	32.7	22.0	100
	여학생	20.0	27.0	29.0	24.0	100
전 체		20.2	26.0	30.8	23.0	100

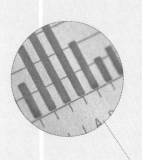

제6부

평균의 비교

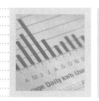

제**18**장
집단별 평균과 표준편차 구하기

'성취도는 남녀 또는 지역에 따라서 차이가 있는가?', '쌍둥이의 지능은 형제 또는 자매 간에 차이가 있는가?', '입학 당시의 성취도를 통제하였을 때 성취도는 지역 간에 차이가 있는가?', '교수방법이 성취도에 미치는 영향은 성에 따라서 차이가 있는가?' 등과 같이 종속변수가 양적인 자료인 경우 이를 어떻게 분석할 것인가?

<표 18-1>은 실험설계에 따른 분석방법 및 분석 상황을 요약한 것이다. 또한

<표 18-1> 실험설계에 따른 분석방법 및 분석 상황 (제19장~제24장 참조)

실험설계	분석방법	분석 상황
단일집단 전후검사설계	대응표본 t검정	반복측정이 2회일 때
	반복측정 분산분석	반복측정이 3회 이상일 때
사후검사 통제집단설계	독립표본 t검정	비교집단이 2개일 때
	무선배치 분산분석	비교집단이 3개 이상일 때
이질집단 전후검사설계	독립표본 t검정	비교집단이 2개이면서 사전검사가 비교집단에서 동질할 때
	무선배치 분산분석	비교집단이 3개 이상이면서 사전검사가 비교집단에서 동질할 때
	공분산분석 혼합설계	비교집단이 2개 이상이면서 사전검사가 비교집단에서 동질하지 않을 때
요인설계	이원분산분석	독립변수가 2개이면서 범주형 변수일 때
	삼원분산분석	독립변수가 3개이면서 범주형 변수일 때

<표 18-2>는 표본의 크기가 매우 적은 경우에 적용해야 할 비모수적 통계방법을 정리한 것이다.

<표 18-2> 비모수적 통계방법 〔임인재, 김신영, 박현정(2000) 참조〕

모수적 통계방법	비모수적 통계방법
대응표본 t검정	Wilcoxon 검정
반복측정 분산분석	Friedman 검정
독립표본 t검정	Mann-Whitney U검정
무선배치 분산분석	Kruskal-Wallis 검정

이 장에서는 독립표본 t검정, 대응표본 t검정, 무선배치 분산분석, 반복측정 분산분석, 공분산분석, 이원분산분석 등과 관련하여 집단별 평균과 표준편차를 효율적으로 구하여 표로 제시하는 방법을 다루고자 한다. 분석에 이용할 데이터는 다음과 같다.

[분석 데이터 및 변수 설명]

• 분석 데이터: 집단별평균구하기.sav (연습용 파일)

◆ 변수 설명

　-gender: 1은 남학생, 2는 여학생

　-treat: 1은 실험집단, 2는 통제집단

　-전자아존중감, 전교우관계, 전총점: 사전검사의 자아존중감, 교우관계 및 총점

　-후자아존중감, 후교우관계, 후총점: 사후검사의 자아존중감, 교우관계 및 총점

① 평균과 표준편차 제시방법 1

1) 분석 상황

1개의 독립변수의 각 조건에 대한 종속변수의 평균과 표준편차를 구하는 상황, 즉 t 검정 또는 일원분산분석 상황이다.

2) 분석의 예

'집단별평균구하기.sav'를 이용하여 실험집단과 통제집단의 사후검사 자아존중감, 사후검사 교우관계, 사후검사 총점의 평균과 표준편차를 구하시오.

(1) 분석 절차

◆ '분석' 메뉴

　✔ '표' ⇨ '기초적 통계표'

　✔ 후자아존중감, 후교우관계, 후총점을 '요약변수'로, 실험집단과 통제집단을 구분하는 변수인 treat를 '세로방향'으로 보낸다.

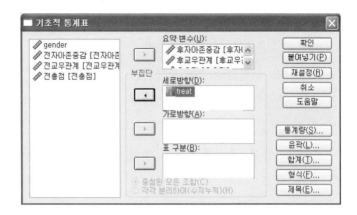

※ 세로방향과 가로방향의 차이

세로방향			빈도	평균	표준편차
	후자아존중감	실험집단	30	3.99	.41
		통제집단	30	3.40	.43
	후교우관계	실험집단	30	3.80	.34
		통제집단	30	3.36	.38
	후총점	실험집단	30	3.90	.34
		통제집단	30	3.38	.33

가로방향	실험집단			통제집단		
	빈도	평균	표준편차	빈도	평균	표준편차
후자아존중감	30	3.99	.41	30	3.40	.43
후교우관계	30	3.80	.34	30	3.36	.38
후총점	30	3.90	.34	30	3.38	.33

• '통계량': 구하려는 기술통계치(예, 평균, 표준편차 등)를 지정하는 곳

　✔ '빈도' 선택 ⇨ '추가' 클릭

　✔ '평균' 선택

　✔ 평균을 '3.47'과 같이 괄호 없이 소수 둘째 자리까지 구하려면, '형식'에서 'ddd.dd'를 선택하고, 자리수를 '소수점이하자리'에 '2'를 입력 ⇨ '추가' 클릭

　✔ '표준편차' 선택

　✔ 표준편차를 '1.35'와 같이 괄호 없이 소수 둘째 자리까지 구하려면, '형식'에서 'ddd.dd'를 선택하고 자리수를 '소수점이하자리'에 '2'를 입력 ⇨ '추가' ⇨ '계속'

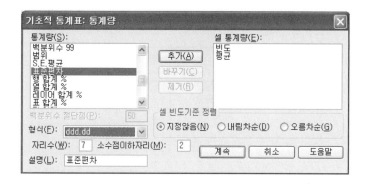

- '윤곽': 산출하려는 표의 모양을 지정하는 곳
  ✔ '요약 변수 설명'은 '왼쪽 아래방향에'를 선택
  ✔ '통계량 설명'은 '상단의 가로방향에'를 선택
  ✔ '요약 변수 차원내의 집단들'은 '각 요약변수하에서 모든 집단'을 선택 ⇨ '계속'

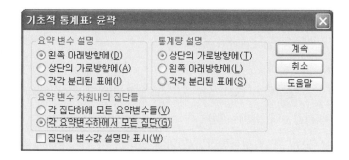

※ 요약 변수 설명

왼쪽 아래방향에	후자아존중감	실험집단	빈도	평균	표준편차
	후자아존중감	실험집단	30	3.99	.41
		통제집단	30	3.40	.43
	후교우관계	실험집단	30	3.80	.34
		통제집단	30	3.36	.38
	후총점	실험집단	30	3.90	.34
		통제집단	30	3.38	.33

상단의 가로방향에		후자아존중감			후교우관계			후총점		
		빈도	평균	표준편차	빈도	평균	표준편차	빈도	평균	표준편차
	실험집단	30	3.99	.41	30	3.80	.34	30	3.90	.34
	통제집단	30	3.40	.43	30	3.36	.38	30	3.38	.33

※ 통계량 설명

상단의 가로방향에	실험집단		30	3.99	.41
왼쪽 아래방향에	실험집단	빈도		30	
		평균		3.99	
		표준편차		.41	

※ 요약 변수 차원내의 집단들

각 집단하에 모든 요약변수들			빈도	평균	표준편차
	실험집단	후자아존중감	30	3.99	.41
		후교우관계	30	3.80	.34
		후총점	30	3.90	.34
	통제집단	후자아존중감	30	3.40	.43
		후교우관계	30	3.36	.38
		후총점	30	3.38	.33

각 요약변수하에서 모든 집단			빈도	평균	표준편차
	후자아존중감	실험집단	30	3.99	.41
		통제집단	30	3.40	.43
	후교우관계	실험집단	30	3.80	.34
		통제집단	30	3.36	.38
	후총점	실험집단	30	3.90	.34
		통제집단	30	3.38	.33

◆ '명령문'으로 분석하기

✔ '붙여넣기' 선택

※ 붙여넣기 대신 '확인'을 선택하면 명령문 없이 분석이 완료된다.

✔ 명령문의 '실행' 메뉴

✔ '모두' 또는 실행하려는 영역에 블록을 지정한 상태에서 '선택영역' 선택

```
* Basic Tables.
TABLES
/FORMAT BLANK MISSING('.')
/OBSERVATION 후자아존중감 후교우관계 후총점
/TABLES (후자아존중감 + 후교우관계 + 후총점) > treat
BY (STATISTICS)
/STATISTICS
count( ( F5.0 ))
mean( ( F7.2 ))
stddev( ( F7.2 )).
```

(2) 분석 결과

		빈도	평균	표준편차
후자아존중감	실험집단	30	3.99	.41
	통제집단	30	3.40	.43
후교우관계	실험집단	30	3.80	.34
	통제집단	30	3.36	.38
후총점	실험집단	30	3.90	.34
	통제집단	30	3.38	.33

(3) 보고서 제시

<표 18-3> 세 가지 종속변수에 대한 실험집단과 통제집단별 기술통계 결과

종속변수	집 단	N	M	SD
사후 자아존중감	실험집단	30	3.99	.41
	통제집단	30	3.40	.43
사후 교우관계	실험집단	30	3.80	.34
	통제집단	30	3.36	.38
사후 총점	실험집단	30	3.90	.34
	통제집단	30	3.38	.33

② 평균과 표준편차 제시방법 2

1) 분석 상황

종속변수가 1개인 이질집단 전후검사설계에서 평균과 표준편차를 구하는 상황, 즉 공분산분석 상황이다.

2) 분석의 예

'집단별평균구하기.sav'를 이용하여 사전검사 총점과 사후검사 총점에 대한 실험집단과 통제집단별 평균과 표준편차를 구하시오.

(1) 분석 절차

- '분석' 메뉴
  - ✔ '표' ⇨ '기초적 통계표'
  - ✔ 전총점, 후총점을 '요약 변수'로, 실험집단과 통제집단을 구분하는 변수인 treat를 '세로방향'으로 보낸다.

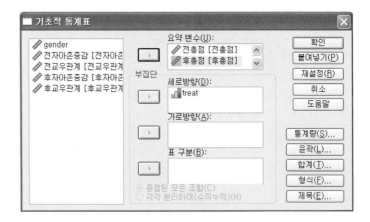

※ 세로방향과 가로방향의 차이는 제6부 제18장의 ❶ 참조

- '통계량': 구하려는 기술통계치(예, 평균, 표준편차 등)를 지정하는 곳
  - ✔ '빈도' 선택 ⇨ '추가' 클릭
  - ✔ '평균' 선택
  - ✔ 평균을 '3.47'과 같이 괄호 없이 소수 둘째 자리까지 구하려면, '형식'에서 'ddd.dd'를 선택하고, 자리수를 '소수점이하자리'에 '2'를 입력 ⇨ '추가' 클릭
  - ✔ '표준편차' 선택
  - ✔ 표준편차를 '1.35'와 같이 괄호 없이 소수 둘째 자리까지 구하려면, '형식'에서 'ddd.dd'를 선택하고 자리수를 '소수점이하자리'에 '2'를 입력 ⇨ '추가' ⇨ '계속'

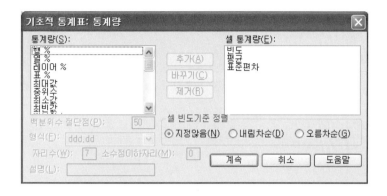

- '윤곽': 산출하려는 표의 모양을 지정하는 곳

  ✔ '요약 변수 설명'은 '상단의 가로방향에'를 선택

  ✔ '통계량 설명'은 '상단의 가로방향에'를 선택 ⇨ '계속'

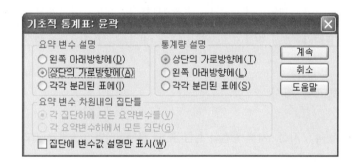

  ※ '요약 변수 설명'과 '통계량 설명': 제6부 제18장의 ❶ 참조

- '명령문'으로 분석하는 방법

  ✔ '붙여넣기' 선택

    ※ 붙여넣기 대신 '확인'을 선택하면 명령문 없이 분석이 완료된다.

  ✔ 명령문의 '실행' 메뉴

  ✔ '모두' 또는 실행하고자 하는 영역에 블록을 입힌 상태에서 '선택영역' 선택

```
* Basic Tables.
TABLES
/FORMAT BLANK MISSING('.')
/OBSERVATION 전총점 후총점
/TABLES treat
BY (전총점 + 후총점)
/STATISTICS
count( ( F5.0 ))
mean( ( F7.2 ))
stddev( ( F7.2 )).
```

(2) 분석 결과

	전총점			후총점		
	빈도	평균	표준편차	빈도	평균	표준편차
실험집단	30	2.87	.31	30	3.90	.34
통제집단	30	3.32	.31	30	3.38	.33

(3) 보고서 제시

<표 18-4> 사전 · 사후 총점의 실험집단과 통제집단별 기술통계 결과

집 단	사전검사			사후검사		
	N	M	SD	N	M	SD
실험집단	30	2.87	.31	30	3.90	.34
통제집단	30	3.32	.31	30	3.38	.33

③ 평균과 표준편차 제시방법 3

1) 분석 상황

종속변수가 여러 개인 이질집단 전후검사설계에서 평균과 표준편차를 구하는 상황, 즉 공분산분석 상황이다.

2) 분석의 예

'집단별평균구하기.sav'를 이용하여 사전 · 사후검사 자아존중감, 사전 · 사후검사 교우관계, 사전 · 사후검사 총점에 대한 실험집단과 통제집단별 평균과 표준편차를 구하시오.

(1) 1단계 분석 절차: 사전검사에 대한 기술통계치 구하기

- '분석' 메뉴
  - ✔ '표' ⇨ '기초적 통계표'
  - ✔ 전자아존중감, 전교우관계, 전총점을 '요약변수'로, 실험집단과 통제집단을 구분하는 변수인 treat를 '세로방향'으로 보낸다.

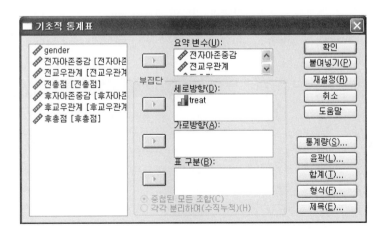

※ 세로방향과 가로방향의 차이: 제6부 제18장의 ❶ 참조

- • '통계량': 구하려는 기술통계치(예, 평균, 표준편차 등)를 지정하는 곳
  - ✔ '빈도' 선택 ⇨ '추가' 클릭
  - ✔ '평균' 선택
  - ✔ 평균을 '3.47'과 같이 괄호 없이 소수 둘째 자리까지 구하려면, '형식'에서 'ddd.dd'를 선택하고, 자리수를 '소수점이하자리'에 '2'를 입력 ⇨ '추가' 클릭
  - ✔ '표준편차' 선택
  - ✔ 표준편차를 '1.35'와 같이 괄호 없이 소수 둘째 자리까지 구하려면, '형식'에서 'ddd.dd'를 선택하고 자리수를 '소수점이하자리'에 '2'를 입력 ⇨ '추가' ⇨ '계속'

- • '윤곽': 산출하려는 표의 모양을 지정하는 곳
  - ✔ '요약 변수 설명'은 '왼쪽 아래방향에'를 선택
  - ✔ '통계량 설명'은 '상단의 가로방향에'를 선택
  - ✔ 요약 변수 차원내의 집단들은 '각 요약변수하에서 모든 집단'을 선택 ⇨ '계속'

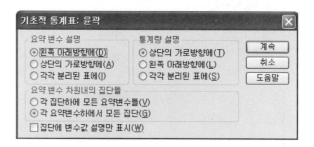

※ '요약 변수 설명', '통계량 설명', '요약 변수 차원내의 집단들': 제6부 제18장의 ❶ 참조

(2) 2단계 분석 절차: 사후검사에 대한 기술통계치 구하기

2단계는 1단계 분석 절차에서 구한 명령문으로 사후검사에 대한 기술통계치를 구하는 과정이다.

- ✔ 1단계 분석 절차 마지막 단계에서 '붙여넣기' 클릭하면 사전검사에 대한 기술통계치를 구하는 명령문이 생성됨
- ✔ 명령문 분석 프로그램을 한 번 복사함
- ✔ 복사한 명령문 분석 프로그램에서 '전자아존중감'을 '후자아존중감'으로, '전교우관계'를 '후교우관계'로, '전총점'을 '후총점'으로 변경함
- ✔ '명령문 분석' 창에서 '실행' 메뉴
- ✔ '모두' 또는 실행하려는 영역에 블록을 지정한 상태에서 '선택영역' 선택

```
**사전검사에 대한 기술통계치 분석프로그램.
* Basic Tables.
TABLES
/FORMAT BLANK MISSING('.')
/OBSERVATION 전자아존중감 전교우관계 전총점
/TABLES (전자아존중감 + 전교우관계 + 전총점) > treat
BY (STATISTICS)
/STATISTICS
count( ( F5.0 ))
mean( ( F7.2 ))
stddev( ( F7.2 )).


**사후검사에 대한 기술통계치 분석프로그램.
* Basic Tables.
TABLES
/FORMAT BLANK MISSING('.')
/OBSERVATION 후자아존중감 후교우관계 후총점
/TABLES (후자아존중감 + 후교우관계 + 후총점) > treat
BY (STATISTICS)
/STATISTICS
count( ( F5.0 ))
mean( ( F7.2 ))
stddev( ( F7.2 )).
```

(3) 분석 결과

		빈도	평균	표준편차
전자아존중감	실험집단	30	2.92	.49
	통제집단	30	3.28	.49
전교우관계	실험집단	30	2.82	.37
	통제집단	30	3.35	.43
전총점	실험집단	30	2.87	.31
	통제집단	30	3.32	.31

		빈도	평균	표준편차
후자아존중감	실험집단	30	3.99	.41
	통제집단	30	3.40	.43
후교우관계	실험집단	30	3.80	.34
	통제집단	30	3.36	.38
후총점	실험집단	30	3.90	.34
	통제집단	30	3.38	.33

(4) 보고서 제시

<표 18-5> 사전 · 사후 세 가지 종속변수의 실험집단과 통제집단별 기술통계 결과

종속변수	집단	사전검사			사후검사		
		N	M	SD	N	M	SD
자아존중감	실험집단	30	2.92	.49	30	3.99	.41
	통제집단	30	3.28	.49	30	3.40	.43
교우관계	실험집단	30	2.82	.37	30	3.80	.34
	통제집단	30	3.35	.43	30	3.36	.38
총 점	실험집단	30	2.87	.31	30	3.90	.34
	통제집단	30	3.32	.31	30	3.38	.33

④ 평균과 표준편차 제시방법 4

1) 분석 상황

요인설계에서 두 개의 범주형 변수에 따른 여러 개의 종속변수에 대한 평균과 표준편차를 구하는 상황, 즉 이원분산분석 상황이다.

2) 분석의 예

'집단별평균구하기.sav'를 이용하여 사후검사 자아존중감, 사후검사 교우관계, 사후검사 총점에 대한 실험집단과 통제집단별 남녀별 평균과 표준편차를 구하시오.

(1) 분석 절차

- '분석' 메뉴
  - ✔ '표' ⇨ '기초적 통계표'
  - ✔ 후자아존중감, 후교우관계, 후총점을 '요약 변수'로, 실험집단과 통제집단을 구분하는 변수인 treat를 '세로방향', 남녀를 구분하는 변수인 gender을 '가로방향'으로 보낸다.

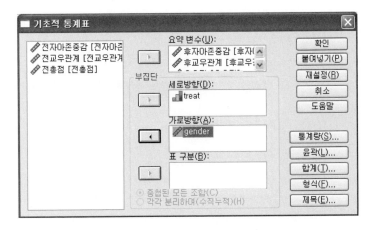

※ 세로방향과 가로방향의 차이: 제6부 제18장의 ❶ 참조

• '통계량': 구하려는 기술통계치(예, 평균, 표준편차 등)를 지정하는 곳

  ✔ '빈도' 선택 ⇨ '추가' 클릭

  ✔ '평균' 선택

  ✔ 평균을 '3.47'과 같이 괄호 없이 소수 둘째 자리까지 구하려면, '형식'에서 'ddd.dd'를 선택하고, 자리수를 '소수점이하자리'에 '2'를 입력 ⇨ '추가' 클릭

  ✔ '표준편차' 선택

  ✔ 표준편차를 '1.35'와 같이 괄호 없이 소수 둘째 자리까지 구하려면, '형식'에서 'ddd.dd'를 선택하고 자리수를 '소수점이하자리'에 '2'를 입력 ⇨ '추가' ⇨ '계속'

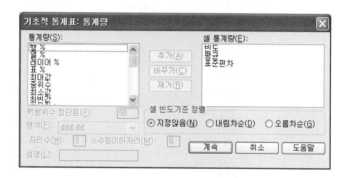

• '윤곽': 산출하려는 표의 모양을 지정하는 곳

  ✔ '요약 변수 설명'은 '왼쪽 아래방향에'를 선택

  ✔ '통계량 설명'은 '상단의 가로방향에'를 선택

  ✔ '요약 변수 차원내의 집단들'은 '각 요약변수하에서 모든 집단'을 선택 ⇨ '계속'

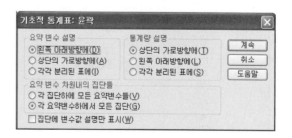

※ '요약 변수 설명', '통계량 설명', '요약 변수 차원내의 집단들': 제6부 제18장의 ❶ 참조

- '명령문'으로 분석하는 방법

  ✔ '붙여넣기' 선택

  ※ 붙여넣기 대신 '확인'을 선택하면 명령문 없이 분석이 완료된다.

  ✔ 명령문의 '실행' 메뉴

  ✔ '모두' 또는 실행하려는 영역에 블록을 지정한 상태에서 '선택영역' 선택

```
*  Basic Tables.
TABLES
/FORMAT BLANK MISSING('.')
/OBSERVATION 후자아존중감 후교우관계 후총점
/TABLES (후자아존중감 + 후교우관계 + 후총점) > treat
BY gender > (STATISTICS)
/STATISTICS
count( ( F5.0 ))
mean( ( F7.2 ))
stddev( ( F7.2 )).
```

(2) 분석 결과

- 분석 결과 1: 집단 합계가 없는 경우

		남학생			여학생		
		빈도	평균	표준편차	빈도	평균	표준편차
후자아존중감	실험집단	15	3.99	.35	15	4.00	.48
	통제집단	15	3.41	.51	15	3.39	.35
후교우관계	실험집단	15	3.82	.23	15	3.78	.43
	통제집단	15	3.32	.37	15	3.40	.40
후총점	실험집단	15	3.91	.22	15	3.89	.43
	통제집단	15	3.36	.37	15	3.39	.30

※ '집단 합계'를 구할 경우, 즉 남녀 구분 없이 실험집단과 통제집단의 평균과 표준편차를 구하거나 실험집단과 통제집단의 구분 없이 남녀별 평균과 표준 편차를 구할 경우에는 다음을 추가한다.

✔ '기초적 통계표'의 '합계' 클릭 ⇨ '각 집단변수의 합계' 선택 ⇨ '계속' ⇨ '확인'

기초적 통계표: 합계

☑ 각 집단변수의 합계(T)
설명(L): 집단 합계
☐ 표-주변합계 (결측집단 데이터 무시)(M)
설명(A): 표 합계

[계속] [취소] [도움말]

• 분석 결과 2: 집단 합계가 있는 경우

		남학생			여학생			집단 합계		
		빈도	평균	표준편차	빈도	평균	표준편차	빈도	평균	표준편차
후자아존중감	실험집단	15	3.99	.35	15	4.00	.48	30	3.99	.41
	통제집단	15	3.41	.51	15	3.39	.35	30	3.40	.43
	집단합계	30	3.70	.52	30	3.69	.51	60	3.70	.51
후교우관계	실험집단	15	3.82	.23	15	3.78	.43	30	3.80	.34
	통제집단	15	3.32	.37	15	3.40	.40	30	3.36	.38
	집단합계	30	3.57	.40	30	3.59	.45	60	3.58	.42
후총점	실험집단	15	3.91	.22	15	3.89	.43	30	3.90	.34
	통제집단	15	3.36	.37	15	3.39	.30	30	3.38	.33
	집단합계	30	3.63	.41	30	3.64	.44	60	3.64	.42

(3) 보고서 제시

• 보고서 제시 1: 집단 합계가 없는 경우

<표 18-6> 성과 처치여부에 따른 세 가지 종속변수의 기술통계 결과

변 수	집 단	남학생			여학생		
		N	M	SD	N	M	SD
사후 자아존중감	실험집단	15	3.99	.35	15	4.00	.48
	통제집단	15	3.41	.51	15	3.39	.35
사후 교우관계	실험집단	15	3.82	.23	15	3.78	.43
	통제집단	15	3.32	.37	15	3.40	.40
사후 총점	실험집단	15	3.91	.22	15	3.89	.43
	통제집단	15	3.36	.37	15	3.39	.30

• 보고서 제시 2: 집단 합계가 있는 경우

<표 18-7> 성과 처치여부에 따른 세 종속변수의 기술통계 결과

변 수	집 단	남학생			여학생			전 체		
		N	M	SD	N	M	SD	N	M	SD
사후 자아존중감	실험집단	15	3.99	.35	15	4.00	.48	30	3.99	.41
	통제집단	15	3.41	.51	15	3.39	.35	30	3.40	.43
	전 체	30	3.70	.52	30	3.69	.51	60	3.70	.51
사후 교우관계	실험집단	15	3.82	.23	15	3.78	.43	30	3.80	.34
	통제집단	15	3.32	.37	15	3.40	.40	30	3.36	.38
	전 체	30	3.57	.40	30	3.59	.45	60	3.58	.42
사후 총점	실험집단	15	3.91	.22	15	3.89	.43	30	3.90	.34
	통제집단	15	3.36	.37	15	3.39	.30	30	3.38	.33
	전 체	30	3.63	.41	30	3.64	.44	60	3.64	.42

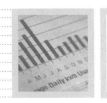

제**19**장
독립표본 t 검정

두 집단의 평균이 통계적으로 유의미한 차이가 있는지를 검정하는 데 일반적으로 t 검정을 이용한다. 특히, 비교할 두 집단이 독립적(무선배치설계)인지 종속적(반복측정설계)인지에 따라서 t 검정은 '독립표본 t 검정(independent samples t-test)'과 '대응표본 t 검정(paired samples t-test)'으로 나눌 수 있다.

이들은 모두 전집의 정규성(normality)을 가정할 수 있어야 한다는 공통점이 있다. 그렇지 않으면 비모수적 통계방법을 이용해야 한다. 특히, 두 전집의 분산이 같다고 할 수 없는 경우 두 집단의 표집수를 동일하게 하거나 각 집단별 표집수가 15 이상이 되도록 하는 것이 좋다.

❶ 독립표본 t 검정의 기본 원리

독립표본 t 검정은 두 전집에서 독립적으로 추출된 표본을 이용하여 특정 변수의 평균이 집단 간에 통계적으로 유의미한 차이가 있는지 검정하는 분석방법이다. 독립표본 t 검정에서는 일반적으로 각 처치조건별 전집의 분산이 동일한 경우와 그렇지 않은 경우를 구분하여 검정통계량이 제공된다.

1) 등분산성이 있는 경우

전집의 분산이 동일하다고 가정할 수 있는 경우, 두 표본에서 얻은 분산인 s_1^2과 s_2^2를 통합하여 전집의 분산을 먼저 추정한다. 전집의 분산 추정치 $\widehat{\sigma_p^2}$는 다음과 같이 구한다.

$$\widehat{\sigma_p^2} = \frac{n_1 s_1^2 + n_2 s_2^2}{n_1 + n_2 - 2} \quad \left(\text{단, } s_1^2 = \frac{\sum\limits_{i=1}^{n_1} x_i^2}{n_1}, \quad s_2^2 = \frac{\sum\limits_{i=1}^{n_2} x_i^2}{n_2} \right)$$

(단, n_1과 n_2는 각각 두 전집에서 추출된 표본의 수)

비교하려는 두 집단의 전집 분산이 동일하고 집단 간 평균이 동일하다는 가정하에 다음의 표집분포는 자유도가 $n_1 + n_2 - 2$인 t분포를 따른다는 것을 수학적으로 증명할 수 있다.

$$\frac{(\overline{X_1} - \overline{X_2}) - (\mu_1 - \mu_2)}{\sqrt{\dfrac{\widehat{\sigma_p^2}}{n_1} + \dfrac{\widehat{\sigma_p^2}}{n_2}}} \sim t(n_1 + n_2 - 2)$$

이때 연구자가 실제로 수집한 표본에서 구한, 검정통계량 t 값이 표집분포에서 어디에 위치하는지를 근거로 원가설의 기각 여부를 판정하게 된다. 원가설을 기각할 수 있다는 것은 두 집단의 평균이 통계적으로 유의미한 차이가 있음을 의미한다.

2) 등분산성이 없는 경우

두 전집의 분산이 동일하다고 가정할 수 없는 경우에는, '두 표본평균의 차 $(\overline{X_1} - \overline{X_2})$들의 전집에서의 분산$(\widehat{\sigma_{\overline{X_1} - \overline{X_2}}^2})$'을 추정할 때, s_1^2과 s_2^2을 통합하여 추정하지 않고, 다음과 같이 각 집단에서의 전집의 분산을 먼저 추정한 다음 이들을 합한 값으로 전집에서의 분산$(\widehat{\sigma_{\overline{X_1} - \overline{X_2}}^2})$을 추정한다.

$$\widehat{\sigma^2_{\overline{X_1} - \overline{X_2}}} = \frac{\widehat{\sigma^2_1}}{n_1} + \frac{\widehat{\sigma^2_2}}{n_2} = \frac{s^2_1}{n_1 - 1} + \frac{s^2_2}{n_2 - 1}$$

이때 전집의 집단 간 평균이 동일하다는 가정하에 다음의 표집분포는 t분포를 따른다는 것을 수학적으로 증명할 수 있다. 이때의 자유도는 $n_1 + n_2 - 2$가 아니라, Welch(1938)의 공식 혹은 Aspen(1949)의 공식을 따르는 것으로 알려져 있다(임인재, 1987 재인용).

$$\frac{(\overline{X_1} - \overline{X_2}) - (\mu_1 - \mu_2)}{\widehat{\sigma_{\overline{X_1} - \overline{X_2}}}} = \frac{(\overline{X_1} - \overline{X_2}) - (\mu_1 - \mu_2)}{\sqrt{\dfrac{s^2_1}{n_1 - 1} + \dfrac{s^2_2}{n_2 - 1}}} \sim t(v)$$

$$\left(단, \ v = \frac{(\widehat{\sigma^2_{\overline{X_1}}} + \widehat{\sigma^2_{\overline{X_2}}})^2}{(\widehat{\sigma^2_{\overline{X_1}}})^2 / (n_1 + 1) + (\widehat{\sigma^2_{\overline{X_2}}})^2 / (n_2 + 1)} - 2 \right)$$

그리고 연구자가 실제로 수집한 표본에서 구한, 검정통계량 t값이 표집분포에서 어디에 위치하는지를 근거로 원가설의 기각 여부를 판정하게 된다. 원가설을 기각할 수 있다는 것은 두 집단의 평균이 통계적으로 유의미한 차이가 있음을 의미한다.

요컨대, 독립표본 t검정은 두 전집에서 각각 독립적으로 추출한 표본을 이용하여, 특정 변수의 평균이 집단 간에 통계적으로 유의미한 차이가 있는지를 검정하는 방법이다. 이를 위해서는 먼저, 두 전집의 분산이 동일하다고 할 수 있는지를 확인해야 한다. 그리고 그 동일 여부에 따라서 적합한 검정통계량을 활용하여 집단 간 평균 차이를 검정해야 한다.

보충학습

등분산성 검정

처치조건별 전집의 등분산성을 검정하는 통계량으로는 여러 가지가 있으나, 그중에서 레빈(Levene)의 검정통계량이 가장 보편적으로 사용되고 있다. 레빈의 검정통계량은 처치조건별 전집의 분산이 동일하다고 할 수 있는가를 검정할 수 있는 값으로, '전집에서의 집단별 분산은 동일하다.'를 원가설로 하고 있다. 검정통계량으로는 F값이 제시된다.

이때 분자의 자유도는 '집단 수−1'이고 분모의 자유도는 '피험자 수−집단 수'다. 레빈의 검정통계량은 각 처치집단별로 편차점수의 절대값을 계산한 다음, 이 값을 이용하여 분산분석을 적용한 것이다. 즉, 비교하려는 표본의 변수를 X_{ij}(단, i는 피험자, j는 집단)라 할 때 다음을 먼저 구한다.

$$Y_{ij} = |X_{ij} - \overline{X_j}| \; (\text{단, } \overline{X_j} \text{는 } j \text{집단의 평균})$$

그리고 Y_{ij}(단, i는 피험자, j는 집단)에 대해 분산분석을 적용한 것이 레빈의 검정 통계량이다. 레빈의 검정통계량이 원가설을 기각할 수 있는 정도라면, J개의 전집의 분산은 동일하다고 할 수 없다.

3) t검정의 기본 가정

t검정을 적용할 수 있기 위한 기본 가정은 다음과 같다.

첫째, 각 처치조건별 전집은 정규분포를 따른다는 가정을 할 수 있어야 한다. 정규분포를 가정할 수 없는 경우 각 처치조건별 표본의 크기가 20보다 크거나, 각 처치조건별 전집의 분포가 유사한 모양을 이룬다는 조건이 필요하다.

둘째, 각 처치조건별 표본의 크기는 적어도 15정도는 될 필요가 있다.

셋째, 모든 표본은 무선적이고 상호 독립적이어야 한다. 이는 집단 내에서나 집단 간의 모든 표본은 상호 독립적이어야 함을 의미한다. 다만, 동일한 표본에 두 가지의 처치조건을 이용한 경우에는 대응표본 t검정으로 분석이 가능하다.

2 독립표본 t검정의 예

독립표본 t검정에서는 두 전집에서 독립적으로 추출된 표본이 이용된다. 여기서 '독립적'이라는 것은 한 전집에서 하나의 사례를 선택한 것이 다른 전집에서의 사례를 선택하는 것에 영향을 미치지 않음을 의미한다. 예컨대, 성별에 따라 자아존중감이 차이가 있는지를 알아보기 위해서 남녀 두 개의 집단을 구성하는 경우는 남학생 중에서 한 명을 선택하는 것이 여학생 중의 한 명을 선택하는 것에는 영향을 주지 않기 때문에 성별에 따른 자아존중감의 차이를 분석하는 것은 독립표본 t검정에 해당한다. 독립표본 t검정에서는 두 집단의 표본 크기가 동일하지 않아도 무방하다.

1) 분석 과제와 연구가설

(1) 분석 과제

수학에 대한 태도에 긍정적인 영향을 줄 것으로 예상되는 교수방법 A를 개발하였다. 이에 대한 효과를 검정하기 위해서 기존의 교수방법(교수방법 B)과 비교하고자 한다. 이를 위해 먼저, 두 가지 교수방법에 각각 15명을 무선배치하여 수학에 대한 태도를 미리 측정하였다. 그리고 두 가지 교수방법을 일정 기간 적용한 후, 수학에 대한 태도를 다시 한 번 측정하였다. 교수방법 A가 수학에 대한 태도에 긍정적인 효과가 있다고 할 수 있는지 평가하시오.

(2) 연구가설

수학을 대하는 태도에 대한 효과는 교수방법 A와 교수방법 B 간에 차이가 있을 것이다.

※ 연구설계: 전후검사 통제집단설계

$$
\begin{array}{cccc}
R & O_1 & X & O_2 \\
R & O_3 & & O_4 \\
\end{array}
$$

※ 연구대상: 교수방법 A를 적용한 실험집단과 교수방법 B를 적용한 통제집단
각각 15명

2) 코딩방식 및 분석 데이터

- 코딩방식: 성(1 : 남학생, 2 : 여학생), 처치여부(1 : 실험집단, 2 : 통제집단), 사전 수학에 대한 태도, 사후 수학에 대한 태도를 차례로 입력한다. 이때 한 피험자에 대한 반응은 하나의 행에 입력해야 한다.
- 분석 데이터: 전후검사통제집단설계.sav (연습용 파일)

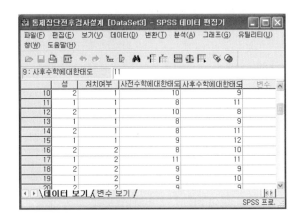

3) 분석 절차

(1) 1단계 : 집단별 평균과 표준편차 구하기

- 본 교재의 제6부 제18장의 ❷ 부분 참조

(2) 2단계 : 't값'과 'p값' 구하기

- '분석' 메뉴
  ✔ '평균 비교' ⇨ '독립표본 t검정'
  ✔ 종속변수를 '검정변수'로 이동: 여러 개의 종속변수를 한꺼번에 처리할 수 있음
  ✔ 집단구분변수를 '집단변수'로 이동

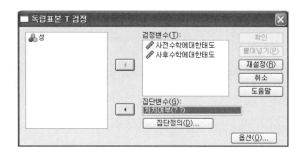

✓ '집단정의' 클릭 ⇨ 집단을 구분하는 숫자를 입력 ⇨ '계속' ⇨ '확인'

4) 분석 결과

집단통계량

	처치여부	N	평균	표준편차	평균의 표준오차
사전수학에대한태도	실험집단	15	9.33	1.345	.347
	통제집단	15	8.73	.884	.228
사후수학에대한태도	실험집단	15	10.20	1.373	.355
	통제집단	15	9.13	1.125	.291

독립표본 검정

		Levene의 등분산 검정		평균의 동일성에 대한 t-검정					차이의 95% 신뢰구간	
		F	유의확률	t	자유도	유의확률 (양쪽)	평균차	차이의 표준오차	하한	상한
사전수학에대한태도	등분산이 가정됨	5.061	.033	1.444	28	.160	.600	.416	-.251	1.451
	등분산이 가정되지 않음			1.444	24.187	.162	.600	.416	-.257	1.457
사후수학에대한태도	등분산이 가정됨	.691	.413	2.327	28	.027	1.067	.458	.128	2.006
	등분산이 가정되지 않음			2.327	26.960	.028	1.067	.458	.126	2.007

5) 보고서 제시 및 해석방법

<표 19-1> 수학에 대한 태도의 실험집단과 통제집단 간 등분산성 검정 결과

변 수	F	p
사전 수학에 대한 태도	5.061	.033
사후 수학에 대한 태도	.691	.413

수학에 대한 태도 사전검사 점수의 분산은 실험집단과 통제집단 간에 유의미한 차이가 있었다($F=5.061$, $p<.05$). 그러나 수학에 대한 태도 사후검사 점수의 분산은 실험집단과 통제집단 간에 유의미한 차이가 없었다($F=.691$, $p>.05$). 이는 t 검정을 실시할 때, 사전검사의 경우 등분산성을 가정하지 않는 방법을 선택해야 하고, 사후검사의 경우 등분산성을 가정하는 방법을 선택해야 함을 의미한다.

<표 19-2> 교수방법에 따른 수학에 대한 태도의 평균 차이 검정 결과

교수방법	사전검사			t	p	사후검사			t	p
	N	M	SD			N	M	SD		
교수방법 A	15	9.33	1.35	1.444	.162	15	10.20	1.37	2.327	.027
교수방법 B	15	8.73	.88			15	9.13	1.13		

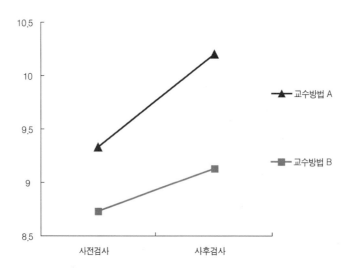

[그림 19-1] 교수방법에 따른 수학에 대한 태도의
사전·사후검사 평균 변화

<표 19-2>와 [그림 19-1] 같이, 교수방법 A를 적용한 실험집단과 교수방법 B를 적용한 통제집단의 처치 이전의 수학에 대한 태도 평균은 각각 9.33점, 8.73점 으로 통계적으로 유의미한 차이가 없었다($t=1.444$, $p>.05$). 이는 처치 이전의 실험집단과 통제집단은 동질하다고 가정할 수 있음을 의미한다.

반면 처치가 끝난 이후의 수학에 대한 태도 평균은 각각 10.20점, 9.13점으로 실험집단이 통제집단에 비해서 더 높았다($t=2.327$, $p<.05$). 두 집단의 수학에 대한 태도가 처치 이전에는 차이가 없었지만 처치 이후에는 실험집단이 통제집단보다 더 높았다는 것은 새로운 교수방법 A가 수학에 대한 태도에 긍정적인 영향을 미치고 있음을 지지해 준다.

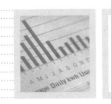

1 대응표본 t 검정의 기본 원리

대응표본 t 검정은 두 전집에서 종속적으로 추출된 표본을 이용하여, 특정 변수의 평균이 집단 간에 통계적으로 유의미한 차이가 있는지를 검정하는 방법이다. 여기서 '종속적'이라는 것은 한 전집에서 하나의 사례를 선택한 것이 다른 전집에서의 사례를 선택하는 것에 영향을 줌을 의미한다. 가장 흔한 예가 반복측정치(repeated measures) 간의 차이를 분석하는 것이다. 예컨대, 동일한 집단을 대상으로 처치하기 전과 처치한 후의 평균 차이를 검정하는 경우라든지, 쌍둥이를 대상으로 첫째와 둘째 간의 지능이 동일하다고 할 수 있는지 검정하는 경우가 여기에 해당한다.

대응표본 t 검정의 원리는 '쌍을 이루고 있는 대상의 점수 차$(X_1 - X_2 = D)$'들의 평균$(\overline{D})$을 이용한 다음의 표집분포는 자유도가 $n-1$(단, n은 비교하려는 쌍의 개수)인 t 분포를 따른다는 것을 이용한다.

$$\frac{\overline{D} - \mu_D}{\dfrac{S_D}{\sqrt{n-1}}} = \frac{\overline{D} - \mu_D}{\dfrac{\widehat{\sigma}_D}{\sqrt{n}}} \sim t(n-1)$$

이때 연구자가 실제로 수집한 표본에서 구한, 검정통계량 t값이 표집분포에서 어디에 위치하는지를 근거로 원가설 $H_o : \mu_D = 0$의 기각 여부를 판정하게 된다. 원가설을 기각할 수 있다는 것은 쌍을 이루는 두 집단의 평균이 통계적으로 유의미한 차이가 있음을 의미한다.

② 대응표본 t검정의 예

대응표본 t검정에서는 쌍으로 추출된 표본이 이용된다. 예컨대, 동일한 집단을 대상으로 처치를 하기 전과 후의 평균 차이를 검정하는 경우는 대응표본 t검정에 해당한다. 대응표본 t검정에서는 두 집단의 표본 크기가 동일하다.

1) 분석 과제와 연구가설

(1) 분석 과제

수학에 대한 태도에 긍정적인 영향을 줄 것으로 예상되는 교수방법 A를 개발하였다. 이에 대한 효과를 검정하기 위해 30명을 무선으로 표집하여 교수방법 A를 적용하기 전과 후의 수학에 대한 태도를 측정하였다. 교수방법 A가 수학에 대한 태도에 긍정적인 효과가 있다고 할 수 있는지 평가하시오.

(2) 연구가설

교수방법 A는 수학에 대한 태도에 영향을 미칠 것이다.

※ 연구설계: 단일집단 전후검사설계

$$O_1 \qquad X \qquad O_2$$

※ 연구대상: 교수방법 A를 적용한 30명

2) 코딩방식 및 분석 데이터

- 코딩방식: 사전 수학에 대한 태도, 사후 수학에 대한 태도를 차례로 입력한
  다. 이때 한 피험자에 대한 반응은 하나의 행에 입력해야 한다.
- 분석 데이터: 단일집단전후검사설계.sav (연습용 파일)

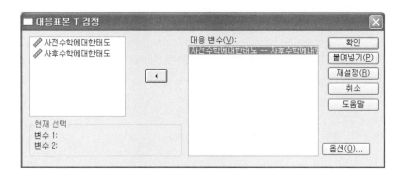

3) 분석 절차

- '분석' 메뉴
  ✔ '평균 비교' ⇨ '대응표본 t검정'
  ✔ '사전수학에대한태도'와 '사후수학에대한태도'를 '대응 변수'로 이동
  ✔ '확인'

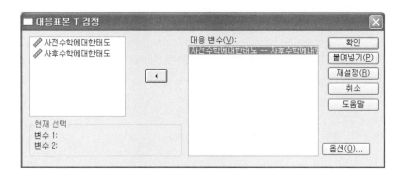

4) 분석 결과

대응표본 통계량

		평균	N	표준편차	평균의 표준오차
대응1	사전수학에대한태도	9.03	30	1.159	.212
	사후수학에대한태도	9.67	30	1.348	.246

대응표본 검정

		대응차					t	자유도	유의확률 (양쪽)
		평균	표준편차	평균의 표준오차	차이의 95% 신뢰구간 하한	상한			
대응1	사전수학에대한태도 - 사후수학에대한태도	-.633	1.351	.247	-1.138	-.129	-2.567	29	.016

5) 보고서 제시 및 해석방법

<표 20-1> 교수방법에 따른 수학에 대한 태도의 기술통계 분석 결과

변 수	N	M	SD
사전 수학에 대한 태도	30	9.033	1.159
사후 수학에 대한 태도	30	9.667	1.348

<표 20-1>과 같이 교수방법 A를 적용하기 전과 적용한 후의 수학에 대한 태도는 각각 그 평균이 9.033에서 9.667로써 약 .633점(소수 4째 이하 자리까지 고려하였을 때) 상승한 것으로 나타났다.

<표 20-2> 사전검사와 사후검사의 차이 점수에 대한 t검정 결과

변 수	M	SD	t	p
사전검사-사후검사	-.633	1.351	-2.567	.016

처치 전후의 수학에 대한 태도의 변화에 대해 대응표본 t검정을 실시한 결과, <표 20-2>와 같이 유의수준 5%에서 통계적으로 유의미한 변화가 있음을 확인할 수 있었다($t = -2.567$, $p < .05$). 이는 새로운 교수방법 A가 수학에 대한 태도에 긍정적인 영향을 미치고 있음을 지지한다.

※ 이때의 원가설은 '처치 전의 수학에 대한 태도에서 처치 후의 수학에 대한 태도를 뺀 값($X_1 - X_2 = D$)의 평균은 0이다($\mu_D = 0$).'가 된다.

세 집단 이상의 평균이 통계적으로 유의미한 차이가 있는지를 검정하는 데 일반적으로 분산분석(analysis of variance, 일명 변량분석, ANOVA)을 이용한다. 평균 차이를 비교함에도 분산이라는 용어를 사용하는 이유는 집단 내 분산에 대한 집단 간 분산의 비율로 집단 간 평균 차이를 검정하기 때문이다.

세 개 이상의 집단 간의 평균이 통계적으로 유의미한 차이가 있는지를 검정할 때, 분산분석 대신에 전통적인 t 검정의 방법을 활용하면 다음과 같은 문제점이 발생한다.

첫째, t 검정은 임의의 두 집단 간의 평균이 통계적으로 유의미한 차이가 있는지에 대한 개별적인 정보만을 줄 뿐이며, 독립변수와 종속변수 간의 관계에 대한 전반적이고 포괄적인 정보를 주지 못한다. 예컨대, 네 가지 교수방법(A, B, C, D)에 따른 수학성취도가 집단 간에 통계적으로 유의미한 차이가 있는지를 보기 위해 $_4C_2(=6)$번의 t 검정을 실시하였다면, 그 결과를 토대로 수학성취도에 대한 네 가지 교수방법의 효과를 포괄적으로 해석할 수 없다.

둘째, 평균 간의 상호 비교를 통해 얻은 여러 번의 t 검정은 서로 독립적인 정보를 주지 못한다. 예컨대, t 검정을 통해서 교수방법 A가 교수방법 B보다 효과적이고, 교수방법 B가 교수방법 C보다 효과적이라면, 추가적인 t 검정을 하지 않더라도 교수방법 A가 교수방법 B보다 효과가 있을 것임을 예측할 수 있다.

셋째, 여러 번에 걸친 t검정 결과 중에서 하나의 의의 있는 t검정 결과를 얻을 가능성은 사전에 정한 유의수준보다 훨씬 더 커지게 된다. 즉, 여러 번의 t검정을 실시하면 원가설(H_0)을 오류로 기각할 가능성인 제1종 오류를 지나치게 높이게 된다. 예컨대, 네 가지 교수방법(A, B, C, D)에 따른 수학성취도가 통계적으로 유의미한 차이가 있는지를 보기 위해 유의수준 5%로 6번의 t검정을 실시하였다면, 이들 6번이 상호 독립적인 비교라 가정하더라도 이 중에서 어느 하나가 통계적으로 유의미한 차이가 있다고 잘못 판단할 오류의 확률은 30%(= 5%×6번)로 높아진다.

분산분석에서는 독립변수가 범주형 변수이고 종속변수는 양적변수다. 특히, 독립변수와 종속변수가 각각 1개일 때를 '일원분산분석(one-way ANOVA)', 독립변수가 2개이고 종속변수 1개일 때를 '이원분산분석(two-way ANOVA)', 독립변수가 2개 이상이면서 종속변수가 1개일 때를 일반적으로 '다원분산분석(multi-way ANOVA)'이라 한다. 그리고 다원분산분석을 위한 실험설계를 '요인설계(factorial design)'라고 하며 종속변수가 2개 이상인 분산분석을 '다변량분산분석(MANOVA; multi-variate ANOVA)'이라고 한다.

비교하려는 집단이 독립적(무선배치설계)인지 종속적(반복측정설계)인지에 따라서 '무선배치 분산분석(ANOVA with random assignments)'과 '반복측정 분산분석(ANOVA with repeated measurements)'으로 나뉜다. 전자는 각 피험자들이 처치조건에 무선으로 배치되고 피험자들이 한 가지 처치조건만을 받는, 소위 '피험자 간 설계(between-subjects designs)'에 해당되고, 후자는 동일한 피험자들이 모든 처치조건에 반복적으로 노출되는 '피험자 내 설계(within-subjects designs)'에 해당된다.

이상의 분산분석은 모두 충분한 표본의 크기를 요구하며 경우에 따라서 전집이 정규분포(normal distribution)를 따른다는 가정이 필요하다. 전집이 정규성의 가정을 만족시키지 못하며, 소표집인 경우라면 '비모수적 통계방법(nonparametric statistics)'을 이용해야 한다. 이에 대해서는 임인재, 김신영, 박현정(2003)의 교재를 참조하기 바란다.

① 무선배치 분산분석의 기본 원리

이 절에서는 무선배치 분산분석 가운데 독립변수가 1개인 단요인 무선배치설계, 즉 일원분산분석에 대한 기본 원리를 소개하고자 한다. 일원분산분석이란 하나의 독립변수가 세 가지 이상의 처치조건을 가질 때, 이들에 의한 종속변수의 평균이 집단 간에 통계적으로 유의미한 차이가 있는지 검정하는 분석방법이다.

일원분산분석은 표본에서 종속변수의 '전체 분산'을 '집단 간 분산'과 '집단 내 분산'으로 분할한 후, 집단 내 분산에 대한 집단 간 분산의 비율을 이용하여 전집의 집단 간 평균 차이를 검정하는 기법이다. 여기서 전체 분산은 집단을 구분하지 않고 구한 분산이고, 집단 간 분산은 각 집단별 평균을 이용하여 구한 분산이며, 집단 내 분산은 각 집단 내에서 구한 분산이다.

분산분석 과정에서 표본에서의 집단 간 분산이 클수록 전집의 집단 간 평균 차이가 통계적으로 유의미할 가능성이 더 높아지는 것은 상식적으로 받아들일 수 있다. 그렇다면 집단 내 분산은 어떠한가? [그림 21-1]은 표본에서의 집단 내 분산이 분산분석의 통계적 검정력에 미치는 영향을 단적으로 보여 주는 예다.

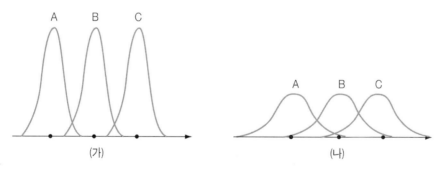

[그림 21-1] 집단 간 분산이 동일한 반면 집단 내 분산이 서로 다른 경우

[그림 21-1]은 세 가지 표본 A, B, C에서의 점수분포다. (가)는 (나)와 비교할 때 집단 간 분산은 동일하나 집단 내 분산이 훨씬 적다. 이때 어느 경우가 전집의 집단 간 평균 차이가 통계적으로 유의미할 가능성이 더 높을까? 표본에서의 분포가 (가)와 (나)처럼 나타났다는 것은 전집에서의 점수분포도 (가)가 (나)에 비해서

집단 내의 개인 간 차이가 훨씬 적을 것으로 추론할 수 있다. 이는 (가)와 (나)의 전집에서 새로운 표본을 얻었을 때, (나)의 경우가 (가)의 경우에 비해서 세 집단의 평균이 서로 바뀔 가능성이 더 높다는 것을 의미한다. 요컨대, 표본에서 집단 간 분산이 클수록, 그리고 집단 내 분산이 작을수록 전집에서의 집단 간 평균 차이는 통계적으로 유의미할 가능성이 더 높다.

분산분석 논리의 핵심은 각 집단의 전집이 정규분포를 따르고 동일한 분산을 가지고 있으며 집단별 평균이 동일하다고 가정할 수 있는 전집에서 각각 n_j(j집단의 표본 크기)명의 표집을 계속한다면, 그들의 집단 내 분산에 대한 집단 간 분산의 비가 F분포를 따른다는 것이다.

j 집단의 i 번째 사례의 점수를 X_{ij}, j집단의 표본의 크기를 n_j라 한다면, $\sum_{j=1}^{J} n_j$명의 표본의 개인별 점수와 집단별 평균은 <표 21-1>과 같이 나타낼 수 있다.

<표 21-1> 일원분산분석에서 각 사례의 점수 표시

집단 1	집단 2	⋯	집단 j	⋯	집단 J	비 고
X_{11}	X_{12}	⋯	X_{1j}	⋯	X_{1J}	
X_{21}	X_{22}	⋯	X_{2j}	⋯	X_{2J}	
X_{31}	X_{32}	⋯	X_{3j}	⋯	X_{3J}	X_{ij}: j집단의 i번째 사례의 점수
⋮	⋮	⋯	⋮	⋯	⋮	n_j: j집단의 표본의 크기
$X_{n_1 1}$	$X_{n_2 2}$	⋯	$X_{n_j j}$	⋯	$X_{n_J J}$	
$\overline{X_{.1}}$	$\overline{X_{.2}}$	⋯	$\overline{X_{.j}}(=\overline{X_j})$	⋯	$\overline{X_{.J}}$	$\overline{X_{..}}=\overline{X}$: 전체 평균

이때 피험자 점수(X_{ij})는 전체 평균($\overline{X}$)과 집단의 효과($\overline{X_j}-\overline{X}$) 및 무선적 오차 ($X_{ij}-\overline{X_j}$)의 합으로 구성되었다고 볼 수 있다.

$$X_{ij} = \mu(\text{전체 평균}) + \alpha_j(j\text{집단의 효과}) + e_{ij}(\text{무선적 오차})$$
$$X_{ij} = \overline{X} + (\overline{X_j} - \overline{X}) + (X_{ij} - \overline{X_j})$$

$$X_{ij} - \overline{X} = (\overline{X_j} - \overline{X}) + (X_{ij} - \overline{X_j})$$

(단, i: 피험자, j: 집단)

양변을 제곱하여 모든 사례에 대해서 합하면 전체 편차제곱합을 집단 간 편차제곱합과 집단 내 편차제곱합으로 나눌 수 있음을 알 수 있다.

$$\sum_{j=1}^{J}\sum_{i=1}^{n_j}(X_{ij} - \overline{X})^2 = \sum_{j=1}^{J}n_j(\overline{X_j} - \overline{X})^2 + \sum_{j=1}^{J}\sum_{i=1}^{n_j}(X_{ij} - \overline{X_j})^2$$

SST(전체 편차제곱합: the total sum of squared deviations)

$= SSB$(집단 간 편차제곱합: sum of squares between groups)

$+ SSW$(집단 내 편차제곱합: sum of squares within groups)

집단 간 편차제곱합을 이들의 자유도인 $J-1$로 나눈 값을 '집단 간 분산($\widehat{\sigma_{between}^2}$)'이라고 하고, 집단 내 편차제곱합을 이들의 자유도인 $\sum_{j=1}^{J}(n_j-1)$로 나눈 값을 '집단 내 분산($\widehat{\sigma_{within}^2}$)'이라고 한다. 집단 간 분산은 실험효과에 의한 분산이고, 집단 내 분산은 무선적 오차에 의한 분산이다. 이때 전집의 집단별 평균이 동일하다는 가정하에 다음의 표집분포들은 자유도가 $J-1$, $\sum_{j=1}^{J}(n_j-1)$인 F분포를 따른다는 것을 수학적으로 증명할 수 있다.

$$\frac{SS_{between}/df_{between}}{SS_{within}/df_{within}} = \frac{\widehat{\sigma_{between}^2}}{\widehat{\sigma_{within}^2}} = \frac{\sum_{j=1}^{J}n_j(\overline{X_j} - \overline{X})^2/(J-1)}{\sum_{j=1}^{J}\sum_{i=1}^{n_j}(X_{ij} - \overline{X_j})^2/\sum_{j=1}^{J}(n_j-1)}$$

$$\sim F[J-1, \sum_{j=1}^{J}(n_j-1)]$$

분산분석에서는 연구자가 실제로 수집한 표본에서 구한, 검정통계량 F값이 표집분포에서 어디에 위치하는지를 근거로 원가설의 기각 여부를 판정하게 된다.

원가설($H_0 : \mu_1 = \mu_2 = ... = \mu_J$)을 기각할 수 있다는 것은 집단 간 평균이 통계적으로 유의미한 차이가 있음을 의미한다.

특히, 독립변수가 두 개의 처치조건만을 가질 때에도 t검정 대신에 일원분산분석을 적용할 수 있다. 이 경우에 두 방법에서의 유의확률 p는 동일하다. 다만, t검정은 양측검정이고 일원분산분석은 단측검정임에 유의해야 한다. 즉, t검정에서의 자유도를 k라고 하면 '$[t_{\frac{\alpha}{2}}(k)]^2 = F_\alpha(1, k)$'이다.

② 무선배치 분산분석의 기본 가정

일원분산분석을 적용할 수 있기 위한 기본 가정은 다음과 같다.

첫째, 처치조건을 나타내는 J개의 전집은 각각 정규분포를 따른다는 가정을 할 수 있어야 한다. J개의 전집이 정규분포를 이룬다는 가정을 할 수 없는 경우 각 처치조건별 표본의 크기가 20보다 크거나 J개의 전집의 분포가 유사한 모양을 이룬다는 조건이 필요하다.

둘째, 각 처치조건별 표본의 크기는 적어도 15 정도는 될 필요가 있다.

셋째, J개의 모든 전집의 분산은 동일하다는 가정을 할 수 있어야 한다. 그러나 각 집단의 표본의 크기가 같다면 등분산성 가정을 할 수 없는 경우에도 큰 오류는 발생하지 않는다. 따라서 등분산성을 가정하기 어려운 경우에는 가능한 한 각 처치조건별 표본의 크기를 동일하도록 실험설계를 꾸밀 필요가 있다.

넷째, 모든 표본은 무선적이고 상호 독립적이어야 한다. 이는 집단 내에서나 집단 간의 모든 표본은 상호 독립적이어야 함을 의미한다. 다만, 동일한 표본에 J개의 처치조건을 차례로 적용하는 경우에는 반복측정 분산분석으로 분석이 가능하다.

③ 다중비교

일원분산분석에서는 세 개 이상의 처치조건의 전집 평균이 모두 동일하다고 할 수 있는지에 대한 통계적 검정을 수행한다. 이러한 통계적 검정을 '전반적 검정(overall test)' 또는 '옴니버스 검정(omnibus test)'이라고 한다.

이에 비해서 세부적인 파악을 위해서 처치조건의 평균을 대상으로 여러 번의 비교를 수행하는 것을 '다중비교(multiple comparison)'라고 한다. 다중비교는 크게 '사전비교(a priori comparison, planned comparison)'와 '사후비교(posterior comparison, post hoc comparison, 일명 사후검정)'로 나뉜다.

1) 사전비교

사전비교는 비교하려는 집단이 세 개 이상인 경우, 전반적 검정인 분산분석을 하기 전에 특정한 평균의 차이에 대해 연구자가 가설을 정립한 후, 그 평균의 차이를 구체적으로 검정하는 절차다. 즉, 사전비교는 자료 수집 전에 연구자가 관심을 가지던 특정한 몇 가지 가설에 대한 답을 얻기 위한 것으로, 자료의 분석 계획을 미리 세워 두고 이를 분석하는 절차다. 예컨대, A, B, C 세 개의 집단이 있다고 할 때, 사전비교는 A+B vs C, A vs B, A vs C 등 다양한 대비를 만들어 이용한다. 이처럼 사전비교는 세 개 이상의 집단의 평균을 비교하기 전에, 세 개 이상의 집단을 연구자의 가설에 따라 두 쌍의 집단으로 재구성하여 그 평균 차이를 검정하는 절차다.

사전비교에서의 가설들은 가능한 한 '직교대비(orthogonal contrast)'가 되게 하여 제1종 오류의 확률을 줄여 주어야 한다. 직교대비란, 동일한 비교집단에 대하여 구성된 일련의 대비 중에서 서로 독립적인 관계에 있는 대비를 말한다. 독립적인 관계란 두 개의 대비를 구성하는 가중치 간의 상관이 0인 경우를 말한다. 예컨대, 새로운 교수방법 A와 교수방법 B 및 기존의 교수방법 C의 효과를 비교하기 위해서 '새로운 교수방법(A와 B)과 기존의 교수방법(C)은 그 효과의 차이가 있을 것이다.'라는 가설 1과 '새로운 교수방법인 A와 B는 그 효과의 차이가 있을 것이다.'라는 가설 2는 직교대비에 해당한다. 왜냐하면 <표 21-2>와 같이 가설 1과 가설 2에 해당하는 대비 1과 대비 2의 가중치의 곱의 합이 $1×1+1×(-1)+(-2)×0=0$으로서 상관이 0이기 되기 때문이다.

<표 21-2> 직교대비의 대비가중치 1

대 비	교수방법 A	교수방법 B	교수방법 C	합
대비 1	$1(C_{11})$	$1(C_{12})$	$-2(C_{13})$	0
대비 2	$1(C_{21})$	$-1(C_{22})$	$0(C_{23})$	0
대비 1×대비 2	1	-1	0	0

일반적으로 직교대비가 되게 하는 대비가중치(C_{kj}: k번째 대비의 j번째 집단의 대비가중치, $j=1, 2, \cdots, J$)들은 다음의 조건을 모두 갖추어야 한다.

첫째, 각 대비에서의 대비가중치의 합은 0이다($\sum_{j=1}^{J} C_{kj}=0$). 예컨대, <표 21-2>에서 대비 1에서의 대비가중치의 합은 0(=1+1-2)이고, 대비 2에서의 대비가중치의 합도 0(=1-1+0)이다.

둘째, 비교하려는 집단의 대비가중치의 합은 절대값은 같고 부호는 반대다. 예컨대, 새로운 교수방법(A와 B)과 기존의 교수방법 C 간의 비교를 위한 대비가중치는 각각 '2(=1+1)'와 '-2'이고, 교수방법 A와 교수방법 B 간의 비교를 위한 대비가중치는 각각 '1'과 '-1'이다.

셋째, 연구자의 가설에 따라서 만든 대비 간의 대비가중치의 곱의 합은 0이다. 즉, 집단별 표본의 크기가 같은 경우 임의의 두 가지 대비 a와 대비 b에 대해서 $\sum_{j=1}^{J} C_{aj}C_{bj}=0$이다. 예컨대, 집단별 표본의 크기가 같다는 가정을 하면 <표 21-2>에서 대비 1과 대비 2의 대비가중치의 곱의 합은 0(=1×1+1×(-1)+(-2)×0)이다.

이 세 가지 조건을 만족시키는 대비가중치 세트는 <표 21-3>과 같이 더 만들 수도 있다.

<표 21-3> 직교대비의 대비가중치 2

대 비	교수방법 A	교수방법 B	교수방법 C	합
대비 1	0	−1	1	0
대비 2	−1	0.5	0.5	0
대비 1×대비 2	0	−0.5	0.5	0

이때 대비가중치에 상수를 곱하는 것은 사전비교 결과에 아무런 영향을 주지 않는다. 예컨대, 대비가중치가 $(1, 1, -2)$인 경우와 $(5, 5, -10)$인 경우는 동일하다.

일반적으로 J개의 집단에 대해서는 $J-1$개의 직교대비를 만들 수 있다. 예컨대, 처치조건의 수(비교하고자 하는 집단의 수)가 다섯 개이면 네 개의 직교대비에 의해서 처치조건별 평균을 비교할 수 있다. 특히 $J-1$개의 직교대비의 집단 간 편차제곱합의 합은 J개 집단에서 얻은 전반적 검정에서의 집단 간 편차제곱합과 같음을 수학적으로 증명할 수 있다.

$$SSB_1 + SSB_2 + \cdots SSB_k \cdots + SSB_{J-1} = SSB$$

$$\text{단, } SSB_k = \frac{(\sum_{j=1}^{J} C_{kj} \overline{X_j})^2}{\sum_{j=1}^{J} \frac{C_{kj}^2}{n_j}}$$

J: 집단 수
SSB_k : k번째 대비의 집단 간 편차제곱합
n_j : j번째 집단의 표본의 크기
C_{kj} : k번째 대비의 j번째 집단의 대비가중치
$\overline{X_j}$: j번째 집단의 평균

다만, 대비들이 서로 직교가 아니면, 대비들이 반영하는 집단 간 편차제곱합의 합은 전반적 검정에서의 집단 간 편차제곱합보다 더 크다.

일반적으로 직교대비인 경우에 한하여 다음이 성립한다.

$$\frac{SSB/(J-1)}{MSE} = \frac{\sum_{k=1}^{J-1} SSB_k/(J-1)}{MSE} \sim F(J-1, N-J)$$

〔단, MSE: 분산분석의 오차제곱평균(mean square errors)〕

즉, 전반적 검정 절차인 분산분석에서 얻은 F값과 모든 가능한 직교대비를 통해서 얻은 집단 간 분산의 합을 오차제곱평균(MSE)으로 나누어 구한 F값은 동일하다.

사전비교에서의 가설검정은 k번째 대비에 대한 다음의 표집분포가 자유도가 $N-J$인 t분포 또는 자유도가 1, $N-J$인 F분포를 따른다는 수학적 결과를 이용한다.

$$\frac{\sum_{j=1}^{J} C_{kj}\overline{X_j}}{\sqrt{MSE\sum_{j=1}^{J}\frac{C_{kj}^2}{n_j}}} \sim t(N-J) \quad \text{또는} \quad \frac{(\sum_{j=1}^{J} C_{kj}\overline{X_j})^2}{MSE\sum_{j=1}^{J}\frac{C_{kj}^2}{n_j}} \sim F(1, N-J)$$

단, J: 집단 수
C_{kj}: k번째 대비의 j번째 집단의 대비가중치
$\overline{X_j}$: j번째 집단의 평균
MSE: 분산분석의 오차제곱평균(mean square errors)
n_j: j번째 집단의 표본의 크기
N: 전체 집단의 표본의 크기

사전비교에서는 연구자가 실제로 수집한 표본에서 구한, 검정통계량 t값 또는 F값이 표집분포에서 어디에 위치하는지를 근거로 원가설의 기각 여부를 판정하게 된다.

2) 사후비교

전반적인 검정인 분산분석의 결과 원가설이 기각되었다고 모든 집단의 평균이 통계적으로 유의미한 차이가 있다고는 할 수 없다. 이는 여러 집단 중에서 한 집단이라도 다른 집단과 평균의 차이가 있다면 분산분석에서 원가설은 기각될 수 있기 때문이다.

전반적 검정인 분산분석에서 원가설을 기각할 수 있는 경우, 즉 처치조건 간에 통계적으로 유의미한 차이가 있는 경우에 한하여, 연구자는 좀 더 구체적으로 어

떤 처치조건의 평균이 서로 통계적으로 유의미한 차이가 있는지 파악할 필요가 있다. 이처럼 분산분석을 통하여 $J(J \geq 3)$개 집단의 평균이 통계적으로 유의미한 차이가 있음을 확인한 후에, 구체적으로 어떤 두 집단 간의 차이가 통계적으로 유의미한 차이가 있는지 상호 비교하는 것을 '사후비교(post-hoc comparison)'라고 한다. 이때 주의할 것은 분산분석에서 원가설이 기각되지 않은 경우에는 사후비교를 해서는 안 된다는 점이다.

주어진 J개의 평균에 대해서 모든 가능한 직교대비 이상의 비교를 하는 경우, 이들 비교는 상호 독립적이 되지 못하여 결국 원가설(H_0)이 사실임에도 이를 잘못 기각하는 제1종 오류의 가능성을 처음 설정한 유의수준보다 더 높게 한다. 따라서 주어진 자료에 대해 모든 가능한 비교를 하면, 연구자는 자신이 미리 설정한 유의수준 이상으로 유의미한 차이를 찾아낼 가능성이 크다. 즉, 사후비교와 같이 각 비교가 독립적 비교가 아닌 경우에는 미리 설정한 유의수준보다 제1종 오류를 범할 가능성이 커지게 된다. 이를 해결하기 위해 다양한 사후비교 방법이 제시되어 왔다.

사후비교 중에서 가장 통계적 검정력이 강한(sensitive, 또는 민감한) 방법은 Fisher의 LSD 방법이다. 그리고 Duncan 방법, Student-Newman-Keuls(S-N-K) 방법, Tukey의 HSD 방법, $Scheff\acute{e}$ 방법, Bonferroni 방법으로 갈수록 통계적 검정력은 약해진다(strict, 또는 엄격하다).

이 책에서는 Tukey 방법과 $Scheff\acute{e}$의 방법을 설명한다.

Tukey 방법은 모든 집단의 표본의 크기(n)가 같은 경우, 그리고 모든 집단별 평균 간에 1 : 1의 단순한 비교를 하는 경우에 탁월한 통계적 검정력을 가지고 있으며, '스튜던트의 범위 통계량 분포(Studentized Range Distribution)'에 근거한다. 이것의 원리는 다음과 같다.

첫째, 평균이 μ, 분산이 σ^2이며 정규분포를 이루고 있는 J개의 전집 각각에서 표본의 크기가 n인 표본을 무선표집하여 J개의 표본평균을 만든다.

둘째, 이들 표본평균 중에서 가장 큰 것($\overline{X_{\max}}$)과 가장 작은 것($\overline{X_{\min}}$) 간의 차이 (R)를 계산한다.

셋째, 앞의 두 가지 절차를 무수히 반복하면 다음의 통계량 Q의 분포를 구할 수 있다. 이때 Q의 분포를 '스튜던트의 범위 통계량 분포'라고 한다.

$$Q = \frac{(\overline{X_{\max}} - \overline{X_{\min}})}{\sqrt{\dfrac{MSE}{n}}}$$

$$\left[\begin{array}{l} \text{단, } n\text{: 집단별 표본의 크기} \\ \quad MSE\text{: 분산분석의 평균오차제곱} \end{array}\right]$$

스튜던트의 범위 통계량 분포(부록 Ⅱ의 6 참조)를 이용하면 유의수준, 집단의 수(J) 및 자유도($N-J$)에 해당하는 Q값을 찾아낼 수 있다(단, N은 전체 집단의 표본의 크기).

앞의 식을 변형하면, J개의 집단 중에서 임의의 두 집단의 평균이 미리 설정한 유의수준에서 통계적으로 유의미한 차이가 있게 하는 최소의 차(d)를 구할 수 있다.

$$d = Q\sqrt{\frac{MSE}{n}}$$

비교하려는 두 집단의 평균 차이가 d보다 크다면, 미리 설정한 유의수준에서 통계적으로 유의미한 차이가 있다고 할 수 있다. Tukey 검정은 통계적 검정력이 높지 않기 때문에 흔히 '진실로 유의미한 차이의 검정(Tukey's honestly significant difference, 일명 Tukey의 HSD)'이라고 한다.

이에 비해서 $Scheff\acute{e}$ 방법은 다음의 표집분포의 자유도가 $J-1$, $N-J$인 F분포를 따른다는 수학적 결과를 이용한다.

$$\frac{(\sum_{j=1}^{J} C_j \overline{X_j})^2}{(MSE)(\sum_{j=1}^{J} \dfrac{C_j^2}{n_j})(J-1)} = \frac{(\overline{X_A} - \overline{X_B})^2}{(MSE)(\dfrac{1}{n_A} + \dfrac{1}{n_B})(J-1)} \sim F(J-1, N-J)$$

단, $\overline{X_A}, \overline{X_B}$: 비교하고자 하는 두 집단의 평균

　　MSE: 분산분석의 오차평균제곱합(mean square errors)

　　j : 집단

　　J : 집단의 수

　　C_j : j집단의 대비가중치(사후비교에서 대비가중치는 1, −1, 0 중 하나)

　　n_j : j집단의 표본의 크기

　　n_A, n_B : A, B집단의 표본의 크기

　　N : 전체 집단의 표본의 크기

Scheffé 방법에서는 연구자가 실제로 수집한 표본에서 구한, 검정통계량 F값이 표집분포에서 어디에 위치하는지를 근거로 원가설의 기각 여부를 판정하게 된다.

일반적으로 비교하려는 집단의 표본의 크기가 같다면 Tukey 방법이 *Scheffé* 방법보다 우수하다. 이에 비해서, *Scheffé* 방법은 표본의 크기가 다르더라도 사용할 수 있고, 전집이 정규분포 및 등분산성을 따라야 한다는 가정이 위배되더라도 사용할 수 있기 때문에 가장 융통성 있는 방법으로 볼 수 있다. 그리고 통계적 검정력이 높지 않기 때문에 가장 보수적인 방법 중의 하나라고 할 수 있다.

④ 무선배치 분산분석의 예

1) 분석 과제와 연구문제

(1) 분석 과제

수학에 대한 태도에 긍정적인 영향을 줄 것으로 예상되는 교수방법 A와 교수방법 B를 개발하였다. 이에 대한 효과를 검정하기 위해서 기존의 교수방법 C와 비교하고자 한다. 이를 위해 먼저, 세 가지 교수방법에 각각 15명을 무선배치하여 세 가지 교수방법을 적용하였고 일정 기간이 지난 다음, 수학에 대한 태도를 측정하였다. 수학에 대한 태도와 관련한 세 가지 교수방법의 효과를 평가하시오.

(2) 연구문제

[연구문제 1] 수학에 대한 태도에 대한 효과는 세 가지 교수방법 간에 차이가 있는가?

[연구문제 2] ([연구문제 1]에서 차이가 있다면) 어떤 교수방법 간에 차이가 있는가?

[연구문제 3] '수학에 대한 태도에 대해 새롭게 개발된 교수방법 A와 교수방법 B 간에는 차이가 있을 것이다.'와 '새롭게 개발된 두 가지 교수방법과 기존의 교수방법 간에는 차이가 있을 것이다.'라는 실험 전의 가설은 경험적으로 확인되는가?

※ 연구설계: 사후검사 통제집단설계

$$R \qquad X_1 \qquad O_1$$
$$R \qquad X_2 \qquad O_2$$
$$R \qquad \qquad \quad O_3$$

※ 연구대상: 교수방법 A를 적용한 실험집단 1, 교수방법 B를 적용한 실험집단 2, 교수방법 C를 적용한 통제집단 각각 15명

2) 코딩방식 및 분석 데이터

• 코딩방식: 성(1 : 남학생, 2 : 여학생), 처치여부(1 : 실험집단1, 2 : 실험집단2, 3 : 통제집단), 수학에 대한 태도를 차례대로 입력한다. 이때 한 피험자에 대한 반응은 하나의 행에 입력해야 한다.

• 분석 데이터: 일원분산분석.sav (연습용 파일)

3) [연구문제 1]과 [연구문제 2]에 대한 분석 절차 : 전반적 검정과 사후비교

(1) 1단계 : 집단별 평균과 표준편차 구하기

- 이 책의 제6부 제18장의 ❶ 참조

(2) 2단계 : 'F값'과 'p값' 구하기

- '분석' 메뉴
  - ✔ '평균 비교' ➪ '일원배치 분산분석'
  - ✔ 종속변수인 수학에 대한 태도를 '종속변수'로 이동 : 여러 개의 종속변수를 한꺼번에 처리할 수 있음
  - ✔ 독립변수인 처치여부를 '요인분석'으로 이동

- '옵션'
  - ✔ '기술통계'를 체크 : 집단별 평균과 표준편차를 구하는 절차
  - ✔ '분산 동질성 검정'을 체크 : 전집의 등분산성 가정을 확인하는 절차
  - ✔ '계속'

◆ '다중비교'

✔ 'Tukey(T)' 체크: 각 집단별 표본의 크기가 동일한 경우

✔ '계속' ⇨ '확인'

※ 각 집단별 표본의 크기가 같지 않으면 'Scheffe(C)'방법이 가장 일반적이다.

4) [연구문제 1]과 [연구문제 2]에 대한 분석 결과

	빈도	평균	표준편차
교수방법A	15	10.47	1.19
교수방법B	15	9.73	1.44
기존방법	15	9.07	1.10

기술통계

수학에대한태도

	N	평균	표준편차	표준오차	평균에 대한 95% 신뢰구간 하한값	평균에 대한 95% 신뢰구간 상한값	최소값	최대값
교수방법A	15	10.47	1.187	.307	9.81	11.12	8	12
교수방법B	15	9.73	1.438	.371	8.94	10.53	8	14
기존방법	15	9.07	1.100	.284	8.46	9.68	8	11
합계	45	9.76	1.351	.201	9.35	10.16	8	14

분산의 동질성에 대한 검정

수학에대한태도

Levene 통계량	자유도1	자유도2	유의확률
.043	2	42	.958

분산분석

수학에대한태도

	제곱합	자유도	평균제곱	F	유의확률
집단-간	14.711	2	7.356	4.709	.014
집단-내	65.600	42	1.562		
합계	80.311	44			

다중 비교

종속변수: 수학에대한태도
Tukey HSD

(I) 처치여부	(J) 처치여부	평균 차이(I-J)	표준오차	유의확률	95% 신뢰구간 하한값	95% 신뢰구간 상한값
교수방법A	교수방법B	.733	.456	.254	-.38	1.84
	기존방법	1.400*	.456	.010	.29	2.51
교수방법B	교수방법A	-.733	.456	.254	-1.84	.38
	기존방법	.667	.456	.320	-.44	1.78
기존방법	교수방법A	-1.400*	.456	.010	-2.51	-.29
	교수방법B	-.667	.456	.320	-1.78	.44

*. 평균 차이는 .05 수준에서 유의합니다.

5) [연구문제 1]과 [연구문제 2]에 대한 보고서 제시 및 해석방법

• 보고서 제시 1: 분산분석표 없이 유의확률을 범위로 제시한 경우

<표 21-4> 교수방법에 따른 수학에 대한 태도의 평균차이 검정 결과

교수방법	N	M	SD	F
교수방법 A	15	10.47	1.187	
교수방법 B	15	9.73	1.438	4.709*
기존 방법	15	9.07	1.100	

*$p < .05$

• 보고서 제시 2: 분산분석표 없이 유의확률을 구체적 값으로 제시한 경우

<표 21-5> 교수방법에 따른 수학에 대한 태도의 평균차이 검정 결과

교수방법	N	M	SD	F	p
교수방법 A	15	10.47	1.187		
교수방법 B	15	9.73	1.438	4.709	.014
기존 방법	15	9.07	1.100		

• 보고서 제시 3: 분산분석표를 따로 제시한 경우

<표 21-6> 교수방법에 따른 수학에 대한 태도의 기술통계 결과

교수방법	N	M	SD
교수방법 A	15	10.47	1.187
교수방법 B	15	9.73	1.438
기존 방법	15	9.07	1.100

<표 21-7> 교수방법에 따른 수학에 대한 태도의 등분산성 검정 결과

변수	F	df	p
수학에 대한 태도	.043	2, 42	.958

<표 21-8> 교수방법에 따른 수학에 대한 태도의 평균차이 검정 결과

Source	SS	df	MS	F
between	14.711	2	7.356	4.709*
within	65.600	42	1.562	
total	80.311	44		

*$p < .05$

또한 세 가지 교수방법에 따른 수학에 대한 태도의 평균과 표준편차를 구한 결과 <표 21-6>과 같이 평균은 교수방법 A가 10.47로 가장 높았고, 교수방법 B와 기존 방법이 그 뒤를 따랐다. 이에 비해서 표준편차는 교수방법 B가 1.438로 가장 높았고, 교수방법 A, 기존 방법이 그 뒤를 따랐다.

세 가지 교수방법에 따른 수학에 대한 태도의 전집의 분산이 동일하다고 할 수 있는지 확인하기 위해서 레빈의 등분산성 검정을 한 결과, <표 21-7>과 같이 세 가지 교수방법에 따른 수학에 대한 태도는 동일한 분산을 가지고 있었다($F=.043$, $p>.05$). 이는 수학에 대한 태도의 세 가지 교수방법에 따른 평균차이를 검정하기 위해서 일원분산분석을 활용할 수 있음을 의미한다.

세 가지 교수방법에 따라서 수학에 대한 태도의 평균이 달라졌다고 할 수 있는지를 분석한 결과, <표 21-8>과 같이 수학에 대한 태도는 교수방법에 따라서 통계적으로 유의미한 차이가 있는 것으로 나타났다($F=4.709$, $p<.05$).

이상의 내용으로 세 가지 교수방법에 따른 효과가 통계적으로 유의미한 차이가 있음을 확인할 수 있었다. 그렇다면 그것이 어떠한 교수방법 간 차이에 의한 것인지 세부적으로 확인하기 위해서 사후비교(post-hoc comparison) 분석을 실시하였다. 본 연구의 경우 처치조건별 표본의 크기가 동일하기 때문에 Tukey 방법을 이용하였다.

<표 21-9> 교수방법에 따른 수학에 대한 태도의 Tukey 검정 결과

교수방법		J	
		교수방법 B	기존 방법
I	교수방법 A	.733	1.400*
	교수방법 B	−	.667

숫자: I평균−J평균의 값임   *$p < .05$

그 결과 <표 21-9>와 같이 교수방법 A를 적용한 집단과 기존 방법을 적용한 집단 간의 수학에 대한 태도의 평균은 통계적으로 유의미한 차이가 있음을 확인할 수 있었다. 그러나 교수방법 B와 기존 방법 및 교수방법 A와 교수방법 B를 적용한 집단 간에는 통계적으로 유의미한 차이가 없었다.

보충학습

'독립표본 t검정'과 '사후비교' 결과 간의 비교

수학에 대한 태도에 대해 교수방법 A와 교수방법 B 간에 차이가 있는지 보기 위해서 단순히 독립표본 t검정을 실시하면 $t = 1.523$, $p = .139$였다. 이에 비해 Tukey 검정을 이용한 교수방법 A와 교수방법 B 간의 차이에 대한 사후비교에서의 유의확률은 .254였다. 이것으로 사후비교는 독립표본 t검정에 비해서 통계적 검정력이 다소 약하다는 것을 확인할 수 있다.

---

6) [연구문제 3]에 대한 분석 절차: 사전비교

- '분석' 메뉴
  - ✔ '평균 비교' ⇨ '일원배치 분산분석'
  - ✔ 종속변수인 수학에 대한 태도를 '종속변수'로 이동
  - ✔ 독립변수인 처치여부를 '요인분석'으로 이동

- '대비'
  - ✔ '상관계수'에 '1' 입력 후 '추가' ⇨ '-1' 입력 후 '추가' ⇨ '0' 입력 후 '추가'

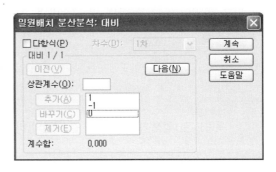

※ 교수방법 A와 교수방법 B를 비교하기 위한 절차로서 세 숫자 1, -1, 0은 독립변수의 각 처치조건에 대한 가중치다.

※ 교수방법 A, 교수방법 B, 교수방법 C를 각각 1, 2, 3으로 코딩하였기 때문에 1, -1, 0은 '1·교수방법 A+(-1)·교수방법 B+0·교수방법 C'를 의미한다. 대비가중치의 합은 0이 되어야 하며 1, -1, 0 대신에 2, -2, 0 및 3, -3, 0과 같이 상수를 곱한 값을 입력하여도 그 결과는 동일하다.

  - ✔ '다음' ⇨ '상관계수'에 '1' 입력 후 '추가' ⇨ '1' 입력 후 '추가' ⇨ '-2' 입력 후 '추가'
  - ✔ '계속' ⇨ '확인'

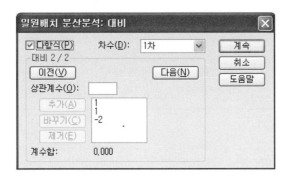

※ 새로운 교수방법(교수방법 A와 교수방법 B)과 기존의 교수방법(교수방법 C)을 비교하기 위한 절차로서 1, 1, −2는 독립변수의 각 처치조건에 대한 대비 가중치다.

※ 1, 1, −2는 '1 · 교수방법 A+1 · 교수방법 B+(−2) · 교수방법 C'를 의미한다.

7) [연구문제 3]에 대한 분석 결과

대비계수

대비	처치여부		
	교수방법A	교수방법B	기존방법
1	1	−1	0
2	1	1	−2

대비검정

		대비	대비 값	표준오차	t	자유도	유의확률 (양측)
수학에대한태도	등분산 가정	1	.73	.456	1.607	42	.116
		2	2.07	.790	2.615	42	.012
	등분산을 가정 하지 않습니다.	1	.73	.481	1.523	27.034	.139
		2	2.07	.745	2.776	32.624	.009

8) [연구문제 3]에 대한 보고서 제시 및 해석방법

실험 전에 이론적으로 도출한 가설인 '수학에 대한 태도에 대해 새롭게 개발된 교수방법 A와 교수방법 B 간에는 차이가 있을 것이다.'와 '새롭게 개발된 두 가지 교수방법과 기존의 교수방법 간에는 차이가 있을 것이다.'를 검정하기 위해 사전 비교(planned comparison)를 실시하였다.

<표 21-10> 두 가지 가설에 대한 사전비교 결과

대 비	estimates	S.E.	t	p
1 · 교수방법 A+(−1) · 교수방법 B+0 · 교수방법 C	.73	.456	1.607	.116
1 · 교수방법 A+1) · 교수방법 B+(−2) · 교수방법 C	.207	.790	2.615	.012

그 결과 <표 21-10>과 같이 수학에 대한 태도에 대해 새롭게 개발된 교수방법 A와 교수방법 B 간에는 통계적으로 유의미한 차이가 없었다($t=1.607$, $p>.05$). 그러나 새롭게 개발된 두 가지 교수방법(교수방법 A와 교수방법 B)과 기존의 교수방법(교수방법 C) 간에는 통계적으로 유의미한 차이가 있음을 확인할 수 있었다($t=2.615$, $p<.05$). 이는 새로운 두 가지 교수방법은 기존의 교수방법에 비해서 수학에 대한 태도에 긍정적인 영향을 미치고 있음을 지지한다.

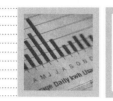

제22장
반복측정 분산분석

1 반복측정 분산분석의 기본 원리

반복측정 분산분석은 세 개 이상의 전집에서 종속적으로 추출된 표본을 이용하여, 특정 변수의 평균이 집단 간에 통계적으로 유의미한 차이가 있는지를 검정하는 방법이다. 여기서 '종속적'이라는 것은 한 전집에서 하나의 사례를 선택한 것이 다른 전집에서의 사례를 선택하는 것에 영향을 주는 것을 의미한다. 가장 흔한 예가 세 번 이상의 반복측정치(repeated measures) 간의 차이를 분석하는 것이다.

이 장에서는 단요인 반복측정설계(single-factor within subjects designs)를 활용하여 분석의 원리를 설명하고자 한다. 단요인 반복측정설계는 반복측정설계 중에서 가장 간단한 형태로서, 동일한 피험자가 하나의 처치변수의 모든 처치조건에 반복적으로 노출되는 형태를 취하고 있다. 이 설계는 처치변수와 피험자 변수가 서로 교차적인 형태로 결합되어 있기 때문에 처치변수와 피험자 변수에 따른 교차설계의 형태를 띠고 있다. 뿐만 아니라, 피험자 변수가 하나의 구획변수가 되고 각 피험자가 구획수준이 되는 구획설계(block designs)의 특수한 경우라고도 볼 수 있다.

<표 22-1> 반복측정 분산분석에서 각 사례의 점수 표시

피험자	처치조건 1	처치조건 2	처치조건 3		비 고
1	X_{11}	X_{12}	X_{13}	$\overline{X_{1.}}$	
2	X_{21}	X_{22}	X_{23}	$\overline{X_{2.}}$	X_{ij}: 피험자 i의 j번째
					처치조건에 대한 점수
3	X_{31}	X_{32}	X_{33}	$\overline{X_{3.}}$	$\overline{X_{i.}}$: 피험자 i의 평균
4	X_{41}	X_{42}	X_{43}	$\overline{X_{4.}}$	$\overline{X_{.j}}$: 처치조건 j의 평균
5	X_{51}	X_{52}	X_{53}	$\overline{X_{5.}}$	
	$\overline{X_{.1}}$	$\overline{X_{.2}}$	$\overline{X_{.3}}$	$\overline{X_{..}}=\overline{X}$	

i번째 피험자의 j번째 처치조건에 대한 점수를 X_{ij}라고 하면, 5명의 피험자에게 세 가지 처치조건을 차례로 노출하였을 때 개인별 점수와 집단별 평균은 <표 22-1>과 같이 나타낼 수 있다.

이때 피험자 점수(X_{ij})는 전체 평균($\overline{X}$), 처치조건 j의 효과($\overline{X_{.j}}-\overline{X}$), 피험자 i의 효과($\overline{X_{i.}}-\overline{X}$) 및 피험자와 처치조건 간의 상호작용효과($X_{ij}-\overline{X_{.j}}-\overline{X_{i.}}+\overline{X}$)의 합으로 구성되어 있다고 볼 수 있다.

$$X_{ij}=\mu(\text{전체 평균})+\alpha_j(\text{처치조건 } j\text{의 효과})+\beta_i(\text{피험자 } i\text{의 효과})$$
$$+\alpha\beta_{ij}(\text{피험자와 처치조건 간의 상호작용효과})$$
$$X_{ij}=\overline{X}+(\overline{X_{.j}}-\overline{X})+(\overline{X_{i.}}-\overline{X})+(X_{ij}-\overline{X_{.j}}-\overline{X_{i.}}+\overline{X})$$
$$X_{ij}=\overline{X}+(\overline{X_{.j}}-\overline{X})+(\overline{X_{i.}}-\overline{X})+(X_{ij}-\overline{X_{.j}}-\overline{X_{i.}}+\overline{X})$$

양변을 제곱하여 모든 사례를 합하면 전체 편차제곱합을 종렬 간 편차제곱합과 횡렬 간 편차제곱합 및 상호작용 편차제곱합으로 나눌 수 있음을 알 수 있다.

$$\sum_{j=1}^{3}\sum_{i=1}^{5}(X_{ij}-\overline{X})^2=\sum_{j=1}^{3}5(\overline{X_{.j}}-\overline{X})^2+\sum_{j=1}^{3}\sum_{i=1}^{5}(\overline{X_{i.}}-\overline{X})^2$$
$$+\sum_{j=1}^{3}\sum_{i=1}^{5}(X_{ij}-\overline{X_{.j}}-\overline{X_{i.}}+\overline{X})^2$$

$$SST(전체\ 편차제곱합)$$
$$= SSBC(종렬\ 간\ 편차제곱합) + SSBR(횡렬\ 간\ 편차제곱합)$$
$$+ SSIA(상호작용\ 편차제곱합)$$

즉, 피험자 점수는 처치조건의 효과, 피험자의 효과 및 처치조건과 피험자 간의 상호작용효과로 구성되어 있다고 볼 수 있다. 반복측정설계에서 이들 세 가지 효과와 통계적 검정력 간의 관계는 다음과 같다.

첫째, 각 처치조건에서의 평균($\overline{X_{.j}}$)들 간의 분산이 클수록 처치의 효과가 크다고 볼 수 있기 때문에 각 처치조건에서 평균들 간의 분산이 클수록 반복측정설계에서 통계적 검정력도 커진다.

둘째, 각 피험자의 여러 처치조건에서의 평균($\overline{X_{i.}}$)들의 분산인 피험자 분산은 처치의 효과와는 아무런 관련이 없다. 그러므로 피험자의 효과는 반복측정설계에서 통계적 검정력에 아무런 영향을 주지 않는다.

셋째, 처치조건과 피험자 간의 상호작용은 각 처치조건에 대한 효과가 피험자에 따라서 다른 정도를 나타낸다. 각 처치조건에 대한 효과가 피험자에 따라서 다르다는 것은 처치조건에 따른 효과를 검정하는 데 오차로 볼 수 있다. 그러므로 반복측정설계에서 처치조건과 피험자 간의 상호작용효과가 클수록 통계적 검정력은 작아지게 된다.

요컨대, 처치조건에 따른 차이가 통계적으로 유의미하게 나타나기 위해서는 종렬 간 편차제곱합인 SSBC가 클수록 유리하고, 상호작용 편차제곱합인 SSIA가 작을수록 유리하다. 반복측정 분산분석의 기본 논리는, I명에 대해서 J번의 처치조건을 반복적으로 주면서 그에 대한 반응을 측정하였을 때, 각 처치조건에 대한 반응의 전집이 각각 정규분포를 따른다는 가정하에, 오차분산이라고 할 수 있는 상호작용 분산을 분모로 하고 처치조건별 평균에 대한 분산을 분자로 한, 다음의 표집분포들이 자유도가 $J-1$, $(I-1)(J-1)$인 F분포를 따른다는 수학적인 증명 결과를 활용한 것이다.

$$\frac{\widehat{\sigma^2_{처치조건\ 간}}}{\widehat{\sigma^2_{상호작용}}} = \frac{SSBC/(J-1)}{SSIA/(I-1)(J-1)}$$

$$= \frac{\sum\limits_{j=1}^{J} I(\overline{X_{.j}} - \overline{X})^2/(J-1)}{\sum\limits_{j=1}^{J}\sum\limits_{i=1}^{I}(X_{ij} - \overline{X_{.j}} - \overline{X_{i.}} + \overline{X})^2/(I-1)(J-1)} \sim F[(J-1),(I-1)(J-1)]$$

단, 자유도: $[J-1,(I-1)(J-1)]$
  j: 처치조건
  i: 피험자
  J: 처치조건의 수
  I: 표본의 크기

즉, 반복측정 분산분석에서는 연구자가 실제로 수집한 표본에서 구한 검정통계량 F값이 표집분포에서 어디에 위치하는지를 근거로 원가설의 기각 여부를 판정하게 된다. 원가설($H_0:\mu_1=\mu_2=....=\mu_J$)을 기각할 수 있다는 것은 처치의 효과가 처치조건 간에 통계적으로 유의미한 차이가 있음을 의미한다.

② 반복측정 분산분석의 예

1) 분석 과제와 연구문제

(1) 분석 과제

기존의 교수방법과 새롭게 개발된 교수방법 A, 교수방법 B가 수학에 대한 태도에 미치는 영향력이 차이가 있는지 검정하기 위해서 30명을 무선표집하여 기존방법을 적용한 후와 교수방법 A를 적용한 후 및 교수방법 B를 적용한 후에 각각 수학에 대한 태도를 측정하였다. 수학을 대하는 태도에 대한 세 가지 교수방법의 효과를 평가하시오.

(2) 연구문제

[연구문제 1] 수학을 대하는 태도에 대한 효과는 세 가지 교수방법 간에 차이가 있는가?

[연구문제 2] '수학을 대하는 태도에 대해 새롭게 개발된 교수방법 A와 교수방법 B 간에는 차이가 있을 것이다.'와 '새롭게 개발된 두 가지 교수방법과 기존의 교수방법 간에는 차이가 있을 것이다.'라는 실험 가설은 경험적으로 확인되는가?

※ 연구설계: 단일집단 전후검사설계

$$O_1 \quad X_1 \quad O_2 \quad X_2 \quad O_3$$

※ 연구대상: 기존의 교수방법, 교수방법 A, 교수방법 B를 차례로 적용한 30명

2) 코딩방식 및 분석 데이터

• 코딩방식: 수학에 대한 태도 1, 수학에 대한 태도 2, 수학에 대한 태도 3을 차례로 입력한다. 이때 한 피험자에 대한 반응은 하나의 행에 입력해야 한다.

• 분석 데이터: 반복측정분산분석.sav (연습용 파일)

3) [연구문제 1]에 대한 분석

절차 : 전반적 검정

- • '분석' 메뉴
    - ✔ '일반선형모형' ⇨ '반복측정'
    - ✔ '개체−내 요인이름'에 반복측정한 요인의 이름(여기에서는 '태도')을 입력. 요
        인의 이름은 연구자가 임의로 지정할 수 있음
    - ✔ '수준의 수'에 반복측정한 횟수인 '3'을 입력
    - ✔ '추가'

- ✔ '정의'

✔ 반복측정한 변수를 '개체-내 변수'로 이동

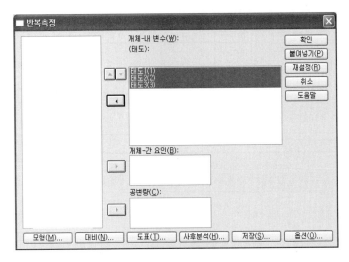

※ 만약 피험자 간 변수가 있으면 이에 해당하는 변수를 '개체-간 요인'으로 이동시킨다. 여기에서는 피험자 간 변수가 없는 단요인 반복측정설계이기 때문에 무시해도 된다.

• '옵션'
 ✔ '기술통계량' 체크: 집단별 평균과 표준편차를 구하는 절차
 ✔ '계속' ⇨ '확인'

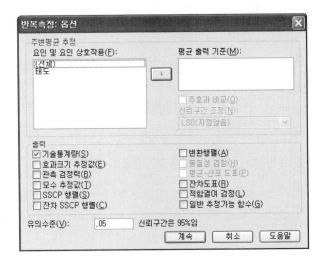

4) [연구문제 1]에 대한 분석 결과

기술통계량

	평균	표준편차	N
태도1	9.03	1.159	30
태도2	9.40	1.276	30
태도3	9.67	1.348	30

개체-내 효과 검정

측도: MEASURE_1

소스		제 III 유형 제곱합	자유도	평균제곱	F	유의확률
태도	구형성 가정	6.067	2	3.033	4.130	.021
	Greenhouse-Geisser	6.067	1.209	5.017	4.130	.043
	Huynh-Feldt	6.067	1.233	4.919	4.130	.042
	하한값	6.067	1.000	6.067	4.130	.051
오차(태도)	구형성 가정	42.600	58	.734		
	Greenhouse-Geisser	42.600	35.069	1.215		
	Huynh-Feldt	42.600	35.769	1.191		
	하한값	42.600	29.000	1.469		

개체-내 대비 검정

측도: MEASURE_1

소스	요인1	제 III 유형 제곱합	자유도	평균제곱	F	유의확률
요인1	선형	6.017	1	6.017	6.588	.016
	2차형	.050	1	.050	.090	.766
오차(요인1)	선형	26.483	29	.913		
	2차형	16.117	29	.556		

개체-간 효과 검정

측도: MEASURE_1
변환된 변수: 평균

소스	제 III 유형 제곱합	자유도	평균제곱	F	유의확률
절편	7896.100	1	7896.100	2379.497	.000
오차	96.233	29	3.318		

※ 밑줄 친 부분은 보고서에 제시해야 하는 부분이다.

〈참고〉 '명령문'으로 분석하는 방법: 이상의 분석은 '명령문'을 활용하더라도 동일한 결과를 얻을 수 있다. 그 절차는 다음과 같다.

✔ '명령문' 창에 다음과 같은 명령문을 작성한다. 이 명령문은 반복측정한 변수명과 반복측정 횟수에 따라서 달라진다.

✔ 명령문의 '실행' 메뉴

✔ '모두' 또는 실행하려는 영역에 블록을 지정한 상태에서 '선택영역' 선택

```
manova 태도1 to 태도3
/wsfactors 태도(3)
/wsdesign.
```

※ '태도 1 to 태도 3(또는 태도 1 태도 2 태도 3)'은 '반복측정한 변수이름'이고, '태도(3)'에서 '태도'는 '요인의 이름'으로 연구자가 임의로 지정할 수 있다. '3'은 반복측정한 회수다.

※ 앞의 명령문을 활용할 경우 다음과 같은 분석 결과가 산출된다.

```
* * * * * * A n a l y s i s   o f   V a r i a n c e -- design   1 * * * * * *
Tests of Between-Subjects Effects.

Tests of Significance for T1 using UNIQUE sums of squares
Source of Variation          SS          DF        MS           F    Sig of F

WITHIN CELLS               96.23         29       3.32
CONSTANT                 7896.10          1    7896.10       2379.50     .000


* * * * * * A n a l y s i s   o f   V a r i a n c e -- design   1 * * * * * *
Tests involving '태도' Within-Subject Effect.

AVERAGED Tests of Significance for 태도 using UNIQUE sums of squares
Source of Variation          SS          DF        MS           F    Sig of F

WITHIN CELLS               42.60         58        .73
태도                        6.07          2       3.03         4.13     .021
```

※ 밑줄 친 부분은 보고서에 제시해야 하는 부분이다.

5) [연구문제 1]에 대한 보고서 제시 및 해석방법

<표 22-2> 교수방법에 따른 수학에 대한 태도의 기술통계 분석 결과

변 수	N	M	SD
기존 방법 적용 후의 수학에 대한 태도	30	9.03	1.16
교수방법 A 적용 후의 수학에 대한 태도	30	9.40	1.28
교수방법 B 적용 후의 수학에 대한 태도	30	9.67	1.35

세 가지 교수방법에 따른 수학에 대한 태도의 평균과 표준편차를 구하였다. 그 결과 <표 22-2>와 같이 평균은 교수방법 B를 적용한 후가 9.67로 가장 높았고

기존의 교수방법을 적용한 후가 9.03으로 가장 낮았다. 표준편차도 교수방법 B를 적용한 후가 1.35로 가장 높았고 기존의 교수방법을 적용한 후가 1.16으로 가장 작았다.

세 가지 교수방법에 따라서 수학에 대한 태도의 평균이 달라졌다고 할 수 있는 지 분석한 결과는 <표 22-3>과 같이 수학에 대한 태도는 교수방법에 따라서 통계적으로 유의미한 차이가 있음을 확인할 수 있었다($F=4.13$, $p<.05$).

<표 22-3> 교수방법에 따른 수학에 대한 태도의 반복측정 분산분석 검정 결과

Source	SS	df	MS	F	p
태도(A)	6.07	2	3.03	4.13	.021
피험자(B)	96.23	29	3.32		
A×B	42.60	58	.73		
전 체	144.90	89			

6) [연구문제 2]에 대한 분석 절차: 사전비교

※ 반복측정 분산분석에서 사전비교는 SPSS로는 계산할 수 없으므로, 손으로 직접 계산해야 한다(박광배, 2004).

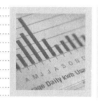

제23장
공분산분석

• 연구 목적

　본 연구의 목적은 중학교에서 대도시와 읍·면지역 간에 교육격차가 존재하
는지를 실증적으로 검증하는 데 있다.

• 용어 정의

　본 연구에서 교육격차란 '대도시 혹은 읍·면지역에 소재한 학교에 다님으
로써 학력(學力) 향상에 유리함 또는 불리함을 받는 현상'으로 정의하고자
한다.

• 연구대상

　본 연구는 대도시와 읍·면지역의 중학교 3학년 재학생 중에서 무선적으로
표집된 1,000명을 대상으로 한다.

• 검사도구

　본 연구에서 활용한 검사도구는 내용전문가가 교육목표에 근거하여 검사문
항이 내용 전집을 잘 대표할 수 있도록 개발한 학업성취도검사를 활용하도
록 한다.

• 자료 수집

　본 연구의 분석을 위해서, 표집된 학생을 대상으로 3학년 2학기 말에 학업성
취도평가를 일괄적으로 실시하였다.

-2008학년도 중등임용시험-

앞과 같이 중학교에서 대도시와 읍·면지역 간에 교육격차를 실증적으로 분석하기 위해 대도시와 읍·면지역의 중학교 3학년 재학생 중에서 무선적으로 표집된 1,000명을 대상으로 학업성취도검사를 실시하여 대도시와 읍·면지역 간 학업성취도 차이를 비교하였다고 하자. 이처럼 범주형 독립변수가 양적인 종속변수에 미치는 영향을 알아보는 통계적 분석방법이 분산분석(ANOVA)이다.

그런데 3학년에서의 학업성취도의 대도시와 읍·면지역 간 차이는 대도시 혹은 읍·면지역에 소재한 학교에 다닌다는 것에만 영향을 받은 것이 아니라 지능, 부모의 사회경제적 지위, 입학 당시의 학업성취도 등에도 영향을 받았을 수 있다. 이런 경우 대도시 혹은 읍·면지역의 효과를 보다 정밀하게 검정하기 위해서 종속변수인 3학년에서의 학업성취도의 분산 중에서 지능, 부모의 사회경제적 지위, 입학 당시의 학업성취도 등에 의한 영향 부분을 제거할 필요가 있다. 이와 같이 종속변수에 영향을 미치는 가외변수를 통계적으로 통제한 후, 집단 간 차이를 검정하는 통계적 분석방법을 '공분산분석(analysis of covariance, 일명 공변량분석, ANCOVA)'이라 한다. 이때 지능, 부모의 사회경제적 지위, 입학 당시의 학업성취도와 같이 통제해야 할 양적인 가외변수를 '공변수(covariate, 일명 공변인)'라고 한다.

공분산분석은 t 검정과 분산분석과 달리 비교하려는 집단의 개수가 2개인 경우와 3개 이상인 경우를 구분하지 않는다. 즉, 비교하려는 집단이 2개이든 3개 이상이든 모두 공분산분석에 해당한다. 그리고 공변수의 개수도 1개이든 2개 이상이든 모두 공분산분석에 포함된다. 다만, 종속변수에서 통제하려는 변수인 공변수를 제외한 범주형 독립변수의 개수가 2개 이상인 경우는 특히 '다원공분산분석(multi-way ANCOVA)'이라고 부른다. 다원공분산분석에서는 공변수의 영향을 통제하였을 때 범주형 독립변수의 주효과와 상호작용효과를 분석할 수 있다. 이에 비해 종속변수가 2개 이상인 공분산분석을 '다변량공분산분석(multi-variate ANCOVA, 또는 MANCOVA)'이라고 한다.

공분산분석에서 공변수는 종속변수와 동일한 검사도구로 측정하여 얻은 경우도 있다. 이질집단 전후검사설계는 이러한 경우의 한 예다([그림 23-1] 참조). 이질집단 전후검사설계는 동질성을 보장할 수 없는 실험집단과 통제집단을 구성하여 처치변수 투입 전후에 사전검사와 사후검사를 실시하는 방법이다. 이 설계는 사후검사에서의 실험집단과 통제집단 간 차이만으로는 그것이 처치변수에 의한 것인지 처치변수가 투입되기 전부터 이미 존재하였던 사전검사에서의 차이에 의한 것인지 판단하기 어렵기 때문에 사전검사의 영향을 통제한 후, 사후검사의 실험집단과 통제집단 간 차이를 검정해야 한다. 이러한 경우, 공변수(사전검사)는 종속변수(사후검사)와 동일한 검사도구로 측정하여 얻은 자료다.

	사전검사	처 치	사후검사
실험집단	O_1	X	O_2
통제집단	O_3		O_4

[그림 23-1] 이질집단 전후검사설계

이처럼 실험연구에서 공분산분석은 처치변수 투입 이전의 실험집단과 통제집단 간의 동질성을 통계적으로 보장해 줌으로써 처치변수 투입 이후의 어떤 변화가 처치변수의 순수한 영향력이라는 것을 확신하게 해 주는 통계방법이다. 참고로 처치변수 이외의 변수를 제대로 통제함으로써 종속변수의 변화가 처치변수의 영향에 의한 것임을 확신할 수 있을 때 그 실험연구는 '내적 타당화(internal validity)가 높다.'고 평가한다.

① 공분산분석의 기본 원리

이 장에서는 일원공분산분석(one-way ANCOVA)에 대해서만 소개하기로 한다. 일원공분산분석(이하, 공분산분석)은 범주형 변수 1개와 J개의 공변수를 독립변수로 하고, 1개의 양적인 변수를 종속변수로 한다. 이때 연구자의 관심은 공변수의 영향을 통제하였을 때 범주형 변수의 처치조건에 따른 종속변수의 평균이 통계적으로 유의미한 차이가 있는지 검정하는 것이다.

공분산분석은 중다회귀분석으로도 동일한 결과를 얻을 수 있다. J개의 공변수 $[X_j$ (단, $j=1, 2, \cdots, J)]$와 1개의 범주형 변수(A)가 하나의 양적인 종속변수(Y)를 설명한다고 할 때, 위계적 중다회귀분석을 이용하면 다음과 같은 두 가지 중다회귀모형을 설정할 수 있다. 여기서 연구자의 관심은 '범주형 변수 A의 회귀계수가 통계적으로 유의미한가?'이다.

$$\text{공변수 효과 모형: } Y' = b_0 + b_1 X_1 + b_2 X_2 + \cdots + b_J X_J$$
$$\text{공분산분석 모형: } Y' = b_0 + b_1 X_1 + b_2 X_2 + \cdots + b_J X_J + b_{J+1} A$$

공분산분석 모형에서 회귀계수 b_{J+1}가 통계적으로 유의미하다는 것은 'J개의 공변수가 종속변수에 미치는 영향을 통제하였을 때, 범주형 변수인 A의 처치조건에 따른 종속변수의 평균은 통계적으로 유의미한 차이가 있음'을 의미한다. 다만, 여기에서는 설명의 편의를 위해서 범주형 변수 A는 처치조건이 두 가지라고 가정한다. 만약 범주형 변수 A의 처치조건이 세 가지라면 2개의 가변수(dummy variables)인 D_1, D_2를 이용하여 다음과 같은 공분산분석 모형을 설정하여야 한다.

$$Y' = b_0 + b_1 X_1 + b_2 X_2 + \cdots + b_J X_J + b_{J+1} D_1 + b_{J+2} D_2$$

중다회귀분석에서 중다상관제곱을 이용하더라도 공분산분석과 동일한 결과를 얻을 수 있다. 즉, 공변수 효과 모형의 중다상관제곱(R_r^2)과 공분산분석 모형의 중다상관제곱(R_f^2)을 비교할 때, '증가된 중다상관제곱'은 'J개의 공변수가 종속변수에 미치는 영향을 통제하였을 때 종속변수에 대한 범주형 변수 A의 추가적인 설명량'을 의미한다.

$$\frac{(R_f^2 - R_r^2)/(K-1)}{(1 - R_f^2)/(N-J-K)} \sim F(K-1, N-J-K)$$

단, R_f^2 : 종속변수 Y에 대한 독립변수들(J개의 공변수와 처치변수)의 중 다상관제곱

R_r^2 : 종속변수 Y에 대한 독립변수 중에서 J개의 공변수들의 중다상 관제곱

J : 공변수의 개수

K : 범주형 변수 A의 처치조건의 수

N : 표본의 크기

만약, 앞의 검정통계량이 통계적으로 유의미하다면, 'J개의 공변수가 종속변수에 미치는 영향을 통제하였을 때, 범주형 변수인 A의 처치조건에 따른 종속변수의 평균은 통계적으로 유의미한 차이가 있다.'고 할 수 있다. 이때 주의할 것은 범주형 변수 A의 처치조건이 K개이면 $K-1$개의 가변수(dummy variables; D_1, D_2, …, D_{K-1})를 이용해야 하기 때문에 독립변수는 $K-1$개가 더 증가하고, 결국 앞의 검정통계량에서 분자의 자유도는 $K-1$이고, 분모의 자유도는 $N-J-K$가 된다는 점이다.

요컨대, 공분산분석은 공변수 효과 모형의 중다상관제곱(R_r^2)과 공분산분석 모형의 중다상관제곱(R_f^2)을 비교할 때, '증가된 중다상관제곱'에 대한 가설검정 과정으로 볼 수 있다. [그림 23-2]와 같은 벤다이어그램에서 '증가된 중다상관제곱'은 종속변수 Y에 대한 범주형 변수 A의 설명분산인 'ⓑ+ⓔ' 중, 공변수인 X의 영향에 의한 설명분산인 'ⓔ'을 제거한 분산인 'ⓑ'에 해당한다.

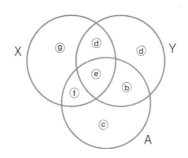

[그림 23-2] 공분산분석에서의 분산 분할

공분산분석은 종속변수 Y(양적변수)의 분산 중에서 공변수 X(양적변수)에 의해서 설명 가능한 부분의 분산을 제거(회귀분석 모형)한 다음, 이들 나머지 분산 중에

서 범주형 변수 A의 영향력을 통계적으로 검정(분산분석 모형)하려는 접근방법이다. 즉, 공분산분석에서 종속변수는 다음과 같은 효과 모형으로 설명할 수 있다.

$$Y_{ij} = \mu + \alpha X_{ij}(\text{공변수 } X\text{의 효과}) + \beta_j(j\text{집단의 효과}) + e_{ij}(\text{무선효과})$$

그러므로 공분산분석은 회귀분석과 분산분석이 혼합된 모형으로 볼 수 있다. 공변수의 영향을 통제하기 위해서 회귀분석의 개념이 활용되고, 공변수의 영향을 통제한 후 집단 간 차이를 검정하기 위해 분산분석의 개념이 활용된다.

공분산분석을 공변수와 종속변수 간의 이차원적인 그림으로 이해할 수도 있다. 이를 위해 이질집단 전후검사설계를 공분산분석으로 분석하는 상황을 예로 들고자 한다. [그림 23-3]은 가로축을 사전검사 점수, 세로축을 사후검사 점수로 하여, 통제·실험집단의 사전·사후검사 점수 분포를 나타낸 것이다. 이 경우, 사후검사 점수에서 실험집단은 통제집단에 비해서 그 평균이 매우 높다. 그러나 이것이 전적으로 처치에 의한 효과라고 볼 수는 없다. 왜냐하면 사전검사에서 이미 실험집단은 통제집단에 비해서 그 평균이 매우 높았기 때문이다.

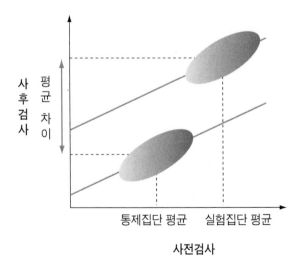

[그림 23-3] 이질집단 전후검사설계에서의 점수 분포

　이러한 경우에는 [그림 23-4]와 같이 통제집단의 점수 분포는 회귀선을 따라서 오른쪽 위로 이동시키고 실험집단의 점수분포는 왼쪽 아래로 이동시켜서 사전검사에서 통제집단과 실험집단의 평균이 동일하도록 한 다음, 사후검사에서 실험집단과 통제집단 간 평균 차이를 검정할 필요가 있다. 회귀선을 따라서 점수 분포를 이동시켜서 사전검사의 통제집단과 실험집단 간 평균을 동일하도록 하는 데 회귀분석의 개념이 활용된다. 회귀분석을 이용하여 사전검사에서 두 집단의 평균을 동일하게 하였을 때, 사후검사에서의 통제집단과 실험집단 평균을 '조정평균(adjusted mean)'이라고 한다. 이때 두 회귀선의 기울기가 동일하다고 가정하면, 조정평균 간의 차이는 두 회귀선의 절편의 차이와 같다. 결국 공분산분석은 회귀절편에 대한 집단 간 차이 검정이라고 할 수 있다.

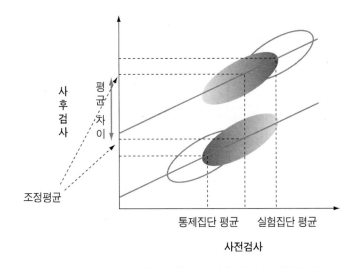

[그림 23-4] 공분산분석에 의한 이질집단 통제집단설계에서의
점수 분포 변화

　공분산분석을 적용하기 전과 적용한 후의 집단 간 차이가 어떻게 달라지는지 보기 위해서 좀 더 다양한 상황을 예로 들어 보자.

　[그림 23-5]와 [그림 23-6]의 (가)는 공분산분석을 적용하기 전이고, (나)는 (가)에 공분산분석을 적용한 후의 상황이다. 특히, [그림 23-5]의 (가)는 공분산분석을 실시하더라도 [그림 23-5]의 (나)와 같이, '사후검사의 실험집단과 통제집단 간 차

이'와 '조정평균의 실험집단과 통제집단 간 차이'는 변화가 없다. 이에 비해서 [그림 23-6] (가)의 경우 사후검사의 실험집단과 통제집단 간 차이는 매우 크지만, [그림 23-6] (나)와 같이 공분산분석을 실시한 후의 조정평균은 그 차이가 0이 된다. 결국, [그림 23-5] (가)의 경우 사후검사에 대해서 분산분석을 하는 것과 사전검사를 공변수로 하는 공분산분석을 하는 것은 유사한 결과가 기대된다. 이에 비해서 [그림 23-6] (가)의 경우 사후검사에 대해서 분산분석을 하면 통계적으로 유의미한 차이가 있지만 사전검사를 공변수로 하는 공분산분석을 하면 차이가 없다는 결과를 얻을 가능성이 높다.

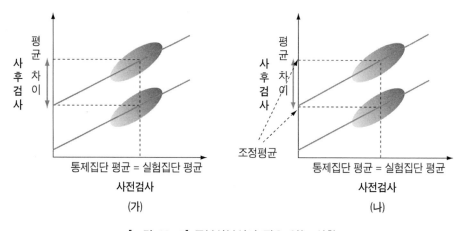

[그림 23-5] 공분산분석이 필요 없는 상황

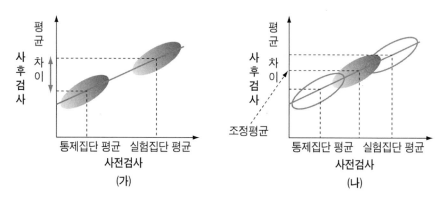

[그림 23-6] 공분산분석이 필요한 상황

다음은 공분산분석에 대한 수리적인 과정이다. 이를 이해하려면 단순회귀분석에서 X를 알고 Y를 예언하는 데 사용되는 회귀계수가 다음과 같다는 것을 알아야 한다.

$$b_{yx} = r\frac{s_y}{s_x} = \frac{\sum xy}{\sum x^2} = \frac{\sum(X-\overline{X})(Y-\overline{Y})}{\sum(X-\overline{X})^2}$$

앞의 식을 활용한다면, K개 집단의 모든 사례 $N(=n_1+n_2+\cdots+n_K)$을 기초로 X를 알고 Y를 예언하는 전체 회귀계수인 b_t, K개의 집단 내 회귀계수를 통합하여 얻은 회귀계수인 b_w 및 각 집단의 평균치를 하나의 점수로 보고 이 평균점을 지나는 최적의 직선을 나타내는 회귀계수 b_b를 구할 수 있다. 다만, 각 집단 내 회귀계수 b_w가 다음과 같이 통합되려면 각 집단 내 회귀계수가 동일하다는 가정을 할 수 있어야 한다. 이러한 이유에서 공분산분석은 각 집단 내 회귀계수가 동일해야 한다는 가정이 필요하다.

$$b_t = \frac{\displaystyle\sum_{k=1}^{K}\sum_{i=1}^{n_k}(Y_{ik}-\overline{Y})(X_{ik}-\overline{X})}{\displaystyle\sum_{k=1}^{K}\sum_{i=1}^{n_k}(X_{ik}-\overline{X})^2}$$

$$b_w = \frac{\displaystyle\sum_{k=1}^{K}\sum_{i=1}^{n_k}(Y_{ik}-\overline{Y_k})(X_{ik}-\overline{X_k})}{\displaystyle\sum_{k=1}^{K}\sum_{i=1}^{n_k}(X_{ik}-\overline{X_k})^2}$$

$$b_b = \frac{\displaystyle\sum_{k=1}^{K}n_k(\overline{Y_k}-\overline{Y})(\overline{X_k}-\overline{X})}{\displaystyle\sum_{k=1}^{K}n_k(\overline{X_k}-\overline{X})^2}$$

그리고 단순회귀분석에서 X를 알고 Y를 예언할 때 X에 의해서 예언되지 않는 부분의 편차제곱합은 다음 공식을 활용하여 구할 수 있다.

$$SS'_y = \sum_i^N (y - y')^2 = \sum_i^N [(Y_i - \overline{Y}) - b_{yx}(X_i - \overline{X})]^2$$

이를 K개 집단의 모든 사례 $N(= n_1 + n_2 + \cdots + n_K)$에 활용한다면, Y의 총 편차제곱합 중에서 회귀계수 b_t에 의해서 예언되는 부분을 제외한 '교정된 총 편차제곱합 SS'_{yt}', Y의 내 편차제곱합 중에서 회귀계수 b_w에 의해서 예언되는 부분을 제외한 '교정된 내 편차제곱합 SS'_{yw}', Y의 간 편차제곱합 중에서 회귀계수 b_b에 의해서 예언되는 부분을 제외한 '교정된 간 편차제곱합 SS'_{yb}'를 다음과 같이 구할 수 있다 (임인재, 1987).

$$SS'_{yt} = \sum_{k=1}^{K}\sum_{i=1}^{n_k}(Y_{ik} - \overline{Y})^2 - \frac{\left[\sum_{k=1}^{K}\sum_{i=1}^{n_k}(Y_{ik} - \overline{Y})(X_{ik} - \overline{X})\right]^2}{\sum_{k=1}^{K}\sum_{i=1}^{n_k}(X_{ik} - \overline{X})^2}$$

$$SS'_{yw} = \sum_{k=1}^{K}\sum_{i=1}^{n_k}(Y_{ik} - \overline{Y_k})^2 - \frac{\left[\sum_{k=1}^{K}\sum_{i=1}^{n_k}(Y_{ik} - \overline{Y_k})(X_{ik} - \overline{X_k})\right]^2}{\sum_{k=1}^{K}\sum_{i=1}^{n_k}(X_{ik} - \overline{X_k})^2}$$

$$SS'_{yb} = SS'_{yt} - SS'_{yw}$$

이때 공분산분석은 다음의 표집분포가 자유도 $K-1$, $N-K-1$인 F분포를 따른다는 수학적인 증명 결과를 활용한 것이다.

$$\frac{SS'_{yb}/(K-1)}{SS'_{yw}/(N-K-1)} \sim F(K-1,\ N-K-1)$$

(단, N: 표본의 크기, K: 집단의 수)

공분산분석에서 교정된 총 편차제곱합의 자유도는 $N-2$가 된다. 이것은 X에 의해서 예언되는 회귀선을 중심으로 예언되지 않는 부분의 편차제곱합이므로 회귀계수와 Y절편을 구하는 데 각각 하나의 자유도, 총 두 개의 자유도를 잃었기 때문이다. 교정된 내 편차제곱합의 자유도는 $N-K-1$이 된다. 그러나 교정된 간 편차제곱합의 자유도는 $K-1$로 변화하지 않는다. 그 이유는 집단 간 회귀계수 b_b는 교정된 간 편차제곱합을 구하는 데 이용되지 않고 SS'_{yt}에서 SS'_{yw}를 뺌으로써 얻을 수 있기 때문이다. <표 23-1>은 교정 전과 교정 후의 자유도가 어떻게 변화하는가를 요약해 주고 있다(임인재, 1987).

<표 23-1> 공분산분석에서 교정전과 교정후의 자유도

분산원	교정 전 자유도	교정 후 자유도
집단 간	$K-1$	$K-1$
집단 내	$N-K$	$N-K-1$
전 체	$N-1$	$N-2$

② 공분산분석의 기본 가정

공분산분석은 분산분석과 회귀분석을 통합한 것이므로 두 분석에 필요한 기본 가정이 모두 필요하다. 하나의 독립변수와 여러 개의 공변수를 포함한 일원공분산분석의 기본 가정은 다음과 같다.

첫째, 각 집단 내에서 주어진 공변수 X에 대한 종속변수 Y의 분포는 정규분포를 따라야 한다. 즉, 주어진 X에 대한 Y의 조건분포는 정규분포를 따라야 한다.

둘째, 공변수 X에 대한 종속변수 Y의 조건분포의 분산은 모든 집단과 모든 공변수 X의 전 범위 내에서 동일해야 한다.

셋째, 공변수와 종속변수 간에는 선형적인 상관관계가 있어야 한다. 만약, 공변수와 종속변수 간의 상관 정도가 매우 낮다면, 회귀분석을 통해 종속변수의 분산 중 공변수로 설명할 수 있는 분산이 대단히 적을 것이다. 이러한 경우에는 공분산분석의 결과는 분산분석과 별로 차이가 없다. 오히려 오차분산의 자유도만 하나 더 소모하기 때문에 처치변수 효과의 통계적 검정력만 떨어뜨리게 된다. Kennedy 와 Bush(1985)는 공분산분석을 적용하여 실험설계의 효율성을 기대하려면, 공변수 와 종속변수 간의 상관 정도가 적어도 .6은 되어야 한다고 주장하였다.

넷째, 집단 내에서의 종속변수에 대한 공변수의 회귀계수가 집단 간에 동일해 야 한다. 즉, K개의 각 집단을 대표하는 전집의 회귀계수가 상호 일정하다 $(H_0 : \beta_1 = \beta_2 = ... = \beta_K)$는 기본 가정을 충족시켜야 한다. 이를 검정하기 위해서는 다음의 검정통계량이 자유도가 $K-1$, $N-2K$인 F분포를 따른다는 것을 이용한다.

$$\frac{S_2/(K-1)}{S_1/(N-2K)} \sim F(K-1, \ N-2K)$$

(단, K: 집단의 수, N: 전체 표본의 크기)

여기서 S_1과 S_2는 다음과 같이 구한다(임인재, 1987).

$$S_1 = \sum_{k=1}^{K}\left(\sum_{i=1}^{n_k}(Y_{ik}-\overline{Y_k})^2 - \frac{\left[\sum_{i=1}^{n_k}(Y_{ik}-\overline{Y_k})(X_{ik}-\overline{X_k})\right]^2}{\sum_{i=1}^{n_k}(X_{ik}-\overline{X_k})^2}\right)$$

(단, X: 공변수, Y: 종속변수, n_k: k집단의 표본의 크기)

$$SS'_{yw} = \sum_{k=1}^{K}\sum_{i=1}^{n_k}(Y_{ik}-\overline{Y_k})^2 - \frac{\left[\sum_{k=1}^{K}\sum_{i=1}^{n_k}(Y_{ik}-\overline{Y_k})(X_{ik}-\overline{X_k})\right]^2}{\sum_{k=1}^{K}\sum_{i=1}^{n_k}(X_{ik}-\overline{X_k})^2}$$

$$S_2 = SS'_{yw} - S_1$$

다섯째, 시간적으로 실험적 처치가 공변수에 영향을 미치지 않도록 공변수를 측정해야 한다. 물론, 실험적 처치가 공변수의 측정에 영향을 미치지 않는다면 언제든지 공변수를 측정할 수도 있다. 그러나 실험적 처치가 공변수에 영향을 미 친다면, 실험적 처치를 투입하기 전에 공변수를 측정해야 한다. 만약, 공변수의 측정에 실험적 처치효과가 혼재된다면, 교정된 편차제곱합을 구하는 과정에서 실제로 공변수로 설명할 수 있는 분산을 과대추정 혹은 과소추정하게 되어 해석에 타당성이 없어질 수 있다(임인재, 1987).

③ 공분산분석의 예

1) 분석 과제와 연구문제

(1) 분석 과제

교우와의 관계에 긍정적인 영향을 줄 것으로 예상되는 교수방법 A와 교수방법 B를 개발하였다. 이에 대한 효과를 검정하기 위해서 기존의 교수방법(교수방법 C)과 비교하고자 한다. 이를 위해, 먼저 세 가지 교수방법에 각각 20명을 배치하여 교우와의 관계를 미리 측정하였다. 그리고 세 가지 교수방법을 일정 기간 적용한 후, 교우와의 관계를 다시 한 번 측정하였다. 교우와의 관계에 대한 세 가지 교수방법의 효과를 평가하시오.

(2) 연구문제

[연습문제 1] 교우와의 관계에 대한 효과는 세 가지 교수방법 간에 차이가 있는가?
[연습문제 2] ([연구문제 1]에서 차이가 있다면) 어떤 교수방법 간에 차이가 있는가?

※ 연구설계: 이질집단 전후검사설계

$$O_1 \qquad X_1 \qquad O_2$$
$$O_3 \qquad X_2 \qquad O_4$$
$$O_5 \qquad\qquad O_6$$

※ 연구대상: 교수방법 A를 적용한 실험집단 1, 교수방법 B를 적용한 실험집단 2, 교수방법 C를 적용한 통제집단 각각 20명

2) 코딩방식 및 분석 데이터

- 코딩방식: 처치여부(1 : 실험집단 1, 2 : 실험집단 2, 3 : 통제집단), 사전 교우관계, 사후 교우관계를 차례로 입력한다. 이때 한 피험자에 대한 반응은 하나의 행에 입력해야 한다.
- 분석 데이터: 공분산분석_처치조건3_교우관계.sav (연습용 파일)

공분산분석_처치수준3_교우관계.sav [DataSet2] - SPS...					
파일(F) 편집(E) 보기(V) 데이터(D) 변환(T) 분석(A) 그래프(G) 유틸리티(U) 창(W) 도움말(H)					
2 : 후교우관계		3.425			
	treat	전교우관계	후교우관계	변수	변수
16	1	2.78	3.95		
17	1	2.65	4.13		
18	1	2.40	4.33		
19	1	2.98	4.48		
20	1	2.80	4.45		
21	2	2.85	3.28		
22	2	2.70	3.05		
23	2	3.15	3.60		

데이터 보기 / 변수 보기 /　　SPSS 프로세서이(

3) 분석 절차

(1) 1단계 : 집단별 평균과 표준편차 구하기

- 이 책의 제6부 제18장의 ❷ 참조

(2) 2단계 : 'F값'과 'p값' 구하기

- '분석' 메뉴
  - ✔ '일반선형모형' ⇨ '일변량'
  - ✔ 사후검사 점수인 후교우관계를 '종속변수'로 이동
  - ✔ 사전검사 점수인 전교우관계를 '공변량'으로 이동
  - ✔ 교수방법 구분 변수인 treat를 '모수요인'으로 이동

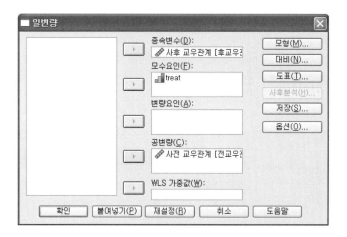

• '옵션'

  ✔ 독립변수인 'treat'를 '평균 출력 기준'으로 이동: 조정평균을 구하는 절차

  ✔ '기술통계량' 체크: 종속변수의 집단별 평균과 표준편차를 구하는 절차

  ✔ '모수 추정값' 체크: 조정평균 추정을 위한 회귀계수를 구하는 절차 ⇨
    '계속'

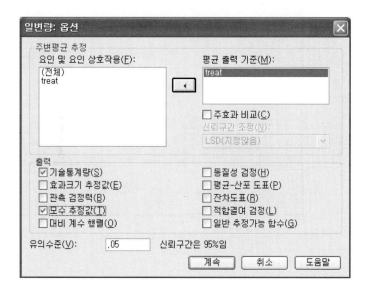

※ 사후비교가 필요 없을 경우 '확인'을 클릭하면 분석이 완료된다. 만약 사후비
   교가 필요한 경우라면 다음의 '3단계'를 실시해야 한다.

(3) 3단계 : 사후비교 분석하기

- '저장' : '조정된 종속변수'를 생성하는 절차
  - ✔ '비표준화' 선택 ⇨ '계속'
  - ✔ '확인'

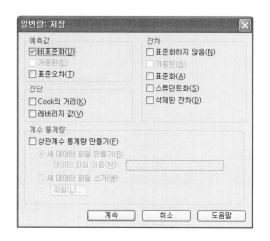

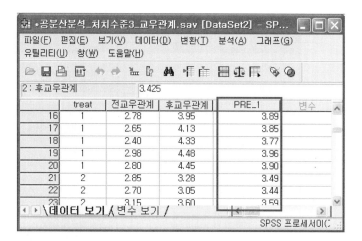

※ 이러한 과정을 통해서 '조정된 종속변수'인 'PRE_1'이라는 변수가 데이터 보기
창에 하나 더 생긴다.

- '분석' 메뉴: 조정된 종속변수를 이용하여 사후비교를 실시하는 절차
  - ✔ '평균 비교' ⇨ '일원배치 분산분석'

✔ 새롭게 생성된 '조정된 종속변수'인 'PRE_1'을 '종속변수'로 이동

✔ 독립변수인 'treat'를 '요인분석'으로 이동

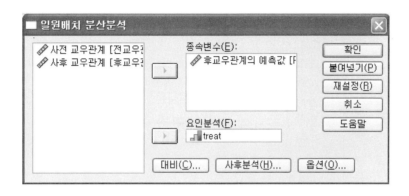

• '다중비교'

✔ 'Tukey(T)' 체크: 각 집단별 표본의 크기가 동일한 경우

✔ '계속' ⇨ '확인'

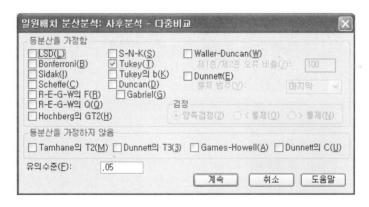

※ 각 집단별 표본의 크기가 같지 않으면 'Scheffe(C)' 방법이 가장 일반적이다.

• '명령문'으로 분석하는 방법: 이상의 과정은 명령문으로 분석할 수 있다. 그 절차는 다음과 같다.

✔ 각 단계에서 '확인'을 클릭하는 대신, '붙여넣기'를 클릭하여 다음과 같은 명령문 분석 프로그램을 축적한다.

✔ 명령문의 '실행' 메뉴

✔ '모두' 또는 실행하려는 영역에 블록을 지정한 상태에서 '선택영역' 선택

```
**기술통계치 분석프로그램.
 * Basic Tables.
TABLES
/FORMAT BLANK MISSING('.')
/OBSERVATION 전교우관계 후교우관계
/TABLES treat
BY (전교우관계 + 후교우관계)
/STATISTICS
count( ( F5.0 ))
mean( ( F7.2 ))
stddev( ( F7.2 )).


**공분산 분석프로그램.
UNIANOVA
후교우관계 BY treat WITH 전교우관계
/METHOD = SSTYPE(3)
/INTERCEPT = INCLUDE
/SAVE = PRED
/EMMEANS = TABLES(treat) WITH(전교우관계=MEAN)
/PRINT = DESCRIPTIVE PARAMETER
/CRITERIA = ALPHA(.05)
/DESIGN = 전교우관계 treat .


**사후비교 분석프로그램.
ONEWAY
PRE_1 BY treat
/STATISTICS DESCRIPTIVES
/MISSING ANALYSIS
/POSTHOC = TUKEY ALPHA(.05).
```

4) 분석 결과

	사전 교우관계			사후 교우관계		
	빈도	평균	표준편차	빈도	평균	표준편차
교수방법A	20	2.73	.37	20	3.88	.33
교수방법B	20	3.27	.43	20	3.63	.31
기존방법	20	3.26	.44	20	3.23	.34

※ 이 책의 제6부 제18장의 ❷를 참조로 한 분석 결과다.

기술통계량

종속변수: 사후 교우관계

treat	평균	표준편차	N
교수방법A	3.8775	.33442	20
교수방법B	3.6288	.30825	20
기존방법	3.2325	.34058	20
합계	3.5796	.41918	60

개체-간 효과 검정

종속변수: 사후 교우관계

소스	제 III 유형 제곱합	자유도	평균제곱	F	유의확률
㉠ 수정 모형	5.349ᵃ	3	1.783	19.897	.000
절편	6.490	1	6.490	72.421	.000
㉡ 전교우관계	1.116	1	1.116	12.454	.001
㉢ treat	5.347	2	2.674	29.837	.000
오차	5.018	56	.090		
합계	779.172	60			
수정 합계	10.367	59			

a. R 제곱 = .516 (수정된 R 제곱 = .490)

※ 밑줄 친 부분은 보고서에 제시해야 하는 부분이다.

공분산분석과 중다회귀분석

'교우관계 사전검사 점수를 통제 한 후, 교우관계 사후검사 점수가 세 가지 교수방법 간에 차이가 있는가?'와 같은 공분산분석은 중다회귀분석을 활용하여 분석과 해석을 시도할 수 있다. 예컨대, 처치변수, 공변수 및 종속변수가 각각 1개인 공분산분석은 다음과 같은 회귀식으로 표현할 수 있다.

$$Y' = b_0 + b_1 A + b_w X$$

(단, Y: 종속변수 A: 처치변수 X: 공변수)

공분산분석에서의 관심은 '처치변수의 회귀계수인 b_1이 통계적으로 유의미한가?'에 있다. 특히, SPSS 분석 결과 중 '개체–간 효과 검정' 부분에서 나타나는 '수정모형(㉠)' '공변수(㉡, 전교우관계)' 및 '처치변수(㉢, treat)'의 유의확률도 중다회귀분석을 이용하면 그 의미를 좀 더 쉽게 이해할 수 있다.

첫째, '수정모형(㉠)의 유의확률'은 종속변수에 대한 처치변수와 공변수의 설명이 통계적으로 유의미하다고 할 수 있는지를 나타낸다. 이는 중다회귀분석에서 중다상관제곱인 R^2의 유의확률과 동일하다. 수정모형의 유의확률이 유의수준보다 작거나 같으면 주어진 자료가 공분산분석에 적합하다고 판단할 수 있다.

둘째, '공변수(㉡)의 유의확률'은 처치변수의 영향을 제거하였을 때 종속변수에 대한 공변수의 효과가 통계적으로 유의미하다고 할 수 있는지를 나타낸다. 이는 중다회귀분석에서 공변수의 회귀계수인 b_w의 유의확률과 동일하다. '공변수의 유의확률이 유의수준보다 작거나 같으면 주어진 자료가 공분산분석에 적합하다고 판단할 수 있다.

셋째, '처치변수(㉢)의 유의확률'은 공변수의 영향을 제거하였을 때 종속변수에 대한 처치변수의 효과가 통계적으로 유의미하다고 할 수 있는지를 나타낸다. 이는 중다회귀분석에서 처치변수의 회귀계수인 b_1의 유의확률과 동일하다. 공분산분석의 주된 관심은 '처치변수(㉢)의 유의확률이 유의수준과 비교할 때 어떠한가?'에 있다.

모수 추정값

종속변수: 사후 교우관계

모수	⊙ B	표준오차	t	유의확률	95% 신뢰구간	
					하한값	상한값
절편	2.130	.319	6.671	.000	1.491	2.770
전 교우관계	.338	.096	3.529	.001	.146	.530
[treat=1]	.825	.107	7.673	.000	.609	1.040
[treat=2]	.394	.095	4.159	.000	.204	.583
[treat=3]	0ᵃ	.	.	.	.	.

a. 이 모수는 중복되었으므로 0으로 설정됩니다.

treat

종속변수: 사후 교우관계

treat	ⓛ 평균	표준오차	95% 신뢰구간	
			하한값	상한값
교수방법A	3.998ᵃ	.075	3.848	4.149
교수방법B	3.567ᵃ	.069	3.429	3.706
기존방법	3.173ᵃ	.069	3.035	3.312

a. 모형에 나타나는 공변량은 다음 값에 대해 계산됩니다.
: 사전 교우관계 = 3.0854.

보충학습

조정평균의 계산 과정

첫째, 집단 내에서 종속변수에 대한 공변수의 회귀계수가 집단 간에 동일하다는 가정하에, 집단별로 공변수로 종속변수를 설명하는 회귀식을 구할 수 있다. '⊙'을 이용하여 구한 집단별 회귀식은 다음과 같다.

교수방법 A: $Y' = (2.130 + .825) + .338X = 2.955 + .338X$

교수방법 B: $Y' = (2.130 + .394) + .338X = 2.524 + .338X$

기존 방법: $Y' = (2.130 + .000) + .338X = 2.130 + .338X$

둘째, 'ⓛ'을 이용하여 집단별 조정평균을 다음과 같은 과정으로 구할 수 있다.

$$\overline{Y'}_{교수방법A} = \overline{Y}_{교수방법A} - b_w(\overline{X}_{교수방법A} - \overline{X}) = 3.88 - .338(2.73 - 3.09) ≒ 3.998$$

$$\overline{Y'}_{교수방법B} = \overline{Y}_{교수방법B} - b_w(\overline{X}_{교수방법B} - \overline{X}) = 3.63 - .338(3.27 - 3.09) ≒ 3.567$$

$$\overline{Y'}_{기존방법} = \overline{Y}_{기존방법} - b_w(\overline{X}_{기존방법} - \overline{X}) = 3.23 - .338(3.26 - 3.09) ≒ 3.173$$

단, $\overline{Y'}_{교수방법A}$: 교수방법 A를 적용한 집단의 조정평균
$\overline{Y}_{교수방법A}$: 교수방법 A를 적용한 집단의 종속변수 평균
$\overline{X}_{교수방법A}$: 교수방법 A를 적용한 집단의 공변수 평균
b_w : 집단 내 회귀계수
$\overline{X}$: 공변수 전체 평균

다중 비교

종속변수: 후교우관계의 예측값
Tukey HSD

(I) treat	(J) treat	평균 차이(I-J)	표준오차	유의확률	95% 신뢰구간 하한값	95% 신뢰구간 상한값
교수방법A	교수방법B	.24875*	.04425	.000	.1423	.3552
	기존방법	.64500*	.04425	.000	.5385	.7515
교수방법B	교수방법A	-.24875*	.04425	.000	-.3552	-.1423
	기존방법	.39625*	.04425	.000	.2898	.5027
기존방법	교수방법A	-.64500*	.04425	.000	-.7515	-.5385
	교수방법B	-.39625*	.04425	.000	-.5027	-.2898

*. 평균 차이는 .05 수준에서 유의합니다.

5) 보고서 제시 및 해석방법

• 보고서 제시 1: 기술통계와 공분산분석을 함께 제시하는 경우

<표 23-2> 교수방법이 교우관계에 미치는 영향에 대한 기술통계 및 공분산분석 결과

교수방법	사전검사 N	사전검사 M	사전검사 SD	F	사후검사 N	사후검사 M	사후검사 SD	조정된 사후검사 M	조정된 사후검사 SE	F
교수방법 A	20	2.73	.37		20	3.88	.33	3.998	.075	
교수방법 B	20	3.27	.43	11.139**	20	3.63	.31	3.567	.069	29.837**
기존 방법	20	3.26	.44		20	3.23	.34	3.173	.069	

N: 표본의 크기, M: 평균, SD: 표준편차, SE: 표준오차 $**p < .01$

• 보고서 제시 2: 기술통계와 공분산분석을 따로 제시하는 경우

<표 23-3> 교수방법에 따른 교우관계의 기술통계 결과

교수방법	사전검사 N	사전검사 M	사전검사 SD	F	p	사후검사 N	사후검사 M	사후검사 SD	조정된 사후검사 M	조정된 사후검사 SE
교수방법 A	20	2.73	.37			20	3.88	.33	3.998	.075
교수방법 B	20	3.27	.43	11.139	.000	20	3.63	.31	3.567	.069
기존 방법	20	3.26	.44			20	3.23	.34	3.173	.069

N: 표본의 크기, M: 평균, SD: 표준편차, SE: 표준오차

〈표 23-4〉 교수방법이 교우와의 관계에 미치는 영향에 대한 공분산분석 결과

Source		SS	df	MS	F
covariate		1.116	1	1.116	12.454**
adjusted	between	5.347	2	2.674	29.837**
	within	5.018	56	.090	
	total	10.367	59		

**p < .01

〈표 23-3〉에 나타난 것처럼 교수방법 A, 교수방법 B, 기존의 교수방법을 적용한 집단의 처치변수 투입 이전 교우와의 관계의 평균을 구한 결과, 각각 2.73점, 3.27점, 3.26점임을 알 수 있었다. 이에 비해 처치가 끝난 이후 교우관계의 평균은 각각 3.88점, 3.63점, 3.23점이었다.

일원분산분석을 이용하여 교우와 관계 사전검사 점수가 교수방법에 따라서 차이가 있는지 검정한 결과 〈표 23-3〉에 나타난 것처럼 통계적으로 유의미한 차이가 있음을 확인할 수 있었다(F=11.139, p<.01). 이는 처치변수 투입 이전의 세 집단은 동질하다고 할 수 없음을 의미한다. 그러므로 교수방법에 따른 효과를 검정하려면 교우와의 관계 사전검사 점수를 통제할 필요가 있었다. 이에 교우와의 관계 사전검사 점수를 공변수로 하는 공분산분석을 실시하였고, 그 결과 〈표 23-4〉를 얻을 수 있었다. 이것으로 다음과 같은 내용을 확인할 수 있었다.

첫째, 공변수인 교우관계 사전검사 점수가 교우관계 사후검사 점수를 통계적으로 유의미하게 설명하고 있었다(F=12.454, p<.01). 이는 자료가 공분산분석에 적합함을 의미한다.

둘째, 교우관계 사전검사 점수를 통제한 후, 세 가지 교수방법에 따른 교우관계 사후검사 점수의 평균은 통계적으로 유의미한 차이가 있음을 확인할 수 있었다(F=29.837, p<.01). 이는 교우관계에 대한 세 가지 교수방법에 따른 효과에 있어 차이가 있음을 의미한다.

전반적 검정을 통해 세 가지 교수방법에 따른 효과가 통계적으로 유의미한 차이가 있음을 확인할 수 있었다. 따라서 그것이 어떠한 교수방법 간 차이에 의한 것인지 세부적으로 확인하기 위해서 사후비교(post-hoc comparison) 분석을 실시하였다. 본 연구의 경우 처치조건별 표본의 크기가 동일하기 때문에 Tukey 방법을 이용하였다.

<표 23-5> 교우관계에 대한 교수방법에 따른 효과의 Tukey 검정 결과

교수방법		J	
		교수방법 B	기존 방법
I	교수방법 A	.249**	.645**
	교수방법 B	–	.396**

숫자: I 평균-J 평균의 값임   **$p < .01$

그 결과 <표 23-5>에 나타난 것처럼 교수방법 A를 적용한 집단과 교수방법 B를 적용한 집단 및 기존 방법을 적용한 집단 간 교우관계의 평균은 서로 통계적으로 유의미한 차이가 있음을 확인할 수 있었다.

보충학습

사전검사에서 집단 간 동질성을 가정할 수 있는 경우

사전검사 점수가 비교하려는 집단 간에 통계적으로 유의미한 차이가 없다면 사후검사 점수의 집단 간 차이 검정을 통해서 처치변수의 효과를 검정할 수 있다.

1. 분석 과제와 연구문제

(1) 분석 과제

교사와의 관계에 긍정적인 영향을 줄 것으로 예상되는 교수방법 A와 교수방법 B를 개발하였다. 이에 대한 효과를 검정하기 위해서 기존의 교수방법(교수방법 C)과 비교하고자 한다. 이를 위해 세 가지 교수방법에 각각 20명을 무선배치하여 교사와의 관계를 미리 측정하였다. 그리고 세 가지 교수방법을 일정 기간 적용한 후, 교사와의 관계를 다시 한 번 측정하였다. 교사와의 관계에 대한 세 가지 교수방법의 효과를 평가하시오.

(2) 연구문제

[연구문제 1] 교사와의 관계에 대한 효과는 세 가지 교수방법 간에 차이가 있는가?

[연구문제 2] ([연구문제 1]에서 차이가 있다면) 어떤 교수방법 간에 차이가 있는가?

　　　　　※ 연구설계: 전후검사 통제집단설계

R	O_1	X_1	O_2
R	O_3	X_2	O_4
R	O_5		O_6

　　　　　※ 연구대상: 교수방법 A를 적용한 실험집단 1, 교수방법 B를 적용한 실험집단 2 및 교수방법 C를 적용한 통제집단 각각 20명

2. 분석 데이터: 분산분석_처치조건3_교사관계.sav (연습용 파일)

3. 분석 절차

① 1단계: 집단별 평균과 표준편차 구하기

　• 이 책의 제6부 제18장의 ❷ 참조

② 2단계: 'F값'과 'p값' 구하기 및 사후비교

　• 이 책의 제6부 제21장의 ❹ 참조

4. 분석 결과

	사전 교사관계			사후 교사관계		
	빈도	평균	표준편차	빈도	평균	표준편차
교수방법A	20	2.96	.53	20	4.16	.31
교수방법B	20	3.14	.53	20	3.70	.37
기존방법	20	3.20	.48	20	3.23	.36

분산의 동질성에 대한 검정

	Levene 통계량	자유도1	자유도2	유의확률
사전 교사관계	.151	2	57	.860
사후 교사관계	.465	2	57	.631

분산분석

		제곱합	자유도	평균제곱	F	유의확률
사전 교사관계	집단-간	.629	2	.314	1.187	.313
	집단-내	15.107	57	.265		
	합계	15.736	59			
사후 교사관계	집단-간	8.649	2	4.325	35.737	.000
	집단-내	6.898	57	.121		
	합계	15.547	59			

다중 비교

Tukey HSD

종속변수	(I) treat	(J) treat	평균 차이(I-J)	표준오차	유의확률	95% 신뢰구간 하한값	95% 신뢰구간 상한값
사전 교사관계	교수방법A	교수방법B	-.17800	.16280	.522	-.5698	.2138
		기존방법	-.24200	.16280	.305	-.6338	.1498
	교수방법B	교수방법A	.17800	.16280	.522	-.2138	.5698
		기존방법	-.06400	.16280	.918	-.4558	.3278
	기존방법	교수방법A	.24200	.16280	.305	-.1498	.6338
		교수방법B	.06400	.16280	.918	-.3278	.4558
사후 교사관계	교수방법A	교수방법B	.46600*	.11000	.000	.2013	.7307
		기존방법	.93000*	.11000	.000	.6653	1.1947
	교수방법B	교수방법A	-.46600*	.11000	.000	-.7307	-.2013
		기존방법	.46400*	.11000	.000	.1993	.7287
	기존방법	교수방법A	-.93000*	.11000	.000	-1.1947	-.6653
		교수방법B	-.46400*	.11000	.000	-.7287	-.1993

*. 평균 차이는 .05 수준에서 유의합니다.

5. 보고서 제시 및 해석방법

<표 23-6> 교수방법이 교사와의 관계에 미치는 영향에 대한 기술통계 및 분산분석 결과

교수방법	사전검사 N	사전검사 M	사전검사 SD	F	사후검사 N	사후검사 M	사후검사 SD	F
교수방법 A	20	2.96	.53		20	4.16	.31	
교수방법 B	20	3.14	.53	1.187	20	3.70	.37	35.737**
기존 방법	20	3.20	.48		20	3.23	.36	

**$p < .01$

<표 23-6>에 나타난 것처럼 교수방법 A를 적용한 집단, 교수방법 B를 적용한 집단 및 기존의 교수방법을 적용한 집단의 처치 이전 교사와의 관계의 평균은 각각 2.96점, 3.14점, 3.20점으로 통계적으로 유의미한 차이가 없었다($F=1.187$, $p>.05$). 이는 처치 변수 투입 이전의 실험집단과 통제집단은 동질하다고 가정할 수 있음을 의미한다.

반면, 교수방법 A를 적용한 집단, 교수방법 B를 적용한 집단 및 기존의 교수방법을 적용한 집단의 처치가 끝난 이후의 교사와의 관계 평균은 각각 4.16점, 3.70점, 3.23점으로 통계적으로 유의미한 차이가 있었다($F=35.737$, $p<.01$). 세 집단의 교사와의 관계가 처치 이전에는 차이가 없었지만 처치 이후에는 차이가 있었다는 것은 교수방법이 교사와의 관계에 영향을 미치고 있음을 지지한다.

따라서 세 가지 교수방법에 따른 효과가 통계적으로 유의미한 차이가 있음을 확인할 수 있었다. 또한 그것이 어떠한 교수방법 간 차이에 의한 것인지 세부적으로 확인하기 위해서 사후비교(post-hoc comparison) 분석을 실시하였다. 여기서는 처치조건별 표본의 크기가 동일하기 때문에 Tukey 방법을 이용하였다.

<표 23-7> 교수방법에 따른 교사와의 관계의 Tukey 검정 결과

교수방법		J	
		교수방법 B	기존 방법
I	교수방법 A	.466**	.930**
	교수방법 B	–	.464**

숫자: I 평균–J 평균의 값임   **$p < .01$

그 결과 <표 23-7>에 나타난 것처럼 교수방법 A를 적용한 집단과 교수방법 B를 적용한 집단 및 기존 방법을 적용한 집단 간의 교사와의 관계 평균은 서로 간에 통계적으로 유의미한 차이가 있음을 확인할 수 있었다.

1 주효과와 상호작용효과

다원무선배치설계(multi-factor randomized designs, multi-way ANOVA)는 하나의
범주형 독립변수의 효과가 아니라 두 개 이상의 범주형 독립변수가 하나의 종속변
수(양적변수)에 어떠한 영향을 미치는지 분석할 수 있다. 흔히 '다원분산분석' 혹은
'요인설계(factorial designs) 모형'이라고도 부른다. 독립변수가 2개인 경우를 특히
'이원분산분석'이라고 하며, 여기서는 편의상 이원분산분석만 설명하고자 한다.

[그림 24-1]에서 [그림 24-4]는 성별(독립변수 A)과 교수방법(독립변수 B)에 따른
테니스 훈련 효과의 처치조건별 평균을 나타낸 것이다. 이 상황은 범주형 변수
2개가 양적인 변수 1개에 미치는 영향을 분석하고 있기 때문에 이원분산분석에
해당한다. 설명의 편의를 위해서 다음의 세 가지를 가정하도록 한다.

첫째, 각 처치조건별 표본의 크기는 충분히 크다.
둘째, 각 처치조건별 표본의 크기는 모두 동일하다.
셋째, 처치조건에 따른 평균이 차이가 있으면, 이는 통계적으로 유의미하다.

[그림 24-1]의 상황은 성별에 따른 테니스 훈련 효과와 교수방법에 따른 테니스
훈련 효과에는 차이가 없다. 그러나 남자는 교수방법 b_2가 더 효과적인 반면 여자
는 교수방법 b_1이 더 효과적인 것으로 나타나, 교수방법이 테니스 훈련 효과에

미치는 영향이 성별에 따라서 달랐다.

　이원분산분석에서 한 독립변수의 처치조건에 따라서 종속변수의 평균이 통계적으로 유의미한 차이가 있다면, 그 독립변수는 종속변수에 '주효과(main effects)가 있다.'고 한다. 이에 비해서 한 독립변수의 처치조건에 따른 종속변수의 평균이 다른 독립변수의 처치조건에 따라서 다르다면, 두 가지 독립변수는 종속변수에 '상호작용효과(interaction effects)가 있다.'고 한다. 3개 이상의 독립변수가 동시에 작용하는 상호작용효과도 있을 수 있다. 만약 독립변수가 3개(X_1, X_2, X_3)인 삼원분산분석의 경우, 주효과는 최대한 3개(X_1, X_2, X_3)까지 있을 수 있으며 상호작용효과는 최대한 4개(X_1와 X_2, X_1와 X_3, X_2와 X_3, X_1와 X_2와 X_3)가 있을 수 있다. 이처럼 종속변수에 대한 두 가지 이상의 독립변수의 상승적인 효과, 시너지 효과를 '상호작용효과'라고 한다.

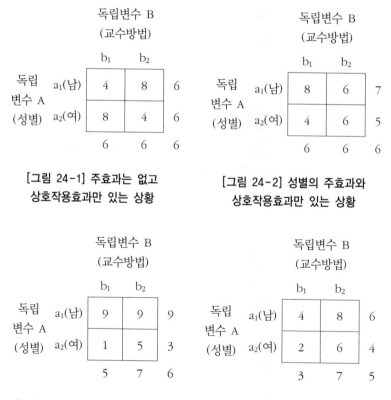

[그림 24-1] 주효과는 없고
상호작용효과만 있는 상황

[그림 24-2] 성별의 주효과와
상호작용효과만 있는 상황

[그림 24-3] 두 가지 주효과와
상호작용효과가 모두 있는 상황

[그림 24-4] 두 가지 주효과만 있는
상황

  [그림 24-1]의 경우, 주효과는 하나도 없으나 교수방법이 테니스 훈련 효과에 미치는 영향이 성별에 따라서 다르기 때문에 상호작용효과는 있는 상황이다. [그림 24-2]의 경우, 교수방법은 주효과가 없지만 성별의 주효과 및 성별과 교수방법의 상호작용효과는 있는 상황이다. 그리고 [그림 24-3]은 두 가지 주효과와 상호작용효과가 모두 존재하는 상황인 반면, [그림 24-4]는 두 가지 주효과는 모두 존재하지만 상호작용효과는 없는 상황이다.

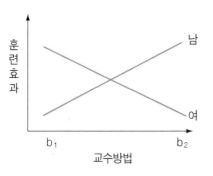

[그림 24-5] 주효과는 없고
상호작용효과만 있는 상황

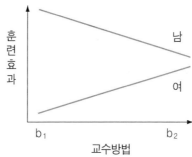

[그림 24-6] 성별의 주효과와
상호작용효과만 있는 상황

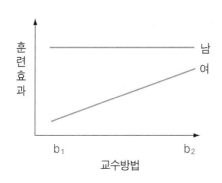

[그림 24-7] 두 가지 주효과와
상호작용효과가 모두 있는 상황

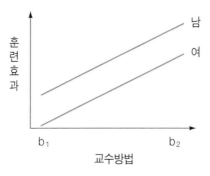

[그림 24-8] 두 가지 주효과만
있는 상황

[그림 24-1]에서 [그림 24-4]를 그래프로 나타내면 [그림 24-5]에서 [그림 24-8] 과 같다. 상호작용효과가 존재하려면 [그림 24-5], [그림 24-6], [그림 24-7]과 같 이 두 직선의 기울기가 서로 달라야 한다. [그림 24-6]과 [그림 24-7] 같이 두 직선이 교차하지 않더라도 상호작용효과는 존재할 수 있다. 특히, 처치조건이 세 가지 이상인 독립변수가 포함되어 있다면 그래프는 직선이 아닌, 꺾은선으로 나타 날 수 있다. 이러한 경우에는 꺾은선들이 서로 평행하지 않게 위치할 때 상호작용 효과가 존재할 수 있다. 물론, 그래프가 서로 평행하지 않더라도 가설검정의 결과, 상호작용효과가 통계적으로 유의미하지 않을 수도 있다. 이러한 경우에는 상호작 용효과가 없다고 평가해야 한다.

상호작용효과는 매우 다양한 형태로 나타난다. 예컨대, '남학생은 교수방법 b_2가 여학생은 교수방법 b_1이 더 효과적이다([그림 24-5]).' '남학생은 교수방법 b_1이, 여 학생은 교수방법 b_2가 더 효과적이다([그림 24-6]).' '남학생은 교수방법에 따른 효 과가 차이가 없지만 여학생은 교수방법 b_1보다 교수방법 b_2가 더 효과적이다([그림 24-7]).' '남학생과 여학생은 모두 교수방법 b_2가 더 효과적이지만 교수방법 간 효 과성의 차이는 여학생이 남학생보다 더 크다([그림 24-9]).'와 같은 상황은 모두 상 호작용효과가 있는 경우다.

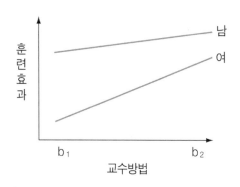

[그림 24-9] 상호작용효과가 있는 또 다른 상황

각 처치조건별로 종속변수의 평균, 주변 평균, 전체 평균이 [그림 24-10]과 같다 고 할 때, 이들을 이용해서 주효과 및 상호작용효과의 수학적 의미를 살펴보자.

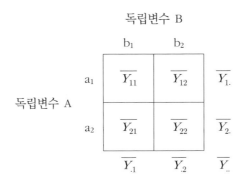

[그림 24-10] 이원분산분석의 처치조건별 평균

　각 처치조건별 표본의 크기가 동일하다는 가정하에 독립변수 A와 독립변수 B의 주효과 및 상호작용효과는 다음의 식으로 표현할 수 있다. 다만, 앞서 언급하였듯이 효과의 유무에 대한 결정은 가설검정을 통해서 최종적으로 판단된다.

독립변수 A의 주효과: $\overline{Y_{1.}} - \overline{Y_{2.}} = \dfrac{\overline{Y_{11}} + \overline{Y_{12}}}{2} - \dfrac{\overline{Y_{21}} + \overline{Y_{22}}}{2}$

독립변수 B의 주효과: $\overline{Y_{.1}} - \overline{Y_{.2}} = \dfrac{\overline{Y_{11}} + \overline{Y_{21}}}{2} - \dfrac{\overline{Y_{12}} + \overline{Y_{22}}}{2}$

독립변수 A와 B의 상호작용효과: $\dfrac{\overline{Y_{11}} + \overline{Y_{22}}}{2} - \dfrac{\overline{Y_{12}} + \overline{Y_{21}}}{2}$

이들을 대비가중치로 표현하면 다음과 같다.

독립변수 A의 주효과: $(+1)\overline{Y_{11}} + (+1)\overline{Y_{12}} + (-1)\overline{Y_{21}} + (-1)\overline{Y_{22}}$

독립변수 B의 주효과: $(+1)\overline{Y_{11}} + (-1)\overline{Y_{12}} + (+1)\overline{Y_{21}} + (-1)\overline{Y_{22}}$

독립변수 A와 B의 상호작용효과:
$(+1)\overline{Y_{11}} + (-1)\overline{Y_{12}} + (-1)\overline{Y_{21}} + (+1)\overline{Y_{22}}$

여기서 상호작용효과를 나타내는 대비가중치는 주효과를 나타내는 대비가중치를 서로 곱한 것임을 알 수 있다. 이는 독립변수 A와 독립변수 B의 처치조건을 나타내는 변수값을 곱해서 새롭게 얻은 제3의 변수의 종속변수에 대한 추가적 설명력이 상호작용효과를 나타낸다는 것을 시사하는 결과다.

② 단순주효과분석

상호작용효과가 있는 경우에 한하여, 이를 보다 자세히 알아보기 위해서 '단순주효과분석(simple main effect analysis)'을 하게 된다. 예컨대, 성별과 교수방법이 수학성취도에 대해서 상호작용효과가 있다고 할 때, '각각의 교수방법에 대해 남학생과 여학생의 수학성취도가 차이가 있는지' 또는 '남녀 각각에 대해 교수방법에 따른 수학성취도가 차이가 있는지' 확인하는 것은 단순주효과분석에 해당한다.

보충학습

양적변수 X_1과 X_2의 Y에 대한 상호작용효과 검정방법

일반적으로 상호작용효과는 '두 개 이상의 범주형 독립변수'가 '양적인 종속변수'를 설명하는 과정에서 등장한다. 그렇다면 '연령과 자아효능감이 성취도에 미치는 효과'와 같이 독립변수가 양적인 변수인 경우 상호작용효과는 어떻게 분석할 것인가?

첫 번째 방법은 양적인 독립변수를 범주형 변수로 변환하는 것이다. 예컨대, 연령은 '15세 미만'과 '15세 이상'으로 나누고 자아효능감은 특정 점수를 기준으로 '상', '중', '하'로 나누어 이원분산분석을 적용할 수 있다.

두 번째 방법은 중다회귀분석을 이용하는 것이다. 이 방법은 '중다회귀분석에서 서로 다른 두 독립변수를 서로 곱한 제3의 변수의 회귀계수가 상호작용효과를 의미하게 된다.'는 점을 활용한 것으로서, 첫 번째 방법과 달리 독립변수를 임의로 변환하지 않아도 된다는 장점이 있다. 예컨대, ㉠과 같이, 독립변수로 X_1과 X_2가 있는 회귀식에서 X_1과 X_2를 곱한 제3의 변수를 하나 더 추가하였다고 하자.

$$Y' = b_0 + b_1 X_1 + b_2 X_2 + b_3 X_1 X_2 \cdots\cdots \text{㉠}$$

$$Y' = b_0 + b_1 X_1 + (b_2 + b_3 X_1) X_2 \cdots\cdots \text{㉡}$$

이를 변형한 식 ㉡에서 $(b_2 + b_3 X_1)$는 Y에 대한 X_2의 효과를 나타낸다. 이때 b_3가 통계적으로 0이 아니라고 할 수 있다면 Y에 대한 X_2의 효과가 X_1에 따라서 달라진다고 할 수 있다. 결국 중다회귀분석에서 서로 다른 독립변수를 서로 곱해서 얻은 제3의 변수의 회귀계수 b_3는 그 독립변수들의 상호작용효과를 의미하게 된다.

일반적으로 양적인 독립변수가 2개(X_1과 X_2) 있다고 가정할 때 중다회귀분석을 이용하여 상호작용효과를 분석하는 절차는 다음과 같다.

① 두 가지 독립변수를 편차점수로 변환하여 이들을 서로 곱한 제3의 변수$(X_1 - \overline{X_1})$ $(X_2 - \overline{X_2})$를 만든다. 제3의 변수를 만들 때 편차점수 대신 원점수를 이용하면 다중공선성(multicollinearity)의 문제가 발생하여 회귀계수(b_1과 b_2)의 추정이 부정확하게 된다. 그러나 원점수를 활용하더라도 회귀계수에 대한 t값과 이에 대한 유의확률 및 중다상관제곱의 변화량과 이에 대한 유의확률은 동일한 값이 산출된다.

② 두 개의 독립변수를 회귀식에 먼저 투입하고 난 뒤, 제3의 변수를 추가적으로 투입하는 위계적 회귀분석을 실시한다.

$$pre: Y' = b_0 + b_1 X_1 + b_2 X_2$$

$$post: Y' = b_0 + b_1 X_1 + b_2 X_2 + b_3 (X_1 - \overline{X_1})(X_2 - \overline{X_2})$$

③ 추가된 제3의 변수에 따른 중다상관제곱 변화량의 유의확률 또는 제3의 변수의 회귀계수 유의확률을 미리 설정한 유의수준과 비교한다. 만약, 유의확률이 유의수준보다 작거나 같다면 상호작용효과가 있다고 평가할 수 있다. 중다상관제곱 변화량에 대한 검정통계량은 다음과 같이 구한다.

$$\frac{(R_{post}^2 - R_{pre}^2)/(J_{post} - J_{pre})}{(1 - R_{post}^2)/(N - J_{post} - 1)} \sim F(J_{post} - J_{pre}, \, N - J_{post} - 1)$$

(단, R^2: 중다상관제곱 J: 독립변수의 수 N: 표본의 크기)

※ 주효과의 경우 제3의 변수를 투입한 후의 b_1과 b_2의 유의확률로 평가할 수 있다.

③ 이원분산분석의 기본 원리

일원분산분석에서는 종속변수의 전체 분산을 집단 간 차이에 의한 부분과 집단 내 차이에 의한 부분으로 분리할 수 있었다. 이에 비해서 이원분산분석에서는 종속변수의 전체 분산을 독립변수 A에 의한 부분, 독립변수 B에 의한 부분, 독립변수 A와 독립변수 B의 상호작용에 의한 부분, 그리고 처치조건 내에서 개인 간 차이에 의한 부분 등 네 가지로 세분할 수 있다.

독립변수 B

	b_1	$\cdots$	b_j	$\cdots$	b_J	
a_1	$\overline{Y_{11.}}$	$\cdots$	$\overline{Y_{1j.}}$	$\cdots$	$\overline{Y_{1J.}}$	$\overline{Y_{1..}}$
$\cdots$	$\cdots$	$\cdots$	$\cdots$	$\cdots$	$\cdots$	$\cdots$
a_i	$\overline{Y_{i1.}}$	$\cdots$	$\overline{Y_{ij.}}$	$\cdots$	$\overline{Y_{iJ.}}$	$\overline{Y_{i..}}$
$\cdots$	$\cdots$	$\cdots$	$\cdots$	$\cdots$	$\cdots$	$\cdots$
a_I	$\overline{Y_{I1.}}$	$\cdots$	$\overline{Y_{Ij.}}$	$\cdots$	$\overline{Y_{IJ.}}$	$\overline{Y_{I..}}$
	$\overline{Y_{.1.}}$	$\cdots$	$\overline{Y_{.j.}}$	$\cdots$	$\overline{Y_{.J.}}$	$\overline{Y_{...}}$

독립변수 A

[그림 24-11] 이원분산분석의 처치조건별 평균

즉, 독립변수 A의 i번째 처치조건 그리고 독립변수 B의 j번째 처치조건에서의 k번째 사례에 대한 종속변수 Y_{ijk}의 전체 평균에 대한 편차인 $Y_{ijk} - \overline{Y_{...}}$는 다음과 같이 네 가지 편차로 나눌 수 있다.

첫째, 독립변수 A에 의한 편차인 $\overline{Y_{i..}} - \overline{Y_{...}}$이다.

둘째, 독립변수 B에 의한 편차인 $\overline{Y_{.j.}} - \overline{Y_{...}}$이다.

셋째, 독립변수 A와 독립변수 B의 상호작용에 의한 편차인 $\overline{Y_{ij.}} - \overline{Y_{i..}} - \overline{Y_{.j.}} + \overline{Y_{...}}$이다.

상호작용에 의한 편차란 '독립변수 A의 i 번째 그리고 독립변수 B의 j 번째 처치 조건에서의 평균과 전체 평균 간의 차이($\overline{Y_{ij.}} - \overline{Y_{...}}$) 중에서 독립변수 A에 의한 편차인 $\overline{Y_{i..}} - \overline{Y_{...}}$와 독립변수 B에 의한 편차인 $\overline{Y_{.j.}} - \overline{Y_{...}}$를 제외한 나머지'로 정의한다.

$$\overline{Y_{ij.}} - \overline{Y_{...}} - [(\overline{Y_{i..}} - \overline{Y_{...}}) + (\overline{Y_{.j.}} - \overline{Y_{...}})] = \overline{Y_{ij.}} - \overline{Y_{i..}} - \overline{Y_{.j.}} + \overline{Y_{...}}$$

$\overline{Y_{ij.}} - \overline{Y_{i..}} - \overline{Y_{.j.}} + \overline{Y_{...}}$의 제곱합이 두 독립변수의 상호작용과 관련한다는 것을 경험적으로 확인하기 위해서 [그림 24-12]와 같이 네 가지 처치조건별 평균의 조합을 달리하는, 두 가지 상황을 만들었다. [그림 24-12]의 (가)는 상호작용효과가 있는 경우고, (나)는 상호작용효과가 없는 경우다.

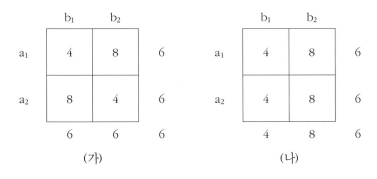

[그림 24-12] 상호작용이 있는 경우(가)와 없는 경우(나)

[그림 27-12]에서 (가)의 경우는 (나)의 경우에 비해서 $\overline{Y_{ij.}} - \overline{Y_{i..}} - \overline{Y_{.j.}} + \overline{Y_{...}}$의 제곱합이 더 크다는 것을 다음 계산을 통해서 경험적으로 확인할 수 있다.

(가)의 경우에서 상호작용에 의한 편차제곱합

$$= \sum_{j=1}^{J}\sum_{i=1}^{I}(\overline{Y_{ij.}} - \overline{Y_{i..}} - \overline{Y_{.j.}} + \overline{Y_{...}})^2 = (4-6-6+6)^2 + (8-6-6+6)^2$$
$$+ (8-6-6+6)^2 + (4-6-6+6)^2 = 592$$

(나)의 경우에서 상호작용에 의한 편차제곱합

$$= \sum_{j=1}^{J}\sum_{i=1}^{I}(\overline{Y_{ij.}} - \overline{Y_{i..}} - \overline{Y_{.j.}} + \overline{Y_{...}})^2 = (4-6-4+6)^2 + (8-6-8+6)^2$$
$$+ (4-6-4+6)^2 + (8-6-8+6)^2 = 0$$

네 번째 편차는, 독립변수 A의 i번째 처치조건 그리고 독립변수 B의 j번째 처치조건에서의 개인 간 차이를 나타내는 편차인 $Y_{ijk} - \overline{Y_{ij.}}$ 이다.

요컨대, 편차점수는 다음과 같이 분할할 수 있다.

$$Y_{ijk} - \overline{Y_{...}} = (\overline{Y_{i..}} - \overline{Y_{...}}) + (\overline{Y_{.j.}} - \overline{Y_{...}}) + (\overline{Y_{ij.}} - \overline{Y_{i..}} - \overline{Y_{.j.}} + \overline{Y_{...}}) + (Y_{ijk} - \overline{Y_{ij.}})$$

양변을 제곱해서 모든 i와 j 및 n_{ij}에 대해서 더해 주면 다음을 얻을 수 있다.

$$\sum_{j=1}^{J}\sum_{i=1}^{I}\sum_{k=1}^{n_{ij}}(Y_{ijk} - \overline{Y_{...}})^2$$
$$= \sum_{j=1}^{J}\sum_{i=1}^{I}\sum_{k=1}^{n_{ij}}(\overline{Y_{i..}} - \overline{Y_{...}})^2 + \sum_{j=1}^{J}\sum_{i=1}^{I}\sum_{k=1}^{n_{ij}}(\overline{Y_{.j.}} - \overline{Y_{...}})^2$$
$$+ \sum_{j=1}^{J}\sum_{i=1}^{I}\sum_{k=1}^{n_{ij}}(\overline{Y_{ij.}} - \overline{Y_{i..}} - \overline{Y_{.j.}} + \overline{Y_{...}})^2 + \sum_{j=1}^{J}\sum_{i=1}^{I}\sum_{k=1}^{n_{ij}}(Y_{ijk} - \overline{Y_{ij.}})^2$$

$$\left[\begin{array}{l}\text{단, } n_{ij}: \text{독립변수 A의 } i\text{번째 처치조건 그리고 독립변수 B의 } j\text{번째 처치조건에} \\ \quad \text{서 표본의 크기}\end{array}\right]$$

각 항의 의미와 자유도를 요약하면 다음과 같다.

$$SST = \sum_{j=1}^{J}\sum_{i=1}^{I}\sum_{k=1}^{n_{ij}}(Y_{ijk} - \overline{Y_{...}})^2$$
전체 편차제곱합, 자유도＝전체 표본의 크기－1

$$SS_A = \sum_{j=1}^{J}\sum_{i=1}^{I}\sum_{k=1}^{n_{ij}}(\overline{Y_{i..}} - \overline{Y_{...}})^2$$
독립변수 A의 처치조건 간 차이에 대한 편차제곱합, 자유도＝$I-1$

$$SS_B = \sum_{j=1}^{J}\sum_{i=1}^{I}\sum_{k=1}^{n_{ij}}(\overline{Y_{.j.}} - \overline{Y_{...}})^2$$
독립변수 B의 처치조건 간 차이에 대한 편차제곱합, 자유도＝$J-1$

$$SS_{AB} = \sum_{j=1}^{J}\sum_{i=1}^{I}\sum_{k=1}^{n_{ij}}(\overline{Y_{ij.}} - \overline{Y_{i..}} - \overline{Y_{.j.}} + \overline{Y_{...}})^2$$

독립변수 A와 B의 상호작용효과에 대한 편차제곱합,
자유도 $= (I-1)(J-1)$

$$SSW = \sum_{j=1}^{J}\sum_{i=1}^{I}\sum_{k=1}^{n_{ij}}(Y_{ijk} - \overline{Y_{ij.}})^2$$

처치조건 내 편차제곱합, 자유도 $= \sum_{j=1}^{J}\sum_{i=1}^{I}(n_{ij}-1)$

독립변수 A, 독립변수 B의 주효과가 존재하기 위해서는 $SS_A/(I-1)$, $SS_B/(J-1)$는 클수록 유리하고, $SSW/\sum_{j=1}^{J}\sum_{i=1}^{I}(n_{ij}-1)$는 작을수록 유리하다. 그리고 독립변수 A와 독립변수 B의 상호작용효과가 존재하기 위해서는 $SS_{AB}/(I-1)(J-1)$는 클수록 유리하고, $SSW/\sum_{j=1}^{J}\sum_{i=1}^{I}(n_{ij}-1)$는 작을수록 유리하다.

요컨대, 이원분산분석의 기본 논리는 다음의 표집분포가 각각 자유도가 $[I-1, \sum_{j=1}^{J}\sum_{i=1}^{I}(n_{ij}-1)]$, $[J-1, \sum_{j=1}^{J}\sum_{i=1}^{I}(n_{ij}-1)]$, $[(I-1)(J-1), \sum_{j=1}^{J}\sum_{i=1}^{I}(n_{ij}-1)]$인 F분포를 따른다는 수학적인 증명 결과를 활용한 것이다.

$$\frac{SS_A/(I-1)}{SSW/\sum_{j=1}^{J}\sum_{i=1}^{I}(n_{ij}-1)} \sim F[I-1, \sum_{j=1}^{J}\sum_{i=1}^{I}(n_{ij}-1)]$$

$$\frac{SS_B/(J-1)}{SSW/\sum_{j=1}^{J}\sum_{i=1}^{I}(n_{ij}-1)} \sim F[J-1, \sum_{j=1}^{J}\sum_{i=1}^{I}(n_{ij}-1)]$$

$$\frac{SS_{AB}/(I-1)(J-1)}{SSW/\sum_{j=1}^{J}\sum_{i=1}^{I}(n_{ij}-1)} \sim F[(I-1)(J-1), \sum_{j=1}^{J}\sum_{i=1}^{I}(n_{ij}-1)]$$

이때 연구자가 실제로 수집한 표본에서 구한, 검정통계량 F값이 표집분포에서 어디에 위치하는지를 근거로 원가설의 기각 여부를 판정하게 된다. 원가설을 기각할 수 있다는 것은 독립변수 A의 처치조건에 따른 종속변수의 평균, 독립변수 B의 처치조건에 따른 종속변수의 평균 간에 통계적으로 유의미한 차이가 있으며, 종속변수에 대한 독립변수 A와 독립변수 B의 상호작용효과가 통계적으로 유의미함을 의미한다.

④ 이원분산분석의 예

1) 분석 과제와 연구문제

(1) 분석 과제

수학성취도에 긍정적인 영향을 줄 것으로 예상되는 교수방법 A와 교수방법 B를 개발하였다. 이에 대한 효과를 검정하기 위해서 기존의 교수방법 C와 비교하고자 한다. 이를 위해 세 가지 교수방법에 남녀를 혼합하여 각각 15명을 무선배치하여 세 가지 교수방법을 적용하였고, 일정 기간이 지난 다음 수학성취도를 측정하였다. 수학성취도에 대한 세 가지 교수방법의 효과를 평가하시오.

(2) 연구문제

[연구문제 1] 성과 교수방법에 따라서 수학성취도는 어떠한 차이가 있는가?

[연구문제 2] ([연구문제 1]에서 교수방법 간에 차이가 있다면) 어떤 교수방법 간에 차이가 있는가?

[연구문제 3] ([연구문제 1]에서 성별과 교수방법이 수학성취도에 대해서 상호작용효과가 있다면) 각각의 교수방법에서 남학생과 여학생의 수학성취도는 어떠한 차이가 있는가? 그리고 남녀 각각에서 세 가지 교수방법에 따른 수학성취도는 어떠한 차이가 있는가?

※ 연구설계: 요인설계

		교수방법		
		A	B	C
성별	남	(1)	(2)	(3)
	여	(4)	(5)	(6)

※ 연구대상: 교수방법 A를 적용한 실험집단 1, 교수방법 B를 적용한 실험집단 2 및 교수방법 C를 적용한 통제집단 각각 15명(남학생 23명, 여학생 22명)

2) 코딩방식 및 분석 데이터

• 코딩방식: 성(1 : 남학생, 2 : 여학생), 처치여부(1 : 실험집단 1, 2 : 실험집단 2, 3 : 통제집단), 수학성취도를 차례로 입력한다. 이때 한 피험자에 대한 반응은 하나의 행에 입력해야 한다.

• 분석 데이터: 이원분산분석_최종.sav (연습용 파일)

3) [연구문제 1]과 [연구문제 2]에 대한 분석 절차 : 전반적 검정과 사후비교

(1) 1단계 : 집단별 평균과 표준편차 구하기

• 이 책의 제6부 제18장의 ❹ 참조

(2) 2단계 : 'F값'과 'p값' 구하기

• '분석' 메뉴
  ✔ '일반선형모형' ⇨ '일변량'
  ✔ 종속변수인 수학성취도를 '종속변수'로 이동
  ✔ 두 가지 독립변수인 gender와 treat을 '모수요인'으로 이동

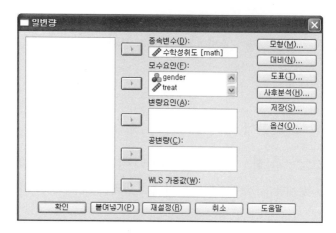

※ 사후비교가 필요 없다면 '확인'을 클릭하면 분석이 완료된다. 만약 사후비교가 필요한 경우라면 다음의 '3단계'를 추가적으로 실시해야 한다.

※ 독립변수가 고정변수(fixed variables)이면 '모수요인' 창을, 무선변수(random variables)이면 '변량요인' 창을 이용한다. 고정변수와 무선변수의 구분은 이 책의 제6부 제24장의 ❺를 참조하기 바란다.

(3) 3단계 : 사후비교 분석하기

◆ '사후분석'

✔ 처치조건이 3개 이상인 변수인 treat를 '사후검정변수'로 이동

✔ 'Tukey(T)' 체크 : 각 집단별 표본의 크기가 동일한 경우 ⇨ '계속' ⇨ '확인'

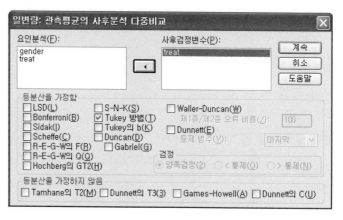

※ 각 집단별 표본의 크기가 같지 않으면 'Scheffe(C)' 방법이 가장 일반적이다.

• '명령문'으로 분석하는 방법: 이상의 과정은 명령문으로 분석할 수도 있다.
그 절차는 다음과 같다.

✔ 각 단계에서 '확인'을 클릭하는 대신, '붙여넣기'를 클릭하여 다음과 같은 명
령문 분석 프로그램을 축적한다.

✔ 명령문의 '실행' 메뉴

✔ '모두' 또는 실행하려는 영역에 블록을 지정한 상태에서 '선택영역' 선택

```
**기술통계치 분석프로그램.
 * Basic Tables.
TABLES
/FORMAT BLANK MISSING('.')
/OBSERVATION math
/FTOTAL $t '집단 합계'
/TABLES (gender > math + $t )
BY (treat > (STATISTICS) + $t )
/STATISTICS
count( ( F5.0 ))
mean( ( F7.2 ))
stddev( ( F7.2 )).

**이원분산분석프로그램_고정모형_사후비교 제외.
UNIANOVA
math BY gender treat
/METHOD = SSTYPE(3)
/INTERCEPT = INCLUDE
/CRITERIA = ALPHA(.05)
/DESIGN = gender treat gender*treat .

**이원분산분석프로그램_고정모형_사후비교 포함.
UNIANOVA
math BY gender treat
/METHOD = SSTYPE(3)
/INTERCEPT = INCLUDE
/POSTHOC = treat ( TUKEY )
/CRITERIA = ALPHA(.05)
/DESIGN = gender treat gender*treat .
```

4) [연구문제 1]과 [연구문제 2]에 대한 분석 결과

		교수방법A			교수방법B			기존방법			집단 합계		
		빈도	평균	표준편차	빈도	평균	표준편차	빈도	평균	표준편차	빈도	평균	표준편차
남	수학성취도	8	11.38	.52	7	8.71	.49	8	9.13	1.13	23	9.78	1.41
여		7	9.43	.79	8	10.63	1.41	7	9.00	1.15	22	9.73	1.32
집단 합계		15	10.47	1.19	15	9.73	1.44	15	9.07	1.10	45	9.76	1.35

※ 이 책의 제6부 제18장의 ❹를 참조로 한 분석 결과다.

개체-간 효과 검정

종속변수: 수학성취도

소스	제 III 유형 제곱합	자유도	평균제곱	F	유의확률
수정 모형	42.543ᵃ	5	8.509	8.786	.000
절편	4225.067	1	4225.067	4362.906	.000
gender	.032	1	.032	.033	.856
treat	13.432	2	6.716	6.935	.003
gender * treat	27.800	2	13.900	14.353	.000
오차	37.768	39	.968		
합계	4363.000	45			
수정 합계	80.311	44			

a. R 제곱 = .530 (수정된 R 제곱 = .469)

※ 밑줄 친 부분은 보고서에 제시해야 하는 부분이다.

다중 비교

종속변수: 수학성취도
Tukey HSD

(I) treat	(J) treat	평균차(I-J)	표준오차	유의확률	95% 신뢰구간	
					하한값	상한값
교수방법A	교수방법B	.73	.359	.116	-.14	1.61
	기존방법	1.40*	.359	.001	.52	2.28
교수방법B	교수방법A	-.73	.359	.116	-1.61	.14
	기존방법	.67	.359	.165	-.21	1.54
기존방법	교수방법A	-1.40*	.359	.001	-2.28	-.52
	교수방법B	-.67	.359	.165	-1.54	.21

관측된 평균에 기초합니다.

*. .05 수준에서 평균차는 유의합니다.

보충학습

이원분산분석과 중다회귀분석

'성별(변수이름: gender)과 교수방법(변수이름: treat)에 따라서 수학성취도(변수이름: math)는 어떠한 차이가 있는가?'와 같은 이원분산분석은 중다회귀분석으로도 분석과 해석이 가능하다. 이를 위해서는 독립변수인 'gender'와 'treat'는 가변수(dummy variables)로 변환해야 한다. gender는 '남학생'과 '여학생'을 나타내는 이분변수이기 때문에 X_A라는 하나의 가변수로 변환할 수 있다. 그러나 treat는 '교수방법 A', '교수방법 B', '교수방법 C'라는 세 개의 범주를 가진 변수이기 때문에 X_{B_1}과 X_{B_2}라는 두 개의 가변수를 필요로 한다. 특히, 상호작용효과를 분석하기 위해서 $X_A \cdot X_{B_1}$와 $X_A \cdot X_{B_2}$라는 두 가지 변수를 추가적으로 투입해야 한다.

$$Y' = b_0 + b_1 X_A + b_2 X_{B_1} + b_3 X_{B_2} + b_4 X_A \cdot X_{B_1} + b_5 X_A \cdot X_{B_2}$$

이원분산분석에서는 중다회귀분석을 이용하여 주효과와 상호작용효과를 분석할 수 있다.

첫째, '회귀계수 b_1, b_2, b_3'이 통계적으로 유의미한지를 통해 주효과를 검정할 수 있다.

둘째, '회귀계수 b_4, b_5'의 유의확률 또는 '$X_A \cdot X_{B_1}$와 $X_A \cdot X_{B_2}$라는 두 변수에 의한 추가적인 R^2증가량'의 유의확률을 통해 상호작용효과를 검정할 수 있다.

그렇다면 SPSS 분석 결과 중 '개체 간 효과검정' 부분에서 나타나는 '수정모형의 유의확률'은 무엇을 의미하는가?

이원분산분석에서 산출되는 '수정모형의 유의확률'은 종속변수에 대한 독립변수의 주효과와 상호작용효과의 전체 설명량이 통계적으로 유의미하다고 할 수 있는지를 나타낸다. 이는 중다회귀분석에서 중다상관제곱인 R^2의 유의확률과 동일하다. 수정모형의 유의확률이 미리 설정한 유의수준보다 작거나 같으면 주어진 자료가 이원분산분석에 적합하다고 판단할 수 있다.

그리고 '수정모형의 자유도'는 이원분산분석을 중다회귀분석으로 접근하였을 때, 독립변수의 개수를 나타낸다. 앞의 분석에서 수정모형의 자유도가 5라는 것은 중다회귀분석에서 독립변수가 5개(X_A, X_{B_1}, X_{B_2}, $X_A \cdot X_{B_1}$, $X_A \cdot X_{B_2}$)임을 의미한다.

5) [연구문제 1]과 [연구문제 2]에 대한 보고서 제시 및 해석방법

<표 24-1> 성별과 교수방법에 따른 수학성취도의 기술통계 결과

	교수방법 A			교수방법 B			교수방법 C			전 체		
	N	M	SD	N	M	SD	N	M	SD	N	M	SD
남	8	11.38	.52	7	8.71	.49	8	9.13	1.13	23	9.78	1.41
여	7	9.43	.79	8	10.63	1.41	7	9.00	1.15	22	9.73	1.32
전 체	15	10.47	1.19	15	9.73	1.44	15	9.07	1.10	45	9.76	1.35

<표 24-2> 성별과 교수방법에 따른 수학성취도에 대한 이원분산분석 결과

Source	SS	df	MS	F	p
성별 (A)	.032	1	.032	.033	.856
교수방법 (B)	13.432	2	6.716	6.935	.003
A×B	27.800	2	13.900	14.353	.000
오 차	37.768	39	.968		
전 체	80.311	44			

<표 24-1>, <표 24-2>에 나타난 것처럼 남학생의 수학성취도 평균은 9.78로 여학생(9.73)보다 조금 더 높았으나, 그 차이는 통계적으로 유의미한 차이가 아니었다($F=.033$, $p>.05$). 그러나 세 가지 교수방법에 따른 수학성취도 평균은 통계적으로 유의미한 차이가 있는 것으로 나타났다($F=6.935$, $p<.01$). 교수방법에 따른 수학성취도의 평균 점수를 비교해 보면 교수방법 A를 적용하였을 때 10.47로 가장 높았고, 교수방법 B를 적용하였을 때와 교수방법 C를 적용하였을 때가 각각 9.73, 9.07로 그 뒤를 따랐다. 특히, 성과 교수방법은 수학성취도에 대해 상호작용효과가 있음을 알 수 있었다($F=14.353$, $p<.01$). 즉, 남학생은 교수방법 A가 가장 효과적인 반면 여학생은 교수방법 B가 가장 효과적이었다.

전반적 검정을 통해 세 가지 교수방법에 따른 효과가 통계적으로 유의미한 차이가 있음을 확인할 수 있었다. 그렇다면 그것이 어떠한 교수방법 간 차이에 의한 것인지 세부적으로 확인하기 위해서 사후비교(post-hoc comparison) 분석을 실시

하였다. 본 연구의 경우 처치조건별 표본의 크기가 동일하기 때문에 Tukey 방법을 이용하였다.

<표 24-3> 세 가지 교수방법에 따른 수학성취도의 Tukey 검정 결과

교수방법		J	
		교수방법 B	기존 방법
I	교수방법 A	.73	1.40**
	교수방법 B	–	.67

숫자: I 평균-J 평균의 값임   **$p < .01$

그 결과 <표 24-3>에 나타난 것처럼 교수방법 A를 적용한 집단과 기존 방법을 적용한 집단 간의 수학성취도 평균은 통계적으로 유의미한 차이가 있음을 확인할 수 있었다. 그러나 교수방법 A와 교수방법 B 및 교수방법 B와 기존 방법을 적용한 집단 간에는 통계적으로 유의미한 차이가 없었다.

보충학습

다원분산분석에서 분산의 분할

<표 24-2>에 따르면, 각 처치조건 셀의 표본의 크기가 동일하지 않을 때에는 분산원의 합이 전체 분산과 동일하지 않음을 확인할 수 있다. 이러한 현상이 의미하는 것은 각 효과를 독립적인 효과로 해석할 수 없다는 것이다. 예컨대, 교수방법의 효과에는 성별 효과와 상호작용효과 및 오차분산이 혼합되어 있다는 것이다. 각 처치조건의 표본의 크기가 동일하지 않을 때 발생하는 이러한 해석의 모호성은 연구자가 만약 무선모형이나 혼합모형을 가정하는 경우에는 더 복잡하게 심화될 수 있다(박광배, 2004). 이러한 현상은 독립변수 간의 상관이 높을수록 더 심각하다. 독립변수 간의 상관이 .2를 초과한다면 이원분산분석에 의해 주효과와 상호작용효과를 정확하게 산출할 수 없다. 이러한 경우에는 중다회귀분석을 이용하여 주효과와 상호작용효과를 산출하는 것이 더 바람직하다.

6) [연구문제 3]에 대한 분석 절차: 단순주효과분석

- ◆ '명령문'으로 분석하는 방법

  ✔ '파일' ➪ '새로만들기' ➪ '명령문'

  ✔ 다음 프로그램을 '명령문' 창에 입력 한 후, 명령문의 '실행' 메뉴

  ✔ '모두' 또는 실행하고자 하는 영역에 블록을 입힌 상태에서 '선택영역' 선택

**수학성취도에 대한 각 교수방법 내에서 남녀 간 차이 분석 절차.

MANOVA math by gender(1,2) treat(1,3)

/design gender within treat(1)

gender within treat(2)

gender within treat(3).

EXE.

**수학성취도에 대한 남학생 혹은 여학생 내에서 교수방법 간 차이 분석 절차.

MANOVA math by gender(1,2) treat(1,3)

/design treat within gender(1)

treat within gender(2).

EXE.

※ 단순주효과분석은 다원분산분석에서 상호작용효과가 통계적으로 유의미한 경우에 한하여 이를 좀 더 상세하게 설명하기 위한 절차다.

※ 앞의 명령문에서 'gender'와 'treat'는 독립변수의 변수명이고, '(1,2)'와 '(1,3)'은 독립변수의 변수값이며, 'math'는 종속변수의 변수명이다. 예컨대, treat(1,3)은 독립변수 'treat'의 변수값으로 1, 2, 3이 이용되었음을 의미한다.

※ 주어진 데이터에 따라서 '독립변수의 변수명'과 '독립변수의 변수값' 및 '종속변수의 변수명'을 변경하여 사용해야 한다.

※ 'gender within treat(1)'은 '독립변수 treat의 변수값이 1인 피험자만을 대상으로 gender 간의 차이를 분석하라.'라는 의미다.

7) [연구문제 3]에 대한 분석 결과

```
* * * * * * A n a l y s i s o f V a r i a n c e -- design 1 * * * * * *
Tests of Significance for math using UNIQUE sums of squares
Source of Variation SS DF MS F Sig of F
WITHIN+RESIDUAL 51.20 41 1.25
GENDER WITHIN TREAT(1) 15.56 1 15.56 12.46 .001
GENDER WITHIN TREAT(2) 13.59 1 13.59 10.88 .002
GENDER WITHIN TREAT(3) .01 1 .01 .00 .947
(Model) 29.11 3 9.70 7.77 .000
(Total) 80.31 44 1.83
R-Squared  =  .362
Adjusted R-Squared  =  .316



* * * * * * A n a l y s i s o f V a r i a n c e -- design 1 * * * * * *
Tests of Significance for math using UNIQUE sums of squares
Source of Variation SS DF MS F Sig of F
WITHIN+RESIDUAL 37.80 40 .95
TREAT WITHIN GENDER(1) 31.81 2 15.91 16.83 .000
TREAT WITHIN GENDER(2) 10.74 2 5.37 5.68 .007
(Model) 42.51 4 10.63 11.25 .000
(Total) 80.31 44 1.83
R-Squared  =  .529
Adjusted R-Squared  =  .482
```

※ 밑줄 친 부분은 보고서에 제시해야 하는 부분이다.

8) [연구문제 3]에 대한 보고서 제시 및 해석방법

이원분산분석을 실시한 결과 <표 24-2>에 나타난 것처럼 성별과 교수방법은 수학성취도에 대해 상호작용효과가 있음을 확인할 수 있었다. 이에 상호작용효과의 구체적인 양태를 분석하기 위해서 단순주효과분석(simple main effect analysis)을 실시하였다.

<표 24-4> 각 교수방법에서 남녀에 따른 수학성취도 차이에 대한 단순주효과 분석 결과

Source	SS	df	MS	F	p
성 @ 교수방법 A	15.56	1	15.56	12.46	.001
성 @ 교수방법 B	13.59	1	13.59	10.88	.002
성 @ 교수방법 C	.01	1	.01	.00	.947
오 차	51.20	41	1.25		
전 체	80.31	44	1.83		

그 결과 <표 24-1>과 <표 24-4>에 나타난 것처럼 교수방법 A에서는 남학생이, 교수방법 B에서는 여학생의 수학성취도가 더 높았다($F=12.46$, $p<.01$; $F=10.88$, $p<.01$). 그러나 교수방법 C에서는 남녀 간 차이가 발견되지 않았다($F=00$, $p>.05$).

<표 24-5> 각 성별에서 교수방법에 따른 수학성취도 차이에 대한 단순주효과 분석 결과

Source	SS	df	MS	F	p
교수방법 @ 남학생	31.81	2	15.91	16.83	.000
교수방법 @ 여학생	10.74	2	5.37	5.68	.007
오 차	37.80	40	.95		
전 체	80.31	44	1.83		

그리고 <표 24-1>과 <표 24-5>에 나타난 것처럼 남학생의 수학성취도는 교수방법 A에서 가장 높았고 교수방법 C와 교수방법 B에서의 수학성취도가 그 뒤를 따랐다($F=16.83$, $p<.01$). 이에 비해서 여학생의 수학성취도는 교수방법 B에서 가장 높았고 교수방법 A와 교수방법 C에서의 수학성취도가 그 뒤를 따랐다($F=5.68$, $p<.01$).

⑤ 무선모형과 고정모형

연구자가 독립변수의 처치조건을 선택하는 방법에 따라 독립변수를 고정변수와 무선변수로 나눌 수 있다. 독립변수를 구성하는 처치조건을 연구자가 의도적으로 선택한 경우, 그 독립변수는 '고정변수(fixed variables)'라고 한다. 독립변수가 고정변수일 경우, 연구자는 선택된 독립변수의 각 처치조건 간의 구체적인 비교에 직접적인 관심을 가진다. 이 경우 연구 결과의 일반화 범위는 선택한 처치조건에 국한된다. 예컨대, 학업성취에 긍정적인 영향을 줄 것으로 기대되는 교수방법 A와 교수방법 B를 개발한 후, 이에 대한 효과를 검정하기 위해서 기존의 교수방법 C와 비교하는 연구를 수행한다고 할 때, 교수방법은 '고정변수'에 해당된다. 왜냐하면 세 가지 교수방법은 무수히 많은 교수방법 중에서 무선적으로 표집된 것이 아니라 연구자가 어떤 의도를 가지고 선정한 것이기 때문이다. 이 연구의 경우, 무수히 많은 교수방법 간의 차이에 관심이 있는 것이 아니라 연구자가 선정한 세 교수방법 간의 차이에 관심이 있다.

이에 비해 독립변수의 처치조건을 연구자가 무선적으로 선택한 경우, 그 독립변수는 '무선변수(random variables)'라고 한다. 독립변수가 무선변수일 경우, 연구자는 선택된 독립변수의 각 처치조건 간의 구체적인 차이에 관심이 있는 것이 아니라, 선택한 처치조건 간의 차이에 대한 결과를 그 처치조건이 표집되어 온 전집에 일반화하는 데 관심이 있다. 예컨대, 교수방법에 따라서 학업성취가 달라지는지 검정하기 위해서 세 가지 교수방법을 무선으로 표집하여 그 효과를 비교하는 연구를 수행한다고 할 때, 교수방법은 '무선변수'에 해당된다. 이 연구의 경우, 연구자가 선정한 세 교수방법 간의 차이에 관심이 있는 것이 아니라 무수히 많은 교수방법 간의 차이에 궁극적인 관심이 있다.

요컨대, 분산분석에서는 독립변수가 고정변수인지 무선변수인지에 따라서 해석의 방법에 차이가 생긴다. 뿐만 아니라, 검정통계량을 구하는 과정에서 기준이 되는 오차항이 달라지기 때문에 F값과 유의확률도 달라질 수 있다. 다만, 독립변수가 하나인 일원분산분석에서는 분석 결과에서 두 가지 방법 간에 차이가 나타나지 않는다.

독립변수가 고정변수들로만 구성된 분산분석모형을 '고정모형(fixed model)', 무선변수들로만 구성된 분산분석모형을 '무선모형(random model)', 그리고 고정변수와 무선변수가 혼합된 분산분석모형을 '혼합모형(mixed model)'이라 한다. 여기서는 고정모형과 무선모형에서의 분석방법과 해석방법에 대해서만 다루고자 한다.

1) 고정모형

고정모형은 처치변수의 처치조건을 무선으로 선정하는 것이 아니라 연구자가 관심 있어 하는 특정 처치조건만을 대상으로, 이들의 효과성을 비교하는 데 목적이 있다.

(1) 분석 과제와 연구문제

① 분석 과제: '토론식 교수방법(m_1)', '강의식 교수방법(m_2)', '시각 위주 수업매체방법(g_1)' 및 '청각 위주 수업매체방법(g_2)'이 수학성취도에 미치는 효과를 알아보고자 한다. 이를 위해 교수방법(M)과 수업매체방법(G)에 따른 네 가지 처치조건에 10명씩 무선배치하였다. 수학성취도에 대한 두 가지 교수방법과 두 가지 수업매체방법의 효과를 평가하시오.

② 연구문제: '토론식 교수방법', '강의식 교수방법', '시각 위주 수업매체방법' 및 '청각 위주 수업매체방법'에 따라 수학성취도는 어떠한 차이가 있는가?

※ 연구설계: 요인설계(고정모형 이요인 완전무선배치설계)

		수업매체방법(G)	
		시각 위주	청각 위주
교수방법(M)	토론식	(1)	(2)
	강의식	(3)	(4)

※ 연구대상: 네 가지의 처치조건별로 각 10명씩 총 40명

(2) 분산 분할과 오차항의 결정

① **분산 분할**: 수학성취도의 전체 분산은 교수방법(M)과 수업매체방법(G)에 따라서 다음과 같이 네 가지 종류의 분산원으로 분할할 수 있다.

- 교수방법(M)에 따른 집단 간 분산: M
- 수업매체방법(G)에 따른 집단 간 분산: G
- 교수방법(M)과 수업매체방법(G)의 상호작용에 따른 집단 간 분산: GM
- 처치조건 내에서의 집단 내 분산: s(GM)

② **오차항의 결정**: 오차항은 분산원에 대한 검정통계량을 구하는 과정에서 기준이 되는 값이다. <표 24-6>은 각 분산원에 대한 오차항을 선정한 결과다. 오차항의 결정방법은 이 책의 제6부 제24장의 ❺의 마지막 부분에 제시된 '보충학습'을 참조하기 바란다.

〈표 24-6〉 고정모형에서의 분산원과 오차항

분산원	오차항
M	s(GM)
G	s(GM)
GM	s(GM)
s(GM)	–

(3) 코딩방식 및 분석 데이터

- 코딩방식: 교수방법(1: 토론식, 2: 강의식), 수업매체(1: 시각 위주, 2: 청각 위주), 수학성취도를 차례로 입력한다.
- 분석 데이터: 무선효과_고정효과.sav (연습용 파일)

(4) 분석 절차

① 1단계: 집단별 평균과 표준편차 구하기

- 이 책의 제6부 제18장의 ❹ 참조

② 2단계: 'F값'과 'p값' 구하기

- '분석' 메뉴

  ✔ '일반선형모형' ⇨ '일변량'

  ✔ 종속변수인 수학성취도를 '종속변수'로 이동

  ✔ 독립변수인 교수방법과 수업매체를 '모수요인'으로 이동

  ✔ '확인'

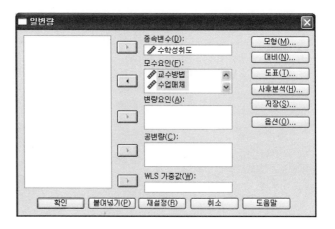

- '명령문'으로 분석하는 방법

  ✔ '파일' ⇨ '새로만들기' ⇨ '명령문'

  ✔ 다음 프로그램을 '명령문' 창에 입력 한 후, 명령문의 '실행' 메뉴

  ✔ '모두' 또는 실행하려는 영역에 블록을 지정한 상태에서 '선택영역' 선택

```
**기술통계치 분석프로그램.
 * Basic Tables.
TABLES
/FORMAT BLANK MISSING('.')
/OBSERVATION 수학성취도
/FTOTAL $t '집단 합계'
/TABLES (교수방법 > 수학성취도 + $t )
BY (수업매체 > (STATISTICS) + $t )
/STATISTICS
count( ( F5.0 ))
mean( ( F7.2 ))
stddev( ( F7.2 )).


**고정모형 분석 절차.
MANOVA 수학성취도 by 교수방법(1,2) 수업매체(1,2)
/design.
```

※ 앞의 명령문에서 '교수방법'과 '수업매체'는 독립변수의 변수명이고, '(1,2)'는 독립
변수의 변수값이며, '수학성취도'는 종속변수의 변수명이다. 예컨대, 교수방법
(1,2)는 독립변수 '교수방법'의 변수값으로 1, 2가 이용되었음을 의미한다.

※ 주어진 데이터에 따라서 '독립변수의 변수명'과 '독립변수의 변수값' 및 '종속변수
의 변수명'은 변경해서 사용해야 한다.

(5) 분석 결과

◆ 분석 메뉴를 이용한 결과

개체-간 효과 검정

종속변수: 수학성취도

소스	제 III 유형 제곱합	자유도	평균제곱	F	유의확률
수정 모형	642.100ª	3	214.033	217.661	.000
절편	211702.500	1	211702.500	215290.678	.000
교수방법	8.100	1	8.100	8.237	.007
수업매체	25.600	1	25.600	26.034	.000
교수방법 * 수업매체	608.400	1	608.400	618.712	.000
오차	35.400	36	.983		
합계	212380.000	40			
수정 합계	677.500	39			

a. R 제곱 = .948 (수정된 R 제곱 = .943)

• '명령문'으로 분석한 결과

	시각위주			청각위주			집단 합계		
	빈도	평균	표준편차	빈도	평균	표준편차	빈도	평균	표준편차
토론식	10	70.10	.88	10	76.30	.95	20	73.20	3.30
강의식	10	77.00	1.15	10	67.60	.97	20	72.30	4.93
집단 합계	20	73.55	3.68	20	71.95	4.56	40	72.75	4.17

```
Tests of Significance for 수학성취도 using UNIQUE sums of squares
Source of Variation        SS      DF      MS        F   Sig of F

WITHIN CELLS             35.40     36     .98
교수방법                   8.10      1    8.10      8.24    .007
수업매체                  25.60      1   25.60     26.03    .000
교수방법 BY 수업매체      608.40      1  608.40    618.71    .000

(Model)                 642.10      3  214.03    217.66    .000
(Total)                 677.50     39   17.37
```

※ 밑줄 친 부분은 보고서에 제시해야 하는 부분이다.

(6) 보고서 제시 및 해석방법

<표 24-7> 교수방법과 수업매체방법에 따른 수학성취도의 기술통계 결과

	시각 위주			청각 위주			전 체		
	N	M	SD	N	M	SD	N	M	SD
토론식	10	70.10	.88	10	76.30	.95	20	73.20	3.30
강의식	10	77.00	1.15	10	67.60	.97	20	72.30	4.93
전 체	20	73.55	3.68	20	71.95	4.56	40	72.75	4.17

<표 24-8> 교수방법과 수업매체방법에 따른 수학성취도의 고정모형 분석 결과

Source	SS	df	MS	F	p
교수방법(M)	8.10	1	8.10	8.24	.007
수업매체방법(G)	25.60	1	25.60	26.03	.000
M×G	608.40	1	608.40	618.71	.000
오 차	35.40	36	.98		
전 체	677.50	39	17.37		

<표 24-7>과 <표 24-8>을 통해 다음과 같은 결과를 얻을 수 있었다.

첫째, 강의식 교수방법과 토론식 교수방법 간의 수학성취도 평균은 유의수준 1%에서 통계적으로 유의미한 차이가 있었다($F=8.24$, $p<.01$). 즉, 토론식 수업이 강의식 수업에 비하여 수학성취도가 더 높았다.

둘째, 시각 위주의 수업매체방법과 청각 위주의 수업매체방법 간의 수학성취도 평균은 유의수준 1%에서 통계적으로 유의미한 차이가 있었다($F=26.03$, $p<.01$). 즉, 시각 위주의 수업매체를 이용하는 경우가 청각 위주의 수업매체를 이용하는 경우에 비하여 수학성취도가 더 높았다.

셋째, 교수방법과 수업매체방법은 수학성취도에 대해 유의수준 1%에서 통계적으로 유의미한 상호작용효과를 가지고 있었다($F=618.71$, $p<.01$). 즉, 토론식 교수방법에서는 청각 위주의 수업매체를 활용하는 것이 수학성취도에 더 긍정적이었고, 강의식 교수방법에서는 시각 위주의 수업매체를 활용하는 것이 수학성취도에 더 긍정적인 효과가 있었다.

보충학습

추가 분석의 필요성

이원분산분석을 실시한 결과, <표 24-8>에 나타난 것처럼 교수방법과 수업매체방법은 수학성취도에 대해 상호작용효과가 있었다. 그러므로 상호작용효과의 구체적인 양태를 분석하기 위해서 단순주효과분석을 추가적으로 실시할 필요가 있다.

---

2) 무선모형

무선모형은 처치변수의 처치조건을 무선으로 선택한 경우로, 독립변수의 일반적인 처치조건의 효과성을 파악하는 데 궁극적인 관심이 있다.

(1) 분석 과제와 연구문제

① 분석 과제: 교수방법으로 '토론식 교수방법(m_1)과 강의식 교수방법(m_2)'을, 수업매체방법으로 '시각 위주 수업매체방법(g_1)과 '청각 위주 수업매체방법(g_2)'을 무선으로 선택하여, 교수방법과 수업매체방법이 수학성취도에 미치는 효과를 알아보고자 한다. 이를 위해 교수방법(m)과 수업매체방법(g)에 따른 네 가지의 처치조건에 10명씩 무선배치하였다. 수학성취도에 대한 교수방법과 수업매체방법의 효과를 평가하시오.

② 연구문제: 교수방법과 수업매체방법에 따라서 수학성취도는 어떠한 차이가 있는가?

※ 연구설계: 요인설계(무선모형 이요인 완전무선배치설계)

		수업매체방법(g)	
		시각위주	청각위주
교수방법(m)	토론식	(1)	(2)
	강의식	(3)	(4)

※ 연구대상: 네 가지의 처치조건별로 각 10명씩 총 40명

(2) 분산 분할과 오차항의 결정

① 분산 분할: 수학성취도의 전체 분산은 교수방법(m)과 수업매체방법(g)에 따라서 다음과 같이 네 가지의 분산원으로 분할할 수 있다.

- 교수방법(m)에 따른 집단 간 분산: m
- 수업매체방법(g)에 따른 집단 간 분산: g
- 교수방법(m)과 수업매체방법(g)의 상호작용에 따른 집단 간 분산: gm
- 처치조건 내에서의 집단 내 분산: s(gm)

② 오차항의 결정: 오차항은 분산원에 대한 검정통계량을 구하는 과정에서 기준이 되는 값이다. <표 24-9>는 각 분산원에 대한 오차항을 선정한 결과다. 오차항의 결정방법은 이 책의 제6부 제24장의 **❺**의 마지막 부분에 제시된 '보충학습'을 참조하기 바란다.

<표 24-9> 무선모형에서의 분산원과 오차항

분산원	오차항
m	gm
g	gm
gm	s(gm)
s(gm)	–

(3) 코딩방식 및 분석 데이터

• 코딩방식: 교수방법(1: 토론식, 2: 강의식), 수업매체(1: 시각 위주, 2: 청각 위주), 수학성취도를 차례로 입력한다.
• 분석 데이터: 무선효과_고정효과.sav (연습용 파일)

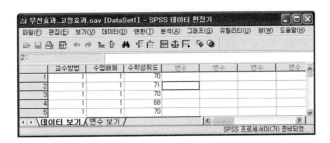

(4) 분석 절차

① 1단계: 집단별 평균과 표준편차 구하기
• 이 책의 제6부 제18장의 **❹** 참조

② 2단계: 'F값'과 'p값' 구하기

• '분석' 메뉴

    ✔ '일반선형모형' ⇨ '일변량'

    ✔ 종속변수인 수학성취도를 '종속변수'로 이동

    ✔ 독립변수인 교수방법과 수업매체를 '변량요인'으로 이동

    ✔ '확인'

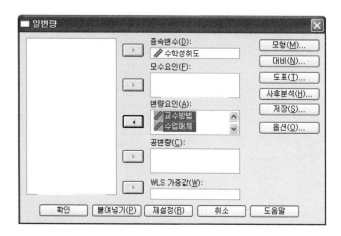

• '명령문'으로 분석하는 방법

    ✔ '파일' ⇨ '새로만들기' ⇨ '명령문'

    ✔ 다음 프로그램을 '명령문' 창에 입력 한 후, 명령문의 '실행' 메뉴

    ✔ '모두' 또는 실행하려는 영역에 블록을 지정한 상태에서 '선택영역' 선택

```
**기술통계치 분석프로그램.
  * Basic Tables.
  TABLES
  /FORMAT BLANK MISSING('.')
  /OBSERVATION 수학성취도
  /FTOTAL $t '집단 합계'
  /TABLES (교수방법 > 수학성취도 + $t )
  BY (수업매체 > (STATISTICS) + $t )
  /STATISTICS
  count( ( F5.0 ))
  mean( ( F7.2 ))
  stddev( ( F7.2 )).


**무선모형 분석 절차.
  MANOVA 수학성취도 by 교수방법(1,2) 수업매체(1,2)
  /design = 교수방법 수업매체 교수방법 by 수업매체
  /design 교수방법 by 수업매체=1
          교수방법 vs 1
          수업매체 vs 1.
```

※ 앞의 명령문에서 '교수방법'과 '수업매체'는 독립변수의 변수명이고, '(1,2)'는 독
   립변수의 변수값이며, '수학성취도'는 종속변수의 변수명이다. 예컨대, 교수방
   법(1,2)는 독립변수 '교수방법'의 변수값으로 1,2가 이용되었음을 의미한다.

※ 주어진 데이터에 따라서 '독립변수의 변수명'과 '독립변수의 변수값' 및 '종속
   변수의 변수명'은 변경해서 사용해야 한다.

※ 'design 교수방법 by 수업매체=1'은 교수방법과 수업매체의 상호작용효과를
   '번호 1'로 설정하여 다음 분석(예, 교수방법 vs 1과 수업매체 vs 1)에 이용하
   겠다는 것이다.

※ '교수방법 vs 1'에서 'vs'는 분산원 부분과 그것의 기준이 되는 오차항 부분을
   나누어 주는 기능을 한다. '교수방법 vs 1'은 바로 위에서 설정한 '교수방법과
   수업매체의 상호작용효과'를 오차항으로 할 때, 교수방법의 효과를 검정하는
   검정통계량을 구하라는 것을 의미한다.

(5) 분석 결과

◆ 분석 메뉴를 이용한 결과

개체-간 효과 검정

종속변수: 수학성취도

소스		제 III 유형 제곱합	자유도	평균제곱	F	유의확률
절편	가설	211702.500	1	.	.	.
	오차	.	ᵃ	.		
교수방법	가설	8.100	1	8.100	.013	.927
	오차	608.400	1	608.400ᵇ		
수업매체	가설	25.600	1	25.600	.042	.871
	오차	608.400	1	608.400ᵇ		
교수방법 * 수업매체	가설	608.400	1	608.400	618.712	.000
	오차	35.400	36	.983ᶜ		

◆ '명령문'으로 분석한 결과

	시각위주			청각위주			집단합계		
	빈도	평균	표준편차	빈도	평균	표준편차	빈도	평균	표준편차
토론식	10	70.10	.88	10	76.30	.95	20	73.20	3.30
강의식	10	77.00	1.15	10	67.60	.97	20	72.30	4.93
집단합계	20	73.55	3.68	20	71.95	4.56	40	72.75	4.17

```
Tests of Significance for 수학성취도 using UNIQUE sums of squares
Source of Variation        SS      DF      MS        F    Sig of F

WITHIN+RESIDUAL           35.40    36     .98
교수방법                   8.10     1    8.10      8.24    .007
수업매체                  25.60     1   25.60     26.03    .000
교수방법 BY 수업매체      608.40     1  608.40    618.71    .000

(Model)                  642.10     3  214.03    217.66    .000
(Total)                  677.50    39   17.37


Tests of Significance for 수학성취도 using UNIQUE sums of squares
Source of Variation        SS      DF      MS        F    Sig of F

Error 1                  608.40     1  608.40
교수방법                   8.10     1    8.10      .01     .927
수업매체                  25.60     1   25.60      .04     .871
```

※ 밑줄 친 부분은 보고서에 제시해야 하는 부분이다.

(6) 보고서 제시 및 해석방법

<표 24-10> 교수방법과 수업매체방법에 따른 수학성취도의 기술통계 결과

	시각 위주			청각 위주			전 체		
	N	M	SD	N	M	SD	N	M	SD
토론식	10	70.10	.88	10	76.30	.95	20	73.20	3.30
강의식	10	77.00	1.15	10	67.60	.97	20	72.30	4.93
전 체	20	73.55	3.68	20	71.95	4.56	40	72.75	4.17

<표 24-11> 교수방법과 수업매체방법에 따른 수학성취도의 무선모형 분석 결과

Source	SS	df	MS	F	p
교수방법(m)	8.10	1	8.10	.01	.927
수업매체방법(g)	25.60	1	25.60	.04	.871
m×g	608.40	1	608.40	618.71	.000
오 차	35.40	36	.98		
전 체	677.50	39	17.37		

<표 24-10>과 <표 24-11>을 통해 다음과 같은 결과를 얻을 수 있었다.

첫째, 강의식 교수방법과 토론식 교수방법 간의 수학성취도 평균은 통계적으로 유의미한 차이가 없었다($F=.01$, $p>.05$). 즉, 일반적으로 교수방법에 따라서 수학성취도가 달라진다고는 할 수 없다.

둘째, 시각 위주의 수업매체방법과 청각 위주의 수업매체방법 간의 수학성취도 평균은 통계적으로 유의미한 차이가 없었다($F=.04$, $p>.05$). 즉, 일반적으로 수업매체방법에 따라서 수학성취도가 달라진다고는 할 수 없다.

셋째, 교수방법과 수업매체방법은 수학성취도에 대해 유의수준 1%에서 통계적으로 유의미한 상호작용효과를 가지고 있었다($F=618.71$, $p<.01$). 즉, 일반적으로 수학성취도에 대한 교수방법의 효과는 수업매체방법에 따라서 달라진다.

오차항의 결정방법

종속변수의 전체 분산은 검정하려는 독립변수의 효과에 따라서 여러 개의 분산원 (source)으로 분할할 수 있다. 예컨대, 이원분산분석에서는 전체 분산을 독립변수 A에 의한 분산원, 독립변수 B에 의한 분산원, 독립변수 A와 독립변수 B의 상호작용에 의한 분산원, 처치조건 내에서 개인 간 차이에 의한 분산원 등 네 가지로 분할할 수 있다. 각각의 분산원에 대한 효과는 F검정으로 확인하게 된다. 이것의 기본 논리는 검정하려는 각각의 분산원을, 그 모델에서 가정할 수 있는 오차항의 분산으로 나눈 값이 F분포를 따른다는 점이다. 이때 유의해야 하는 것은 오차항의 대상이다. 독립변수가 무선변수인지 고정변수인지에 따라서, 피험자 간 변수인지 피험자 내 변수인지에 따라서, 그리고 교차변수인지 배속변수인지에 따라서, 분산원에 대한 오차항은 달라진다.

다음은 오차항을 결정하는 절차다(변창진, 문수백, 1996).

(1) 전체 분산을 검정하려는 독립변수의 효과에 따라서 여러 개의 분산원으로 분할한다. 이때 고정변수는 대문자로, 무선변수는 소문자로, 그리고 배속변수는 ( )로 나타낸다. 예컨대, s(GM)은 피험자들(s)이 고정변수 G와 M에 의한 처치조건에 무선적으로 배속되어 있음을 의미한다.

(2) 효과를 검정하려는 특정 분산원에 대한 오차항을 다음과 같이 찾는다.
① 분산원 중에서 특정 분산원을 포함하는 분산원을 모두 선택한다.
② 특정 분산원 이외의 다른 분산원 중에서 ( )안의 고정변수를 무시한다.
③ 이 중에서 남은 분산원이 한 개뿐이면서 그것이 무선변수인 분산원을 선택한다.

(3) 이러한 기준을 통해 선택된 분산원이 하나뿐이면 그것이 오차항이 된다. 그러나 선택된 분산원이 2개 이상이면 좀 더 복잡한 방법으로 오차항을 구해야 한다. 이에 대한 방법은 Winer(1971)를 참조하기 바란다.

예컨대, <표 24-6>에서 분산원 G에 대한 오차항을 찾는다면, 먼저 절차 ①에 의해 GM과 s(GM)을 선택한다. 그리고 절차 ②에 의해 s(GM)에서 M은 무시한 다음, 절차 ③을 따른다면 s(GM)이 최종 오차항이 됨을 알 수 있다.

이에 비해 <표 24-9>에서 분산원 g에 대한 오차항을 찾는다면 먼저 절차 ①에 의해 gm과 s(gm)을 선택한다. 절차 ②에는 해당사항이 없다. 마지막으로 절차 ③을 따른다면 gm이 최종 오차항이 됨을 알 수 있다.

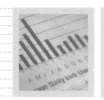

제 **25**장
관계의 분석

t 검정과 분산분석은 독립변수와 종속변수의 상관의 정도를 의미하는 ω^2값을 함께 제시하는 것이 바람직하다. 왜냐하면 t 검정과 분산분석은 표본의 크기가 커짐에 따라 표본의 표준오차가 작아져서 조그마한 집단 간의 차이도 통계적으로 유의미한 차이가 있다는 식으로 결론을 내릴 가능성이 높아지기 때문이다. 그러므로 t 검정과 분산분석에서는 표본의 크기가 주는 영향을 통제하기 위해서 독립변수가 종속변수와 어느 정도의 관련성을 갖고 있는지를 함께 제시할 필요가 있다. ω^2은 독립변수가 종속변수의 분산을 어느 정도 설명하는지의 정도를 나타낸다.

$$\omega^2 = \frac{S_y^2 - S_{y \cdot x}^2}{S_y^2} = \frac{S_{\hat{y}}^2}{S_y^2}$$

t 검정인 경우 ω^2은 독립변수와 종속변수 간의 양류상관계수(point biserial correlation)의 제곱과 같으며, 다음과 같이 추정된다.

$$\widehat{\omega^2} = \frac{t^2 - 1}{t^2 + N_1 + N_2 - 1}$$

(단, t : 검정통계량 t 값, N_1, N_2 : 표본의 크기)

분산분석의 경우 ω^2은 상관비(η^2)와 그 의미가 같으며, 다음과 같이 추정된다(임인재, 1987).

$$\widehat{\omega^2} = \frac{SSB - (J-1)\widehat{\sigma^2_{within}}}{SST + \widehat{\sigma^2_{within}}}$$

단, SSB: 집단 간 편차제곱합

SST: 전체 편차제곱합

J: 집단 수

$\widehat{\sigma^2_{within}}$: 집단 내 분산

보충학습

연구문제에 따른 분석방법 제시(안)

1. 교차분석
   ① 연구문제: 수학에 대한 흥미를 가장 많이 떨어뜨리는 때는 언제며, 그것이 학년에 따라서, 성별에 따라서 어떠한 차이가 있는가?
   ② 분석방법: 본 연구문제를 해결하기 위해서 다음과 같은 분석 절차를 따랐다.
   • 각 문항에 대한 항목별 빈도와 백분율을 비교하기 위해 '빈도분석'을 실시하였다.
   • 각 문항에 대한 항목별 빈도와 백분율이 배경변수의 유목에 따라서 어떠한 차이가 있는지 보기 위해 '교차분석'을 행하였다. 그리고 반응 빈도 및 백분율의 분포가 배경변수의 유목에 따라서 통계적으로 유의미한 차이가 있는지 평가하기 위해서 χ^2검정을 시도하였다.

2. 전후검사 통제집단설계(일원분산분석, 독립표본 t검정) 또는 이질집단 전후검사설계(공분산분석)
   ① 분석상황과 연구문제: 교우관계에 긍정적인 영향을 줄 것으로 예상되는 교수방법 A와 교수방법 B를 개발하였다. 이에 대한 효과를 검정하기 위해서 기존의 교수방법(교수방법 C)과 비교하고자 한다. 이를 위해 먼저, 세 가지 교수방법에 각각 20명을 배치하여 교우관계를 미리 측정하였다. 그리고 세 가지 교수방법을 일정 기간 적용한 후, 교우관계를 다시 한 번 측정하였다.
   교우관계에 대한 효과는 세 가지 교수방법 간에 차이가 있는가?

② **분석방법**: 본 연구문제를 해결하기 위해서 다음과 같은 분석 절차를 따랐다. 교우와의 관계 사전검사 점수의 평균이 세 집단 간에 통계적으로 유의미한 차이가 있는지 보기 위해서 일원분산분석을 실시하였다. 그리고 그 결과에 따라서 사후검사를 활용한 일원분산분석 또는 사전검사 점수를 공변수로 하는 공분산분석을 행하였다.

- **세 가지 교수방법을 적용하기 이전에 세 집단이 서로 동질하다고 가정할 수 있는 경우**, 교우관계 사후검사 점수가 세 집단 간에 차이가 있는지 검정하기 위해서 일원분산분석을 실시하였다. 세 집단의 교사와의 관계가 처치 이전에는 차이가 없었지만 처치 이후에는 차이가 있다는 것은 교수방법이 교사와의 관계에 영향을 미치고 있음을 지지해 준다.
- **세 가지 교수방법을 적용하기 이전에 세 집단이 서로 동질하다고 가정할 수 없다면**, 교우관계 사전검사 점수를 통제한 후 세 가지 교수방법에 따른 교우관계 사후검사 점수의 평균이 통계적으로 유의미한 차이가 있는지 검정하기 위해 공분산분석을 시도하였다.

전반적 검정을 통해 세 가지 교수방법에 따른 효과가 통계적으로 유의미한 차이가 있음을 확인할 수 있는 경우에 한하여 그것이 어떠한 교수방법 간 차이에 의한 것인지 세부적으로 확인하기 위해서 사후비교 분석을 실시하였다.

※ 비교하려는 집단이 두 개뿐인 경우에는 일원분산분석 대신에 독립표본 t 검정을 활용한다. 특히, 이 경우에는 사후비교 과정이 필요없다.

3. 요인설계(이원분산분석)
① **분석상황과 연구문제**: 수학성취도에 긍정적인 영향을 줄 것으로 예상되는 교수방법 A와 교수방법 B를 개발하였다. 이에 대한 효과를 검정하기 위해서 기존의 교수방법 C와 비교하고자 한다. 이를 위해 남녀를 혼합하여 세 가지 교수방법에 각각 15명을 무선배치하여 세 가지 교수방법을 적용하였고, 일정 기간이 지난 다음, 수학성취도를 측정하였다.
성별과 교수방법에 따라서 수학성취도는 어떠한 차이가 있는가?
② **분석방법**: 수학성취도에 대한 세 가지 교수방법의 효과와 남녀 간 차이가 어떠한지(주효과), 특히 세 가지 교수방법의 효과가 남녀에 따라서 어떠한 차이가 있는지(상호작용효과) 검정하기 위해 이원분산분석을 실시하였다. 상호작용효과가 확인된 경우에 한하여 상호작용효과의 구체적인 양태를 분석하기 위해서 단순주효과분석을 행하였다.

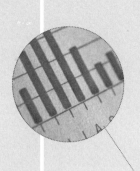

부록 I : 문제해설 및 해답

제2장 통계학의 기본 선수개념

1 의료기술이나 의료시설이 시술 건수, 시술 결과에 제3의 변수로 작용하여 영향을 미칠수 있음을 간과하고 있다. 그러므로 시술 건수와 시술 결과 간의 관계를 직접적인 인과관계로 해석한 것은 잘못된 것이다.

2 교수방법을 고정변수로 처리한 경우에는 연구자가 선정한 세 가지 교수방법 간에 차이가 있는지에만 관심을 가진다. 반면에 무선변수로 처리한 경우에는 세 가지 교수방법간에 차이가 아니라 일반적으로 교수방법 간에 차이가 있다고 할 수 있는지에 관심을가진다.

3 ① 검정할 수 없음(집단 내 분산이 존재하지 않기 때문임)
② 대응표본 t 검정
③ χ^2 검정
④ χ^2 검정
⑤ 검정할 수 없음(집단 내 분산이 존재하지 않기 때문임)
⑥ χ^2 검정(연봉을 범주형 변수로 변경한 경우에 한함)
⑦ 이원분산분석(연봉을 범주형 변수로 변경한 경우에 한함)
⑧ 다변량분산분석(국가별 피험자 수가 다수임을 가정함)
⑨ 대응표본 t 검정(피험자 수가 다수임을 가정함)
⑩ 공분산분석(남녀별 피험자 수가 다수임을 가정함)

4 유층표집

5 체계적 표집

제3장 집중경향과 변산도

(1) 평균이 큰 순서: C>B=D>A
(2) 표준편차가 큰 순서: D>A=C>B
(3) 교육의 효과가 큰 순서: C>B ? D>A (단, ?는 판단하기 어려움을 의미한다.)

제4장 상 관

(1) 거짓: 이론적인 근거 없이 인과관계로 해석하는 것은 무리다.

(2) 거짓: 상관계수가 −.5이면 상관이 높은 편이다.

(3) 참: 통계적으로 유의미하면서 상관계수가 음수다.

(4) 참: 결정계수는 .25다.

(5) 거짓: 이론적인 근거 없이 인과관계로 해석하는 것은 무리다.

제5장 표집분포와 자유도

(1)

$$E(s^2) = E(\frac{\sum_{i=1}^{n}(X_i - \overline{X})^2}{n}) = E(\frac{\sum_{i=1}^{n}X_i^2}{n} - \overline{X}^2) = E(\frac{\sum_{i=1}^{n}X_i^2}{n}) - E(\overline{X}^2)$$

$$*E(\frac{\sum_{i=1}^{n}X_i^2}{n}) = \frac{1}{n}E(\sum_{i=1}^{n}X_i^2) = \frac{1}{n}\times n(\sigma^2 + \mu^2) = \sigma^2 + \mu^2$$

$$\sigma^2 = E(X^2) - \mu^2$$
$$E(X^2) = \sigma^2 + \mu^2$$

$$**E(\overline{X}^2) = \frac{\sigma^2}{n} + \mu^2$$

$$\sigma^2(\overline{X}) = E(\overline{X}^2) - \{E(\overline{X})\}^2$$
$$E(\overline{X}^2) = \sigma^2(\overline{X}) + \{E(\overline{X})\}^2$$
$$E(\overline{X}^2) = \frac{\sigma^2}{n} + \mu^2$$

$$E(s^2) = \sigma^2 + \mu^2 - (\frac{\sigma^2}{n} + \mu^2)$$

$$E(s^2) = \sigma^2 - \frac{\sigma^2}{n}$$

$$E(s^2) = \frac{n-1}{n}\sigma^2$$

$$\therefore E(s^2) \neq \sigma^2$$

(2)
$$E(\frac{n}{n-1}s^2) = \sigma^2$$

$$E(\frac{n}{n-1} \cdot \frac{\sum_{i=1}^{n} x_i^2}{n}) = \sigma^2$$

$$E(\frac{\sum_{i=1}^{n} x_i^2}{n-1}) = \sigma^2$$

$$\therefore E(\widehat{\sigma^2}) = \sigma^2$$

제6장 여러 가지 연속확률분포와 표집분포

81점에 대한 표준정규분포 상의 점수는 다음과 같이 구할 수 있다.

$$z = \frac{81-60}{10} = 2.1$$

표 1 표준정규분포표

z	$F(z)$	z	$F(z)$	z	$F(z)$	z	$F(z)$	z	$F(z)$	z	$F(z)$
0.00	0.5000	0.70	0.7580	1.40	0.9192	2.10	0.9861	2.80	0.9974	3.50	0.9998
0.01	0.5040	0.71	0.7611	1.41	0.9207	2.11	0.9826	2.81	0.9975	3.51	0.9998
0.02	0.5080	0.72	0.7642	1.42	0.9222	2.12	0.9830	2.82	0.9976	3.52	0.9998
0.03	0.5120	0.73	0.7673	1.43	0.9236	2.13	0.9834	2.83	0.9977	3.53	0.9998
0.04	0.5160	0.74	0.7703	1.44	0.9251	2.14	0.9838	2.84	0.9977	3.54	0.9998
0.05	0.5199	0.75	0.7734	1.45	0.9265	2.15	0.9842	2.85	0.9978	3.55	0.9998
0.06	0.5239	0.76	0.7764	1.46	0.9279	2.16	0.9846	2.86	0.9979	3.56	0.9998
0.07	0.5279	0.77	0.7794	1.47	0.9292	2.17	0.9850	2.87	0.9979	3.57	0.9998
0.08	0.5319	0.78	0.7823	1.48	0.9306	2.18	0.9854	2.88	0.9980	3.58	0.9998
0.09	0.5359	0.79	0.7852	1.49	0.9319	2.19	0.9857	2.89	0.9981	3.59	0.9998
0.10	0.5398	0.80	0.7881	1.50	0.9332	2.20	0.9861	2.90	0.9981	3.60	0.9998
0.11	0.5438	0.81	0.7910	1.51	0.9345	2.21	0.9864	2.91	0.9982	3.61	0.9998
0.12	0.5478	0.82	0.7939	1.52	0.9357	2.22	0.9868	2.92	0.9982	3.62	0.9999
0.13	0.5517	0.83	0.7967	1.53	0.9370	2.23	0.9871	2.93	0.9983	3.63	0.9999
0.14	0.5557	0.84	0.7995	1.54	0.9382	2.24	0.9875	2.94	0.9984	3.64	0.9999
0.15	0.5596	0.85	0.8023	1.55	0.9394	2.25	0.9878	2.95	0.9984	3.65	0.9999
0.16	0.5636	0.86	0.8051	1.56	0.9406	2.26	0.9881	2.96	0.9985	3.66	0.9999

표준정규분포표에서 $p(Z \leq 2.1)$를 구하면 .9861이다.

$\therefore$ 81점을 받은 학생의 백분위는 98.61이다.

제7장 추정과 가설검정

1 중심극한정리를 활용한 신뢰구간의 추정

$$P(-z_{.025} \leq \frac{\overline{X}-\mu}{\sigma/\sqrt{n}} \leq z_{.025}) = .95$$

$$P(\overline{X} - z_{.025} \cdot \sigma/\sqrt{n} \leq \mu \leq \overline{X} + z_{.025} \cdot \sigma/\sqrt{n}) = .95$$

$$P(65 - 1.96 \cdot 4/\sqrt{64} \leq \mu \leq 65 + 1.96 \cdot 4/\sqrt{64}) = .95$$

$$[64.02, \ 65.98]$$

2 하나의 동전을 5번 던져서 모두 앞면이 나올 확률은 다음과 같다.

$$\frac{1}{2} \times \frac{1}{2} \times \frac{1}{2} \times \frac{1}{2} \times \frac{1}{2} = \frac{1}{32} \fallingdotseq .031$$

양측검정이므로 유의확률 p는 .031의 2배로 .062다. 이는 유의수준 .05보다 크기 때문에 유의수준 5%에서 원가설을 기각할 수 없다. 즉, 그 동전은 앞면이 나올 확률이 $\frac{1}{2}$이라고 할 수 있다.

3 $z = \dfrac{88-85}{\dfrac{15}{\sqrt{100}}} = 2.00$이고, $2P(Z \geq 2.00) \fallingdotseq .046$(부록 II의 1참조)이므로 유의확률은 .046이다. 그러므로 유의수준 5%에서 원가설을 기각할 수 있다. 즉, 전집의 평균이 달라졌다고 할 수 있다.

4 $2P(T \geq 3.19) \fallingdotseq .068$이므로 유의확률은 .068이다. 그러므로 유의수준 5%에서 원가설을 기각할 수 없다. 즉, 전집의 평균은 달라졌다고 할 수 없다.

5 하나의 동전을 5번 던져서 모두 앞면이 나올 확률은 다음과 같다.

$$\frac{1}{2} \times \frac{1}{2} \times \frac{1}{2} \times \frac{1}{2} \times \frac{1}{2} = \frac{1}{32} \fallingdotseq .031$$

단측검정이므로 유의확률 p는 .031이다. 이는 유의수준 .05보다 더 작기 때문에 유의수준 5%에서 원가설을 기각할 수 있다. 즉, 이 동전은 앞면이 나올 확률이 $\frac{1}{2}$보다 더 크다고 할 수 있다.

6 $z = \dfrac{88-85}{\dfrac{15}{\sqrt{100}}} = 2.00$ 이고, $P(Z \ge 2.00) \fallingdotseq .023$ (부록 Ⅱ의 1 참조)이므로 유의확률은

.023이다. 그러므로 유의수준 5%에서 원가설을 기각할 수 있다. 즉, 전집의 평균은 향상되었다고 할 수 있다.

7 $P(T \ge 3.19) \fallingdotseq .034$ 이므로 유의확률은 .034이다. 그러므로 유의수준 5%에서 원가설을 기각할 수 있다. 즉, 전집의 평균은 향상되었다고 할 수 있다. 그러나 유의수준 1%에서는 원가설을 기각할 수 없다. 즉, 전집의 평균은 향상되었다고 할 수 없다.

8 ① 연구가설의 설정 : 연구가설은 '전집의 평균은 85점이 아닐 것이다.'다. 연구가설로 보아 양측검정이 적합한 상황이다.

② 원가설의 인정 : 원가설은 '전집의 평균은 85점이다.'다.

③ 유의수준의 결정 : 유의수준은 .05와 .01 두 가지다.

④ 표집분포의 결정 : 표본의 크기 n이 충분히 크기 때문에 다음의 분포는 Z 분포를 따른다. 그러므로 본 가설검정은 Z 검정에 해당한다.

$$\frac{\overline{X} - \mu}{\dfrac{\hat{\sigma}}{\sqrt{n}}} \sim Z$$

⑤ 검정통계량의 계산

$$Z = \frac{\overline{X} - \mu}{\dfrac{\hat{\sigma}}{\sqrt{n}}} = \frac{81 - 85}{\dfrac{15}{\sqrt{100}}} \fallingdotseq 2.667$$

⑥ 원가설의 기각 여부 결정 : 양측검정에서의 유의확률은 $2P(Z \ge 2.667) \fallingdotseq .008$ (부록 Ⅱ의 1 참조)이다. 그러므로 유의수준 5%에서 원가설을 기각할 수 있다. 그뿐만 아니라 유의수준 1%에서도 원가설을 기각할 수 있다. 즉, 전집의 평균은 달라졌다고 할 수 있다.

9 원가설이 $\mu = \mu_1$이고 대립가설이 $\mu = \mu_2$라고 하면, 원가설을 잘못 기각할 확률인 '제1종 오류(α)'와 대립가설이 참인데 이를 채택하지 않고 원가설을 잘못 채택하는 오류인 '제2종 오류(β)' 및 원가설이 참이 아닐 때 이를 제대로 기각하는 확률, 즉 새로운 주장을 제대로 할 확률인 '통계적 검정력$(1-\beta)$'은 [그림 1]과 같이 나타낼 수 있다. [그림 1]과 같이 일반적으로 제1종 오류가 커지면 제2종 오류는 작아진다. 반대로 제1종 오류(α)가 작아지면 제2종 오류(β)는 커진다. 조그마한 변화가 일어났음에도 변화가 일어났다고 새로운 주장을 하면, 이는 제1종 오류를 높일 가능성이 커지며, 결국 대립

가설을 잘못 기각할 가능성, 즉 원가설을 잘못 받아들일 가능성(제2종 오류)을 작아지게 한다. 제2종 오류(β)가 커지면 통계적 검정력은 작아지게 된다. 새로운 주장이 틀릴 가능성(제2종 오류)이 높다면 옳을 가능성(통계적 검정력)은 당연히 낮아지게 된다. 요컨대, 제1종 오류(α)가 작아질수록 제2종 오류(β)는 커지고 통계적 검정력($1-\beta$)은 작아진다([그림 1], [그림 2] 참조).

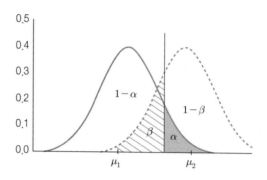

[그림 1] 제1종 오류, 제2종 오류 및 통계적 검정력

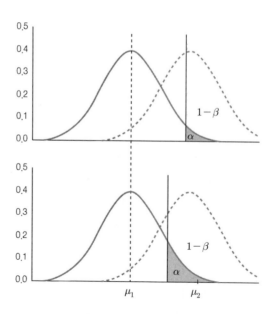

[그림 2] 제1종 오류와 통계적 검정력

10 표본의 크기가 커지면 평균의 표준오차 $\frac{\sigma}{\sqrt{n}}$ 는 작아지게 된다. 그러므로 [그림 3]과 같이 두 집단의 평균 차이가 동일하고 제1종 오류(α)가 동일하다고 해도 제2종 오류(β)는 작아지고 통계적 검정력($1-\beta$)은 커지게 된다.

측정에서 신뢰도(reliability)란 측정의 일관성을 말한다. 측정할 때마다 그 결과가 달라진다면 신뢰도는 낮게 된다. 측정의 신뢰도가 높다는 것은 $\sigma_x^2 = \sigma_t^2 + \sigma_e^2$ 에서 σ_e^2가 작음을 의미하며, 이는 측정치들의 표준편차인 σ_x가 작아지게 하여 결국 평균의 표준오차 $\frac{\sigma}{\sqrt{n}}$ 도 작아지게 한다. 그러므로 측정의 신뢰도가 높을수록 두 집단의 평균 차이가 동일하고 제1종 오류(α)가 동일하다고 한다면 제2종 오류(β)는 작아지고 통계적 검정력($1-\beta$)은 커진다.

요컨대, 표본의 크기가 커지고 측정의 신뢰도가 높을수록 통계적 검정력($1-\beta$)은 커지게 된다. 특히 χ^2 검정은 표본의 크기가 커짐에 따라서 통계적 검정력이 기하급수적으로 커진다고 알려져 있다.

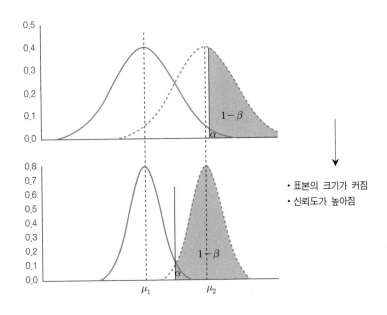

[그림 3] 표본의 크기와 통계적 검정력

11 측정의 신뢰도가 낮다면 변화가 일어나더라도 이를 믿지 못할 가능성이 크다는 것을 의미한다. 그러므로 신뢰도가 낮다면 가설검정 상황에서 유의수준을 작게 하여 원가설을 잘못 기각할 가능성을 낮출 필요가 있다.

12 일반적으로 사회과학은 자연과학에 비해서 측정의 신뢰도가 낮다. 그러므로 사회과학은 자연과학에 비해서 가설검정 상황에서 유의수준을 작게 할 필요가 있다.

13 첫째, 표본의 크기 n을 크게 하여 평균의 표준오차 $\frac{\sigma}{\sqrt{n}}$를 작아지게 하는 방법이 있다. 둘째, 측정의 신뢰도를 높게 하여 σ를 최소화함으로써 평균의 표준오차 $\frac{\sigma}{\sqrt{n}}$를 작아지게 하는 방법이 있다.
[그림 3]과 같이, 이 두 가지 방법은 모두 제2종 오류를 작아지게 하며 동시에 통계적 검정력을 높일 수 있다.

14 [그림 4]와 같이 동일한 유의수준이라면 양측검정보다 단측검정에서 통계적 검정력은 증가하게 된다.

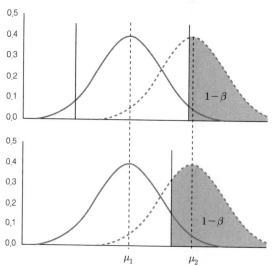

[그림 4] 양측검정(상)과 단측검정(하)에서의 통계적 검정력

15 새롭게 개발된 약품이 효과가 있다고 판단한다면 그 약품을 여러 사람이 이용할 가능성이 높아진다. 그러므로 효과가 없는데 효과가 있다고 잘못 판단할 경우 여러 사람을 위험에 빠뜨릴 수 있다. 이런 이유에서 사람을 대상으로 새롭게 개발된 약품이 효과가 있는지 검정하는 경우에는 제1종 오류를 낮추어야 하기 때문에 유의수준을 작게 할 필요가 있다.

제8장 생성 확장자의 종류와 기능

- '분석' 메뉴
  - ✔ '상관분석' ⇨ '이변량 상관분석'
  - ✔ 'v1, v2, v3'를 '변수'로 이동

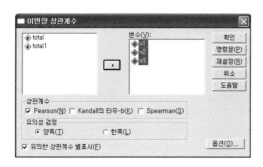

- '옵션'
  - ✔ '대응별 결측값 제외'와 '목록별 결측값 제외' 중 하나를 선택
  - ✔ '계속' ⇨ '확인'

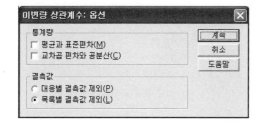

- 결과 1 : '대응별 결측값 제외'를 선택한 경우

상관계수

		v1	v2	v3
v1	Pearson 상관계수	1	.866	.750
	유의확률 (양쪽)		.333	.144
	N	5	3	5
v2	Pearson 상관계수	.866	1	.982
	유의확률 (양쪽)	.333		.121
	N	3	3	3
v3	Pearson 상관계수	.750	.982	1
	유의확률 (양쪽)	.144	.121	
	N	5	3	5

• 결과 2 : '목록별 결측값 제외'를 선택한 경우

상관계수ª

		v1	v2	v3
v1	Pearson 상관계수	1	.866	.756
	유의확률 (양쪽)		.333	.454
v2	Pearson 상관계수	.866	1	.982
	유의확률 (양쪽)	.333		.121
v3	Pearson 상관계수	.756	.982	1
	유의확률 (양쪽)	.454	.121	

a. 목록별 N=3

제11장 자료 변환

1 • '변환' 메뉴

✔ '코딩변경' ⇨ '새로운 변수로' ⇨ 영어점수를 '숫자 변수 → 출력변수'로 이동

✔ 출력변수 이름에 '합격여부' 입력 ⇨ '바꾸기' 클릭

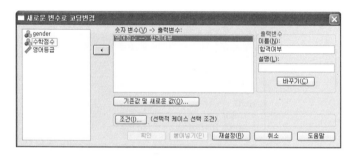

• '기존값 및 새로운 값'

✔ '기존값'의 '다음 값에서 최고값까지 범위'에 50을 입력

✔ '출력변수가 문자열임'을 선택 : 변경하려는 변수가 숫자가 아니고 합격, 불합격과 같은 문자열인 경우에는 필수적인 절차다.

✔ '새로운 값'에 합격 입력 ⇨ '추가'

✔ '기타 모든 값'을 선택하고 '새로운 값'에 불합격 입력 ⇨ '추가' ⇨ '계속'

✔ '확인'

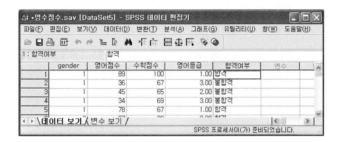

2 • '변환' 메뉴

　✔ '코딩변경' ⇨ '새로운 변수로'

　✔ 'score'를 '숫자 변수 → 출력변수'로 이동

　✔ 출력변수 이름에 '합격여부' 입력 ⇨ '바꾸기' 클릭

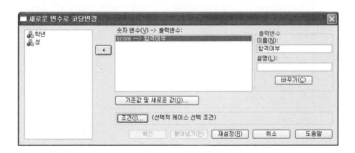

• '조건' 클릭

　✔ '다음 조건을 만족하는 케이스 포함' 선택

　✔ '학년=2 & 성=1' 입력 ⇨ '계속'

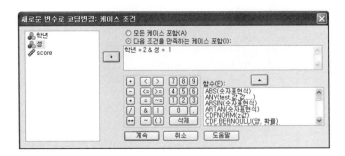

- '기존값 및 새로운 값'
  - ✔ '기존값'의 '다음 값에서 최고값까지 범위'에 60을 입력
  - ✔ '새로운 값'에 1을 입력 ⇨ '추가'
  - ✔ '기타 모든 값'을 선택하고 '새로운 값'에 2를 입력 ⇨ '추가' ⇨ '계속'

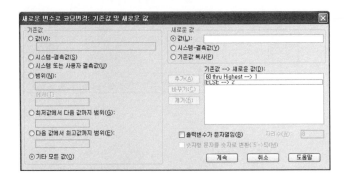

  - ✔ '붙여넣기' 클릭

- '2학년 여학생의 합격여부'를 판정하는 명령문은 '2학년 남학생의 합격여부'를 판정하는 명령문을 복사해서 사용하면 편리하다. 그 절차는 다음과 같다.
  - ✔ '2학년 남학생의 합격여부'를 판정하는 명령문을 한 번 복사한다.
  - ✔ '성=1'을 '성=2'로, '60'을 '50'으로 수정한다.
  - ✔ '실행' ⇨ '모두'

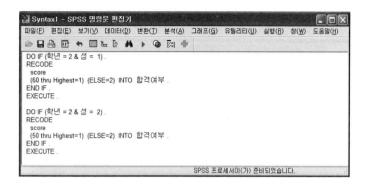

• 결 과

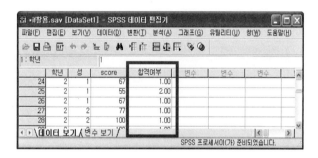

3 IF (학년=1 & age>=15) score=math**3+english.
EXECUTE.

4 • '파일' 메뉴
✔ '새로 만들기' ⇨ '명령문' ⇨ 다음을 입력
✔ '실행' ⇨ '모두'

> if (영어점수>=60 & 수학점수>=50) 합격여부=1.
> exe.
> if (영어점수<60 | 수학점수<50) 합격여부=2.
> exe.

• 결 과

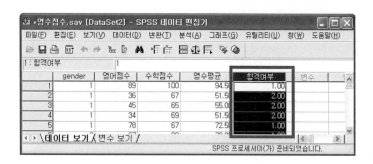

5 • 데이터 파일

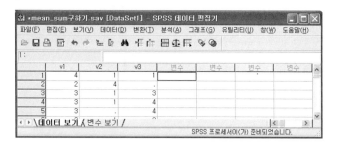

• 총점 구하는 방법

[방법 1]

✔ '변환' 메뉴 ➪ '변수 계산' ➪ 다음과 같이 입력 ➪ '붙여넣기' 클릭

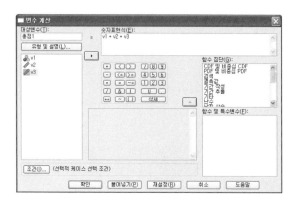

✔ '실행' 메뉴
✔ '모두'

```
COMPUTE 총점 1 = v1+v2+v3.
EXECUTE .
```

[결과]

[방법 2]

✔ '변환' 메뉴 ➡ '변수 계산' ➡ 다음과 같이 입력 ➡ '붙여넣기' 클릭

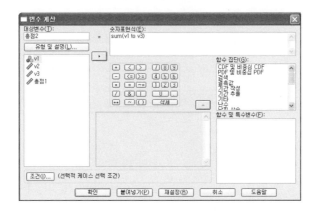

✔ '실행' 메뉴 ➡ '모두'

```
COMPUTE 총점2 = sum(v1 to v3) .
EXECUTE .
또는
COMPUTE 총점2 = sum(v1, v2, v3) .
EXECUTE .
```

[결과]

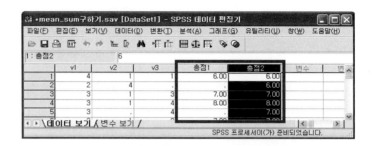

※ 방법 1과 방법 2의 결과는 결측값 처리에서 약간의 차이가 발견된다.

6 • 데이터 파일

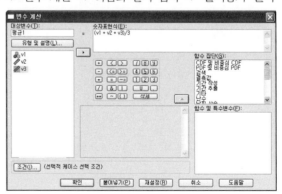

• 평균을 구하는 방법

[방법 1]

✔ '변환' 메뉴 ⇨ '변수 계산' ⇨ 다음과 같이 입력 ⇨ '붙여넣기' 클릭

✔ '실행' 메뉴
✔ '모두'

```
COMPUTE  평균1 = (v1+v2+v3)/3 .
EXECUTE .
```

[결과]

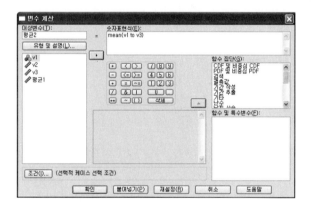

[방법 2]

✔ '변환' 메뉴 ⇨ '변수 계산' ⇨ 다음과 같이 입력 ⇨ '붙여넣기' 클릭

✔ '실행' 메뉴 ⇨ '모두'

```
COMPUTE  평균2 = mean(v1 to v3).
EXECUTE .
또는
COMPUTE  평균2 = mean(v1, v2, v3).
EXECUTE .
```

[결과]

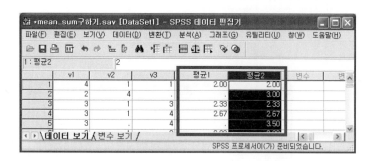

※ 방법 1과 방법 2의 결과는 결측값 처리에서 약간의 차이가 발견된다.

7

```
IF (평균1>=2.0 & 평균2>=3.0) 합격여부 = 1 .
EXECUTE .

IF (평균1<2.0 | 평균2<3.0) 합격여부 = 2 .
EXECUTE .
```

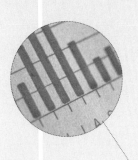

부록 II

1. 표준정규분포표

도표의 셀에 들어있는 수들은 표준정규분포곡선에서 0에서 z까지
의 넓이를 나타낸다.

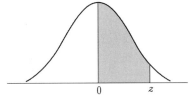

z	z의 소수점 이하 둘째 자리									
	0.00	0.01	0.02	0.03	0.04	0.05	0.06	0.07	0.08	0.09
0.0	.0000	.0040	.0080	.0120	.0160	.0199	.0239	.0279	.0319	.0359
0.1	.0398	.0438	.0478	.0517	.0557	.0596	.0636	.0675	.0714	.0753
0.2	.0793	.0832	.0871	.0910	.0948	.0987	.1026	.1064	.1103	.1141
0.3	.1179	.1217	.1255	.1293	.1331	.1368	.1406	.1443	.1480	.1517
0.4	.1554	.1591	.1628	.1664	.1700	.1736	.1772	.1808	.1844	.1879
0.5	.1915	.1950	.1985	.2019	.2054	.2088	.2123	.2157	.2190	.2224
0.6	.2257	.2291	.2324	.2357	.2389	.2422	.2454	.2486	.2517	.2549
0.7	.2580	.2611	.2642	.2673	.2703	.2734	.2764	.2794	.2823	.2852
0.8	.2881	.2910	.2939	.2967	.2995	.3023	.3051	.3078	.3106	.3133
0.9	.3159	.3186	.3212	.3238	.3264	.3289	.3315	.3340	.3365	.3389
1.0	.3413	.3438	.3461	.3485	.3508	.3531	.3554	.3577	.3599	.3621
1.1	.3643	.3665	.3686	.3708	.3729	.3749	.3770	.3790	.3810	.3830
1.2	.3849	.3869	.3888	.3907	.3925	.3944	.3962	.3980	.3997	.4015
1.3	.4032	.4049	.4066	.4082	.4099	.4115	.4131	.4147	.4162	.4177
1.4	.4192	.4207	.4222	.4236	.4251	.4265	.4279	.4292	.4306	.4319
1.5	.4332	.4345	.4357	.4370	.4382	.4394	.4406	.4418	.4429	.4441
1.6	.4452	.4463	.4474	.4484	.4495	.4505	.4515	.4525	.4535	.4545
1.7	.4554	.4564	.4573	.4582	.4591	.4599	.4608	.4616	.4625	.4633
1.8	.4641	.4649	.4656	.4664	.4671	.4678	.4686	.4693	.4699	.4706
1.9	.4713	.4719	.4726	.4732	.4738	.4744	.4750	.4756	.4761	.4767
2.0	.4772	.4778	.4783	.4788	.4793	.4798	.4803	.4808	.4812	.4817
2.1	.4821	.4826	.4830	.4834	.4838	.4842	.4846	.4850	.4854	.4857
2.2	.4861	.4864	.4868	.4871	.4875	.4878	.4881	.4884	.4887	.4890
2.3	.4893	.4896	.4898	.4901	.4904	.4906	.4909	.4911	.4913	.4916
2.4	.4918	.4920	.4922	.4925	.4927	.4929	.4931	.4932	.4934	.4936
2.5	.4938	.4940	.4941	.4943	.4945	.4946	.4948	.4949	.4951	.4952
2.6	.4953	.4955	.4956	.4957	.4959	.4960	.4961	.4962	.4963	.4964
2.7	.4965	.4966	.4967	.4968	.4969	.4970	.4971	.4972	.4973	.4974
2.8	.4974	.4975	.4976	.4977	.4977	.4978	.4979	.4979	.4980	.4981
2.9	.4981	.4982	.4982	.4983	.4984	.4984	.4985	.4985	.4986	.4986
3.0	.4987	.4987	.4987	.4988	.4988	.4989	.4989	.4989	.4990	.4990

2. 난수표

난수표를 뽑는 방법: 어느 한 곳에서 출발해서 위, 아래, 옆, 대각선 중 어느 방향이든지 체계적으로 따라가면서 숫자를 선택한다. 같은 숫자가 나오면 버리고, 다른 수를 계속해서 뽑아 간다.

04433	80674	24520	18222	10610	05794	37515
60298	47829	72648	37414	75755	04717	29899
67884	59651	67533	68123	17730	95862	08034
89512	32155	51906	61662	64130	16688	37275
32653	01895	12506	88535	36553	23757	34209
95913	15405	13772	76638	48423	25018	99041
55864	21694	13122	44115	01601	50541	00147
35334	49810	91601	40617	72876	33967	73830
57729	32196	76487	11622	96297	24160	09903
86648	13697	63677	70119	94739	25875	38829
30574	47609	07967	32422	76791	39725	53711
81307	43694	83580	79974	45929	85113	72268
02410	54905	79007	54939	21410	86980	91772
18969	75274	52233	62319	08598	09066	95288
87863	82384	66860	62297	80198	19347	73234
68397	71708	15438	62311	72844	60203	46412
28529	54447	58729	10854	99058	18260	38765
44285	06372	15867	70418	57012	72122	36634
86299	83430	33571	23309	57040	29285	67870
84842	68668	90894	61658	15001	94055	36308
56970	83609	52098	04184	54967	72938	56834
83125	71257	60490	44369	66130	72936	69848
55503	52423	02464	26141	68779	66388	75242
47019	76273	33203	29608	54553	25971	69573
84828	32592	79526	29554	84580	37859	28504
68921	08141	79227	05748	51276	57143	31926
36458	96045	30424	98420	72925	40729	22337
95752	59445	36847	87729	81679	59126	59437
26768	47323	58454	56958	20575	76746	49878
42613	37056	43636	58085	06766	60227	96414
95457	30566	65482	25596	02678	54592	63607
95276	17894	63564	95958	39750	64379	46059
66954	52324	64776	92345	95110	59448	77249
17457	18481	14113	62462	02798	54977	48349
03704	36872	83214	59337	01695	60666	97410
21538	86497	33210	60337	27976	70661	08250
57178	67619	98310	70348	11317	71623	55510
31048	97558	94953	55866	96283	46620	52087
69799	55380	16498	80733	96422	58078	99643
90595	61867	59231	17772	67831	33317	00520
33570	04981	98939	78784	09977	29398	93896
15340	93460	57477	13898	48431	72936	78160
64079	42483	36512	56186	99098	48850	72527
63491	05546	67118	62063	74958	20946	28147
92003	63868	41034	28260	79708	00770	88643
52360	46658	66511	04172	73085	11795	52594
74622	12142	68355	65635	21828	39539	18988
04157	50079	61343	64315	70836	82857	35335
86003	60070	66241	32836	27573	11479	94114
41268	80187	20351	09636	84668	42486	71303

3. χ^2 분포표

df = 자유도(degree of freedom), α = 유의수준
도표의 각 방에 들어있는 수는 유의수준 α에 해당하는 χ^2 값

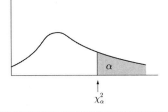

df	$\chi^2_{.99}$	$\chi^2_{.975}$	$\chi^2_{.95}$	$\chi^2_{.90}$	$\chi^2_{.10}$	$\chi^2_{.05}$	$\chi^2_{.025}$	$\chi^2_{.01}$
1	0.00016	0.00098	0.0039	0.0158	2.71	3.84	5.02	6.63
2	0.0201	0.0506	0.1026	0.2107	4.61	5.99	7.38	9.21
3	0.115	0.216	0.352	0.584	6.25	7.81	9.35	11.34
4	0.297	0.484	0.711	1.064	7.78	9.49	11.14	13.28
5	0.554	0.831	1.15	1.61	9.24	11.07	12.83	15.09
6	0.872	1.24	1.64	2.20	10.64	12.59	14.45	16.81
7	1.24	1.69	2.17	2.83	12.02	14.07	16.01	18.48
8	1.65	2.18	2.73	3.49	13.36	15.51	17.53	20.09
9	2.09	2.70	3.33	4.17	14.48	16.92	19.02	21.67
10	2.56	3.25	3.94	4.87	15.99	18.31	20.48	23.21
11	3.05	3.82	4.57	5.58	17.28	19.68	21.92	24.73
12	3.57	4.40	5.23	6.30	18.55	21.03	23.34	26.22
13	4.11	5.01	5.89	7.04	19.81	22.36	24.74	27.69
14	4.66	5.63	6.57	7.79	21.06	23.68	26.12	29.14
15	5.23	6.26	7.26	8.55	22.31	25.00	27.49	30.58
16	5.81	6.91	7.96	9.31	23.54	26.30	28.85	32.00
18	7.01	8.23	9.39	10.86	25.99	28.87	31.53	34.81
20	8.26	9.59	10.85	12.44	28.41	31.41	34.17	37.57
24	10.86	12.40	13.85	15.66	33.20	36.42	39.36	42.98
30	14.95	16.79	18.49	20.60	40.26	43.77	46.98	50.89
40	22.16	24.43	26.51	29.05	51.81	55.76	59.34	63.69
60	37.48	40.48	43.19	46.46	74.40	79.08	83.30	88.38
120	86.92	91.58	95.70	100.62	140.23	146.57	152.21	158.95

4. t 분포표

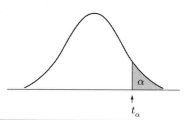

df = 자유도(degree of freedom), α = 유의수준
도표의 각 방에 들어있는 수는 유의수준 α에 해당하는 t 값

df	$t_{.25}$	$t_{.10}$	$t_{.05}$	$t_{.025}$	$t_{.01}$	$t_{.005}$	$t_{.0005}$
1	1.000	3.078	6.314	12.706	31.821	63.657	636.619
2	0.816	1.886	2.920	4.303	6.965	9.925	31.598
3	0.765	1.638	2.353	3.182	4.541	5.841	12.941
4	0.741	1.533	2.132	2.776	3.747	4.604	8.610
5	0.727	1.476	2.015	2.571	3.365	4.032	6.859
6	0.718	1.440	1.943	2.447	3.143	3.707	5.959
7	0.711	1.415	1.895	2.365	2.998	3.499	5.405
8	0.706	1.397	1.860	2.306	2.896	3.355	5.041
9	0.703	1.383	1.833	2.262	2.821	3.250	4.781
10	0.700	1.372	1.812	2.228	2.764	3.169	4.587
11	0.697	1.363	1.796	2.201	2.718	3.106	4.437
12	0.695	1.356	1.782	2.179	2.681	3.055	4.318
13	0.694	1.350	1.771	2.160	2.650	3.012	4.221
14	0.692	1.345	1.761	2.145	2.624	2.977	4.140
15	0.691	1.341	1.753	2.131	2.602	2.947	4.073
16	0.690	1.337	1.746	2.120	2.583	2.921	4.015
17	0.689	1.333	1.740	2.110	2.567	2.898	3.965
18	0.688	1.330	1.734	2.101	2.552	2.878	3.922
19	0.688	1.328	1.729	2.093	2.539	2.861	3.883
20	0.687	1.325	1.725	2.086	2.528	2.845	3.850
21	0.686	1.323	1.721	2.080	2.518	2.831	3.819
22	0.686	1.321	1.717	2.074	2.508	2.819	3.792
23	0.685	1.319	1.714	2.069	2.500	2.807	3.767
24	0.685	1.318	1.711	2.064	2.492	2.797	3.745
25	0.684	1.316	1.708	2.060	2.485	2.787	3.725
26	0.684	1.315	1.706	2.056	2.479	2.779	3.707
27	0.684	1.314	1.703	2.052	2.473	2.771	3.690
28	0.683	1.313	1.701	2.048	2.467	2.763	3.674
29	0.683	1.311	1.699	2.045	2.462	2.756	3.659
30	0.683	1.310	1.697	2.042	2.457	2.750	3.646
40	0.681	1.303	1.684	2.021	2.423	2.704	3.551
60	0.679	1.296	1.671	2.000	2.390	2.660	3.460
120	0.677	1.289	1.658	1.980	2.358	2.617	3.373
∞	0.674	1.282	1.645	1.960	2.326	2.576	3.291

5. F 분포표

V_1 = 분자의 자유도, V_2 = 분모의 자유도
도표의 각 방에 들어있는 수는 유의수준 .1에 해당하는 F 값

V_2	V_1									
	1	2	3	4	5	6	7	8	9	10
1	39.86	49.50	53.59	55.83	57.24	58.20	58.91	59.44	59.86	60.19
2	8.53	9.00	9.16	9.24	9.29	9.33	9.35	9.37	9.38	9.39
3	5.54	5.46	5.39	5.34	5.31	5.28	5.27	5.25	5.24	5.23
4	4.54	4.32	4.19	4.11	4.05	4.01	3.98	3.95	3.94	3.92
5	4.06	3.78	3.62	3.52	3.45	3.40	3.37	3.34	3.32	3.30
6	3.78	3.46	3.29	3.18	3.11	3.05	3.01	2.98	2.96	2.94
7	3.59	3.26	3.07	2.96	2.88	2.83	2.78	2.75	2.72	2.70
8	3.46	3.11	2.92	2.81	2.73	2.67	2.62	2.59	2.56	2.50
9	3.36	3.01	2.81	2.69	2.61	2.55	2.51	2.47	2.44	2.42
10	3.29	2.92	2.73	2.61	2.52	2.46	2.41	2.38	2.35	2.32
11	3.23	2.86	2.66	2.54	2.45	2.39	2.34	2.30	2.27	2.25
12	3.18	2.81	2.61	2.48	2.39	2.33	2.28	2.24	2.21	2.19
13	3.14	2.76	2.56	2.43	2.35	2.28	2.23	2.20	2.16	2.14
14	3.10	2.73	2.52	2.39	2.31	2.24	2.19	2.15	2.12	2.10
15	3.07	2.70	2.49	2.36	2.27	2.21	2.16	2.12	2.09	2.06
16	3.05	2.67	2.46	2.33	2.24	2.18	2.13	2.09	2.06	2.03
17	3.03	2.64	2.44	2.31	2.22	2.15	2.10	2.06	2.03	2.00
18	3.01	2.62	2.42	2.29	2.20	2.13	2.08	2.04	2.00	1.98
19	2.99	2.61	2.40	2.27	2.18	2.11	2.06	2.02	1.98	1.96
20	2.97	2.59	2.38	2.25	2.16	2.09	2.04	2.00	1.96	1.94
21	2.96	2.57	2.36	2.23	2.14	2.08	2.02	1.98	1.95	1.92
22	2.95	2.56	2.35	2.22	2.13	2.06	2.01	1.97	1.93	1.90
23	2.94	2.55	2.34	2.21	2.11	2.05	1.99	1.95	1.92	1.89
24	2.93	2.54	2.33	2.19	2.10	2.04	1.98	1.94	1.91	1.88
25	2.92	2.53	2.32	2.18	2.09	2.02	1.97	1.93	1.89	1.87
26	2.91	2.52	2.31	2.17	2.08	2.01	1.96	1.92	1.88	1.86
27	2.90	2.51	2.30	2.17	2.07	2.00	1.95	1.91	1.87	1.85
28	2.89	2.50	2.29	2.16	2.06	2.00	1.94	1.90	1.87	1.84
29	2.89	2.50	2.28	2.15	2.06	1.99	1.93	1.89	1.86	1.83
30	2.88	2.49	2.28	2.14	2.05	1.98	1.93	1.88	1.85	1.82
40	2.84	2.44	2.23	2.09	2.00	1.93	1.87	1.83	1.79	1.76
60	2.79	2.39	2.18	2.04	1.95	1.87	1.82	1.77	1.74	1.71
120	2.75	2.35	2.13	1.99	1.90	1.82	1.77	1.72	1.68	1.65
∞	2.71	2.30	2.08	1.94	1.85	1.77	1.72	1.67	1.63	1.60

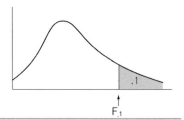

V_1 = 분자의 자유도, V_2 = 분모의 자유도
도표의 각 방에 들어있는 수는 유의수준 .1에 해당하는 F 값

V_2	V_1								
	12	15	20	24	30	40	60	120	∞
1	60.71	61.22	61.74	62.00	62.26	62.53	62.79	63.06	63.33
2	9.41	9.42	9.44	9.45	9.46	9.47	9.47	9.48	9.49
3	5.22	5.20	5.18	5.18	5.17	5.16	5.15	5.14	5.13
4	3.90	3.87	3.84	3.83	3.82	3.80	3.79	3.78	3.76
5	3.27	3.24	3.21	3.19	3.17	3.16	3.14	3.12	3.10
6	2.90	2.87	2.84	2.82	2.80	2.78	2.76	2.74	2.72
7	2.67	2.63	2.59	2.58	2.56	2.54	2.51	2.49	2.47
8	2.50	2.46	2.42	2.40	2.38	2.36	2.34	2.32	2.29
9	2.38	2.34	2.30	2.28	2.25	2.23	2.21	2.18	2.16
10	2.28	2.24	2.20	2.18	2.16	2.13	2.11	2.08	2.06
11	2.21	2.17	2.12	2.10	2.08	2.05	2.03	2.00	1.97
12	2.15	2.10	2.06	2.04	2.01	1.99	1.96	1.93	1.90
13	2.10	2.05	2.01	1.98	1.96	1.93	1.90	1.88	1.85
14	2.05	2.01	1.96	1.94	1.91	1.89	1.86	1.83	1.80
15	2.02	1.97	1.92	1.90	1.87	1.85	1.82	1.79	1.76
16	1.99	1.94	1.89	1.87	1.84	1.81	1.78	1.75	1.72
17	1.96	1.91	1.86	1.84	1.81	1.78	1.75	1.72	1.69
18	1.93	1.89	1.84	1.81	1.78	1.75	1.72	1.69	1.66
19	1.91	1.86	1.81	1.79	1.76	1.73	1.70	1.67	1.63
20	1.89	1.84	1.79	1.77	1.74	1.71	1.68	1.64	1.61
21	1.87	1.83	1.78	1.75	1.72	1.69	1.66	1.62	1.59
22	1.86	1.81	1.76	1.73	1.70	1.67	1.64	1.60	1.57
23	1.84	1.80	1.74	1.72	1.69	1.66	1.62	1.59	1.55
24	1.83	1.78	1.73	1.70	1.67	1.64	1.61	1.57	1.53
25	1.82	1.77	1.72	1.69	1.66	1.63	1.59	1.56	1.52
26	1.81	1.76	1.71	1.68	1.65	1.61	1.58	1.54	1.50
27	1.80	1.75	1.70	1.67	1.64	1.60	1.57	1.53	1.49
28	1.79	1.74	1.69	1.66	1.63	1.59	1.56	1.52	1.48
29	1.78	1.73	1.68	1.65	1.62	1.58	1.55	1.51	1.47
30	1.77	1.72	1.67	1.64	1.61	1.57	1.54	1.50	1.46
40	1.71	1.66	1.61	1.57	1.54	1.51	1.47	1.42	1.38
60	1.66	1.60	1.54	1.51	1.48	1.44	1.40	1.35	1.29
120	1.60	1.55	1.48	1.45	1.41	1.37	1.32	1.26	1.19
∞	1.55	1.49	1.42	1.38	1.34	1.30	1.24	1.17	1.00

V_1 = 분자의 자유도, V_2 = 분모의 자유도
도표의 각 방에 들어있는 수는 유의수준 .05에 해당하는 F 값

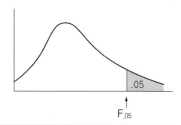

V_2	V_1									
	1	2	3	4	5	6	7	8	9	10
1	161.4	199.5	215.7	224.6	230.2	234.0	236.8	238.9	240.5	241.9
2	18.51	19.00	19.16	19.25	19.30	19.33	19.35	19.37	19.38	19.40
3	10.13	9.55	9.28	9.12	9.01	8.94	8.89	8.85	8.81	8.79
4	7.71	6.94	6.59	6.39	6.26	6.16	6.09	6.04	6.00	5.96
5	6.61	5.79	5.41	5.19	5.05	4.95	4.88	4.82	4.77	4.74
6	5.99	5.14	4.76	4.53	4.39	4.28	4.21	4.15	4.10	4.06
7	5.59	4.74	4.35	4.12	3.97	3.87	3.79	3.73	3.68	3.64
8	5.32	4.46	4.07	3.84	3.69	3.58	3.50	3.44	3.39	3.35
9	5.12	4.26	3.86	3.63	3.48	3.37	3.29	3.23	3.18	3.14
10	4.96	4.10	3.71	3.48	3.33	3.22	3.14	3.07	3.02	2.98
11	4.84	3.98	3.59	3.36	3.20	3.09	3.01	2.95	2.90	2.85
12	4.75	3.89	3.49	3.26	3.11	3.00	2.91	2.85	2.80	2.75
13	4.67	3.81	3.41	3.18	3.03	2.92	2.83	2.77	2.71	2.67
14	4.60	3.74	3.34	3.11	2.96	2.85	2.76	2.70	2.65	2.60
15	4.54	3.68	3.29	3.06	2.90	2.79	2.71	2.64	2.59	2.54
16	4.49	3.63	3.24	3.01	2.85	2.74	2.66	2.59	2.54	2.49
17	4.45	3.59	3.20	2.96	2.81	2.70	2.61	2.55	2.49	2.45
18	4.41	3.55	3.16	2.93	2.77	2.66	2.58	2.51	2.46	2.41
19	4.38	3.52	3.13	2.90	2.74	2.63	2.54	2.48	2.42	2.38
20	4.35	3.49	3.10	2.87	2.71	2.60	2.51	2.45	2.39	2.35
21	4.32	3.47	3.07	2.84	2.68	2.57	2.49	2.42	2.37	2.32
22	4.30	3.44	3.05	2.82	2.66	2.55	2.46	2.40	2.34	2.30
23	4.28	3.42	3.03	2.80	2.64	2.53	2.44	2.37	2.32	2.27
24	4.26	3.40	3.01	2.78	2.62	2.51	2.42	2.36	2.30	2.25
25	4.24	3.39	2.99	2.76	2.60	2.49	2.40	2.34	2.28	2.24
26	4.23	3.37	2.98	2.74	2.59	2.47	2.39	2.32	2.27	2.22
27	4.21	3.35	2.96	2.73	2.57	2.46	2.37	2.31	2.25	2.20
28	4.20	3.34	2.95	2.71	2.56	2.45	2.36	2.29	2.24	2.19
29	4.18	3.33	2.93	2.70	2.55	2.43	2.35	2.28	2.22	2.18
30	4.17	3.32	2.92	2.69	2.53	2.42	2.33	2.27	2.21	2.16
40	4.08	3.23	2.84	2.61	2.45	2.34	2.25	2.18	2.12	2.08
60	4.00	3.15	2.76	2.53	2.37	2.25	2.17	2.10	2.04	1.99
120	3.92	3.07	2.68	2.45	2.29	2.17	2.09	2.02	1.96	1.91
∞	3.84	3.00	2.60	2.37	2.21	2.10	2.01	1.94	1.88	1.83

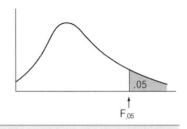

V_1 = 분자의 자유도, V_2 = 분모의 자유도
도표의 각 방에 들어있는 수는 유의수준 .05에 해당하는 F 값

V_2	V_1								
	12	15	20	24	30	40	60	120	∞
1	243.9	245.9	248.0	249.1	250.1	251.1	252.2	253.3	254.3
2	19.41	19.43	19.45	19.45	19.46	19.47	19.48	19.49	19.50
3	8.74	8.70	8.66	8.64	8.62	8.59	8.57	8.55	8.53
4	5.91	5.86	5.80	5.77	5.75	5.72	5.69	5.66	5.63
5	4.68	4.62	4.56	4.53	4.50	4.46	4.43	4.40	4.36
6	4.00	3.94	3.87	3.84	3.81	3.77	3.74	3.70	3.67
7	3.57	3.51	3.44	3.41	3.38	3.34	3.30	3.27	3.23
8	3.28	3.22	3.15	3.12	3.08	3.04	3.01	2.97	2.93
9	3.07	3.01	2.94	2.90	2.86	2.83	2.79	2.75	2.71
10	2.91	2.85	2.77	2.74	2.70	2.66	2.62	2.58	2.54
11	2.79	2.72	2.65	2.61	2.57	2.53	2.49	2.45	2.40
12	2.69	2.62	2.54	2.51	2.47	2.43	2.38	2.34	2.30
13	2.60	2.53	2.46	2.42	2.38	2.34	2.30	2.25	2.21
14	2.53	2.46	2.39	2.35	2.31	2.27	2.22	2.18	2.13
15	2.48	2.40	2.33	2.29	2.25	2.20	2.16	2.11	2.07
16	2.42	2.35	2.28	2.24	2.19	2.15	2.11	2.06	2.01
17	2.38	2.31	2.23	2.19	2.15	2.10	2.06	2.01	1.96
18	2.34	2.27	2.19	2.15	2.11	2.06	2.02	1.97	1.92
19	2.31	2.23	2.16	2.11	2.07	2.03	1.98	1.93	1.88
20	2.28	2.20	2.12	2.08	2.04	1.99	1.95	1.90	1.84
21	2.25	2.18	2.10	2.05	2.01	1.96	1.92	1.87	1.81
22	2.23	2.15	2.07	2.03	1.98	1.94	1.89	1.84	1.78
23	2.20	2.13	2.05	2.01	1.96	1.91	1.86	1.81	1.76
24	2.18	2.11	2.03	1.98	1.94	1.89	1.84	1.79	1.73
25	2.16	2.09	2.01	1.96	1.92	1.87	1.82	1.77	1.71
26	2.15	2.07	1.99	1.95	1.90	1.85	1.80	1.75	1.69
27	2.13	2.06	1.97	1.93	1.88	1.84	1.79	1.73	1.67
28	2.12	2.04	1.96	1.91	1.87	1.82	1.77	1.71	1.65
29	2.10	2.03	1.94	1.90	1.85	1.81	1.75	1.70	1.64
30	2.09	2.01	1.93	1.89	1.84	1.79	1.74	1.68	1.62
40	2.00	1.92	1.84	1.79	1.74	1.69	1.64	1.58	1.51
60	1.92	1.84	1.75	1.70	1.65	1.59	1.53	1.47	1.39
120	1.83	1.75	1.66	1.61	1.55	1.50	1.43	1.35	1.25
∞	1.75	1.67	1.57	1.52	1.46	1.39	1.32	1.22	1.00

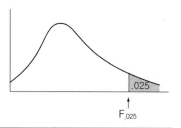

V_1 = 분자의 자유도, V_2 = 분모의 자유도
도표의 각 방에 들어있는 수는 유의수준 .025에 해당하는 F 값

V_2	V_1									
	1	2	3	4	5	6	7	8	9	10
1	647.8	799.5	864.2	899.6	921.8	937.1	948.2	956.7	963.3	968.6
2	38.51	39.00	39.17	39.25	39.30	39.33	39.36	39.37	39.39	39.40
3	17.44	16.04	15.44	15.10	14.88	14.73	14.62	14.54	14.47	14.42
4	12.22	10.65	9.98	9.60	9.36	9.20	9.07	8.98	8.90	8.84
5	10.01	8.43	7.76	7.39	7.15	6.98	6.85	6.76	6.68	6.62
6	8.81	7.26	6.60	6.23	5.99	5.82	5.70	5.60	5.52	5.46
7	8.07	6.54	5.89	5.52	5.29	5.12	4.99	4.90	4.82	4.76
8	7.57	6.06	5.42	5.05	4.82	4.65	4.53	4.43	4.36	4.30
9	7.21	5.71	5.08	4.72	4.48	4.32	4.20	4.10	4.03	3.96
10	6.94	5.46	4.83	4.47	4.24	4.07	3.95	3.85	3.78	3.72
11	6.72	5.26	4.63	4.28	4.04	3.88	3.76	3.66	3.59	3.53
12	6.55	5.10	4.47	4.12	3.89	3.73	3.61	3.51	3.44	3.37
13	6.41	4.97	4.35	4.00	3.77	3.60	3.48	3.39	3.31	3.25
14	6.30	4.86	4.24	3.89	3.66	3.50	3.38	3.29	3.21	3.15
15	6.20	4.77	4.15	3.80	3.58	3.41	3.29	3.20	3.12	3.06
16	6.12	4.69	4.08	3.73	3.50	3.34	3.22	3.12	3.05	2.99
17	6.04	4.62	4.01	3.66	3.44	3.28	3.16	3.06	2.98	2.92
18	5.98	4.56	3.95	3.61	3.38	3.22	3.10	3.01	2.93	2.87
19	5.92	4.51	3.90	3.56	3.33	3.17	3.05	2.96	2.88	2.82
20	5.87	4.46	3.86	3.51	3.29	3.13	3.01	2.91	2.84	2.77
21	5.83	4.42	3.82	3.48	3.25	3.09	2.97	2.87	2.80	2.73
22	5.79	4.38	3.78	3.44	3.22	3.05	2.93	2.84	2.76	2.70
23	5.75	4.35	3.75	3.41	3.18	3.02	2.90	2.81	2.73	2.67
24	5.72	4.32	3.72	3.38	3.15	2.99	2.87	2.78	2.70	2.64
25	5.69	4.29	3.69	3.35	3.13	2.97	2.85	2.75	2.68	2.61
26	5.66	4.27	3.67	3.33	3.10	2.94	2.82	2.73	2.65	2.59
27	5.63	4.24	3.65	3.31	3.08	2.92	2.80	2.71	2.63	2.57
28	5.61	4.22	3.63	3.29	3.06	2.90	2.78	2.69	2.61	2.55
29	5.59	4.20	3.61	3.27	3.04	2.88	2.76	2.67	2.59	2.53
30	5.57	4.18	3.59	3.25	3.03	2.87	2.75	2.65	2.57	2.51
40	5.42	4.05	3.46	3.13	2.90	2.74	2.62	2.53	2.45	2.39
60	5.29	3.93	3.34	3.01	2.79	2.63	2.51	2.41	2.33	2.27
120	5.15	3.80	3.23	2.89	2.67	2.52	2.39	2.30	2.22	2.16
∞	5.02	3.69	3.12	2.79	2.57	2.41	2.29	2.19	2.11	2.05

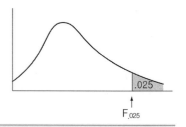

V_1 = 분자의 자유도, V_2 = 분모의 자유도
도표의 각 방에 들어있는 수는 유의수준 .025에 해당하는 F 값

V_2	V_1								
	12	15	20	24	30	40	60	120	∞
1	976.7	984.9	993.1	997.2	1001	1006	1010	1014	1018
2	39.41	39.43	39.45	39.46	39.46	39.47	39.48	39.49	39.50
3	14.34	14.25	14.17	14.12	14.08	14.04	13.99	13.95	13.90
4	8.75	8.66	8.56	8.51	8.46	8.41	8.36	8.31	8.26
5	6.52	6.43	6.33	6.28	6.23	6.18	6.12	6.07	6.02
6	5.37	5.27	5.17	5.12	5.07	5.01	4.96	4.90	4.85
7	4.67	4.57	4.47	4.42	4.36	4.31	4.25	4.20	4.14
8	4.20	4.10	4.00	3.95	3.89	3.84	3.78	3.73	3.67
9	3.87	3.77	3.67	3.61	3.56	3.51	3.45	3.39	3.33
10	3.62	3.52	3.42	3.37	3.31	3.26	3.20	3.14	3.08
11	3.43	3.33	3.23	3.17	3.12	3.06	3.00	2.94	2.88
12	3.28	3.18	3.07	3.02	2.96	2.91	2.85	2.79	2.72
13	3.15	3.05	2.95	2.89	2.84	2.78	2.72	2.66	2.60
14	3.05	2.95	2.84	2.79	2.73	2.67	2.61	2.55	2.49
15	2.96	2.86	2.76	2.70	2.64	2.59	2.52	2.46	2.40
16	2.89	2.79	2.68	2.63	2.57	2.51	2.45	2.38	2.32
17	2.82	2.72	2.62	2.56	2.50	2.44	2.38	2.32	2.25
18	2.77	2.67	2.56	2.50	2.44	2.38	2.32	2.26	2.19
19	2.72	2.62	2.51	2.45	2.39	2.33	2.27	2.20	2.13
20	2.68	2.57	2.46	2.41	2.25	2.29	2.22	2.16	2.09
21	2.64	2.53	2.42	2.37	2.31	2.25	2.18	2.11	2.04
22	2.60	2.50	2.39	2.33	2.27	2.21	2.14	2.08	2.00
23	2.57	2.47	2.36	2.30	2.24	2.18	2.11	2.04	1.97
24	2.54	2.44	2.33	2.27	2.21	2.15	2.08	2.01	1.94
25	2.51	2.41	2.30	2.24	2.18	2.12	2.05	1.98	1.91
26	2.49	2.39	2.28	2.22	2.16	2.09	2.03	1.95	1.88
27	2.47	2.36	2.25	2.19	2.13	2.07	2.00	1.93	1.85
28	2.45	2.34	2.23	2.17	2.11	2.05	1.98	1.91	1.83
29	2.43	2.32	2.21	2.15	2.09	2.03	1.96	1.89	1.81
30	2.41	2.31	2.20	2.14	2.07	2.01	1.94	1.87	1.79
40	2.29	2.18	2.07	2.01	1.94	1.88	1.80	1.72	1.64
60	2.17	2.06	1.94	1.88	1.82	1.74	1.67	1.58	1.48
120	2.05	1.94	1.82	1.76	1.69	1.61	1.53	1.43	1.31
∞	1.94	1.83	1.71	1.64	1.57	1.48	1.39	1.27	1.00

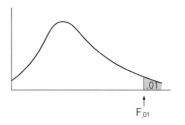

V_1 = 분자의 자유도, V_2 = 분모의 자유도
도표의 각 방에 들어있는 수는 유의수준 .01에 해당하는 F 값

V_2	V_1									
	1	2	3	4	5	6	7	8	9	10
1	4052	4999.5	5403	5625	5764	5859	5928	5982	6022	6056
2	98.50	99.00	99.17	99.25	99.30	99.33	99.36	99.37	99.39	99.40
3	34.12	30.82	29.46	28.71	28.24	27.91	27.67	27.49	27.35	27.23
4	21.20	18.00	16.69	15.98	15.52	15.21	14.98	14.80	14.66	14.55
5	16.26	13.27	12.06	11.39	10.97	10.67	10.46	10.29	10.16	10.05
6	13.75	10.92	9.78	9.15	8.75	8.47	8.26	8.10	7.98	7.87
7	12.25	9.55	8.45	7.85	7.46	7.19	6.99	6.84	6.72	6.62
8	11.26	8.65	7.59	7.01	6.63	6.37	6.18	6.03	5.91	5.81
9	10.56	8.02	6.99	6.42	6.06	5.80	5.61	5.47	5.35	5.26
10	10.04	7.56	6.55	5.99	5.64	5.39	5.20	5.06	4.94	4.85
11	9.65	7.21	6.22	5.67	5.32	5.07	4.89	4.74	4.63	4.54
12	9.33	6.93	5.95	5.41	5.06	4.82	4.64	4.50	4.39	4.30
13	9.07	6.70	5.74	5.21	4.86	4.62	4.44	4.30	4.19	4.10
14	8.86	6.51	5.56	5.04	4.69	4.46	4.28	4.14	4.03	3.94
15	8.68	6.36	5.42	4.89	4.56	4.32	4.14	4.00	3.89	3.80
16	8.53	6.23	5.29	4.77	4.44	4.20	4.03	3.89	3.78	3.69
17	8.40	6.11	5.18	4.67	4.34	4.10	3.93	3.79	3.68	3.59
18	8.29	6.01	5.09	4.58	4.25	4.01	3.84	3.71	3.60	3.51
19	8.18	5.93	5.01	4.50	4.17	3.94	3.77	3.63	3.52	3.43
20	8.10	5.85	4.94	4.43	4.10	3.87	3.70	3.56	3.46	3.37
21	8.02	5.78	4.87	4.37	4.04	3.81	3.64	3.51	3.40	3.31
22	7.95	5.72	4.82	4.31	3.99	3.76	3.59	3.45	3.35	3.26
23	7.88	5.66	4.76	4.26	3.94	3.71	3.54	3.41	3.30	3.21
24	7.82	5.61	4.72	4.22	3.90	3.67	3.50	3.36	3.26	3.17
25	7.77	5.57	4.68	4.18	3.85	3.63	3.46	3.32	3.22	3.13
26	7.72	5.53	4.64	4.14	3.82	3.59	3.42	3.29	3.18	3.09
27	7.68	5.49	4.60	4.11	3.78	3.56	3.39	3.26	3.15	3.06
28	7.64	5.45	4.57	4.07	3.75	3.53	3.36	3.23	3.12	3.03
29	7.60	5.42	4.54	4.04	3.73	3.50	3.33	3.20	3.09	3.00
30	7.56	5.39	4.51	4.02	3.70	3.47	3.30	3.17	3.07	2.98
40	7.31	5.18	4.31	3.83	3.51	3.29	3.12	2.99	2.89	2.80
60	7.08	4.98	4.13	3.65	3.34	3.12	2.95	2.82	2.72	2.63
120	6.85	4.79	3.95	3.48	3.17	2.96	2.79	2.66	2.56	2.47
∞	6.63	4.61	3.78	3.32	3.02	2.80	2.64	2.51	2.41	2.32

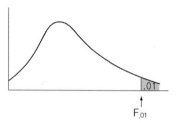

V_1 = 분자의 자유도, V_2 = 분모의 자유도
도표의 각 방에 들어있는 수는 유의수준 .01에 해당하는 F 값

V_2	V_1								
	12	15	20	24	30	40	60	120	∞
1	6101	6157	6209	6235	6261	6287	6313	6339	6366
2	99.42	99.43	99.45	99.46	99.47	99.47	99.48	99.49	99.50
3	27.05	26.87	26.69	26.60	26.50	26.41	26.32	26.22	26.13
4	14.37	14.20	14.02	13.93	13.84	13.75	13.65	13.56	13.46
5	9.89	9.72	9.55	9.47	9.38	9.29	9.20	9.11	9.02
6	7.72	7.56	7.40	7.31	7.23	7.14	7.06	6.97	6.88
7	6.47	6.31	6.16	6.07	5.99	5.91	5.82	5.74	5.65
8	5.67	5.52	5.36	5.28	5.20	5.12	5.03	4.95	4.86
9	5.11	4.96	4.81	4.73	4.65	4.57	4.48	4.40	4.31
10	4.71	4.56	4.41	4.33	4.25	4.17	4.08	4.00	3.91
11	4.40	4.25	4.10	4.02	3.94	3.86	3.78	3.69	3.60
12	4.16	4.01	3.86	3.78	3.70	3.62	3.54	3.45	3.36
13	3.96	3.82	3.66	3.59	3.51	3.43	3.34	3.25	3.17
14	3.80	3.66	3.51	3.43	3.35	3.27	3.18	3.09	3.00
15	3.67	3.52	3.37	3.29	3.21	3.13	3.05	2.96	2.87
16	3.55	3.41	3.26	3.18	3.10	3.02	2.93	2.84	2.75
17	3.46	3.31	3.16	3.08	3.00	2.92	2.83	2.75	2.65
18	3.37	3.23	3.08	3.00	2.92	2.84	2.75	2.66	2.57
19	3.30	3.15	3.00	2.92	2.84	2.76	2.67	2.58	2.49
20	3.23	3.09	2.94	2.86	2.78	2.69	2.61	2.52	2.42
21	3.17	3.03	2.88	2.80	2.72	2.64	2.55	2.46	2.36
22	3.12	2.98	2.83	2.75	2.67	2.58	2.50	2.40	2.31
23	3.07	2.93	2.78	2.70	2.62	2.54	2.45	2.35	2.26
24	3.03	2.89	2.74	2.66	2.58	2.49	2.40	2.31	2.21
25	2.99	2.85	2.70	2.62	2.54	2.45	2.36	2.27	2.17
26	2.96	2.81	2.66	2.58	2.50	2.42	2.33	2.23	2.13
27	2.93	2.78	2.63	2.55	2.47	2.38	2.29	2.20	2.10
28	2.90	2.75	2.60	2.52	2.44	2.35	2.26	2.17	2.06
29	2.87	2.73	2.57	2.49	2.41	2.33	2.23	2.14	2.03
30	2.84	2.70	2.55	2.47	2.39	2.30	2.21	2.11	2.01
40	2.66	2.52	2.37	2.29	2.20	2.11	2.02	1.92	1.80
60	2.50	2.35	2.20	2.12	2.03	1.94	1.84	1.73	1.60
120	2.34	2.19	2.03	1.95	1.86	1.76	1.66	1.53	1.38
∞	2.18	2.04	1.88	1.79	1.70	1.59	1.47	1.32	1.00

6. Tukey의 Q검증표

유의수준 α가 .05, 집단의 수가 J, 자유도(N−J)가 df 일 때의 Q값

df \ J	2	3	4	5	6	7	8	9	10	11	12	13	14	15	16	17	18	19	20
1	90.0	135	164	186	202	216	227	237	246	253	260	266	272	277	282	286	290	294	298
2	14.0	19.0	22.3	24.7	26.6	28.2	29.5	30.7	31.7	32.6	33.4	34.1	34.8	35.4	36.0	36.5	37.0	37.5	37.9
3	8.26	10.6	12.2	13.3	14.2	15.0	15.6	16.2	16.7	17.1	17.5	17.9	18.2	18.5	18.8	19.1	19.3	19.5	19.8
4	6.51	8.12	9.17	9.96	10.6	11.1	11.5	11.9	12.3	12.6	12.8	13.1	13.3	13.5	13.7	13.9	14.1	14.2	14.4
5	5.70	6.97	7.80	8.42	8.91	9.32	9.67	9.97	10.24	10.48	10.70	10.89	11.08	11.24	11.40	11.55	11.68	11.81	11.93
6	5.24	6.33	7.03	7.56	7.97	8.32	8.61	8.87	9.10	9.30	9.49	9.65	9.81	9.95	10.08	10.21	10.32	10.43	10.54
7	4.95	5.92	6.54	7.01	7.37	7.68	7.94	8.17	8.37	8.55	8.71	8.86	9.00	9.12	9.24	9.35	9.46	9.55	9.65
8	4.74	53.63	6.20	6.63	6.96	7.24	7.47	7.68	7.87	8.03	8.18	8.31	8.44	8.55	8.66	8.76	8.85	8.94	9.03
9	4.60	5.43	5.96	6.35	6.66	6.91	7.13	7.32	7.49	7.65	7.78	7.91	8.03	8.13	8.23	8.32	8.41	8.49	8.57
10	4.48	5.27	5.77	6.14	6.43	6.67	6.87	7.05	7.21	7.36	7.48	7.60	7.71	7.81	7.91	7.99	8.07	8.15	8.22
11	4.39	5.14	5.62	5.97	6.25	6.48	6.67	6.84	6.99	7.13	7.25	7.36	7.46	7.56	7.65	7.73	7.81	7.88	7.95
12	4.32	5.04	5.50	5.84	6.10	6.32	6.51	6.67	6.81	6.94	7.06	7.17	7.26	7.36	7.44	7.52	7.59	7.66	7.73
13	4.26	4.96	5.40	5.73	5.98	6.19	6.37	6.53	6.67	6.79	6.90	7.01	7.10	7.19	7.27	7.34	7.42	7.48	7.55
14	4.21	4.89	5.32	5.63	5.88	6.08	6.26	6.41	6.54	6.66	6.77	6.87	6.96	7.05	7.12	7.20	7.27	7.33	7.39
15	4.17	4.83	5.25	5.56	5.80	5.99	6.16	6.31	6.44	6.55	6.66	6.76	6.84	6.93	7.00	7.07	7.14	7.20	7.26
16	4.13	4.78	5.19	5.49	5.72	5.92	6.08	6.22	6.35	6.46	6.56	6.66	6.74	6.82	6.90	6.97	7.03	7.09	7.15
17	4.10	4.74	5.14	5.43	5.66	5.85	6.01	6.15	6.27	6.38	6.48	6.57	6.66	6.73	6.80	6.87	6.94	7.00	7.05
18	4.07	4.70	5.09	5.38	5.60	5.79	5.94	6.08	6.20	6.31	6.41	6.50	6.58	6.65	6.72	6.79	6.85	6.91	6.96
19	4.05	4.67	5.05	5.33	5.55	5.73	5.89	6.02	6.14	6.25	6.34	6.43	6.51	6.58	6.65	6.72	6.78	6.84	6.89
20	4.02	4.64	5.02	5.29	5.51	5.69	5.84	5.97	6.09	6.19	6.29	6.37	6.45	6.52	6.59	6.65	6.71	6.76	6.82
24	3.96	4.54	4.91	5.17	5.37	5.54	5.69	5.81	5.92	6.02	6.11	6.19	6.26	6.33	6.39	6.45	6.51	6.56	6.61
30	3.89	4.45	4.80	5.05	5.24	5.40	5.54	5.65	5.76	5.85	5.93	6.01	6.08	6.14	6.20	6.26	6.31	6.36	6.41
40	3.82	4.37	4.70	4.93	5.11	5.27	5.39	5.50	5.60	5.69	5.77	5.84	5.90	5.96	6.02	6.07	6.12	6.17	6.21
60	3.76	4.28	4.60	4.82	4.99	5.13	5.25	5.36	5.45	5.53	5.60	5.67	5.73	5.79	5.84	5.89	5.93	5.98	6.02
120	3.70	4.20	4.50	4.71	4.87	5.01	5.12	5.21	5.30	5.38	5.44	5.51	5.56	5.61	5.66	5.71	5.75	5.79	5.83
∞	3.64	4.12	4.40	4.60	4.76	4.88	4.99	5.08	5.16	5.23	5.29	5.35	5.40	5.45	5.49	5.54	5.57	5.61	5.65

유의수준 α가 .01, 집단의 수가 J, 자유도(N−J)가 df일 때의 Q값

df	2	3	4	5	6	7	8	9	10	11	12	13	14	15	16	17	18	19	20
1	18.0	27.0	32.8	37.1	40.4	43.1	45.4	47.4	49.1	50.61	52.0	53.2	54.3	55.4	56.3	57.2	58.0	58.8	59.6
2	6.09	8.3	9.8	10.9	11.7	12.4	13.0	13.5	14.0	4.4	14.7	15.1	15.4	15.7	15.9	16.1	16.4	16.6	16.8
3	4.50	5.91	6.82	7.50	8.04	8.48	8.85	9.18	9.46	9.72	9.95	10.15	10.35	10.52	10.69	10.84	10.98	11.11	11.24
4	3.93	5.04	5.76	6.29	6.71	7.05	7.35	7.60	7.83	8.03	8.21	8.37	8.52	8.66	8.79	8.91	9.03	9.13	9.23
5	3.64	4.60	5.22	5.67	6.03	6.33	6.58	6.80	6.99	7.17	7.32	7.47	7.60	7.72	7.83	7.93	8.03	8.12	8.21
6	3.46	4.34	4.90	5.31	5.63	5.89	6.12	6.32	6.49	6.65	6.79	6.92	7.03	7.14	7.24	7.34	7.43	7.51	7.59
7	3.34	4.06	4.68	5.06	5.36	5.61	5.82	6.00	6.16	6.30	6.43	6.55	6.66	6.76	6.85	6.94	7.02	7.09	7.17
8	3.26	4.04	4.53	4.89	5.17	5.40	5.60	5.77	5.92	6.05	6.18	6.29	6.39	6.48	6.57	6.65	6.73	6.80	6.87
9	3.20	3.95	4.42	4.76	5.02	5.24	5.43	5.60	5.74	5.87	5.98	6.09	6.19	6.28	6.36	6.44	6.51	6.58	6.64
10	3.15	3.88	4.33	4.65	4.91	5.12	5.30	5.46	5.60	5.72	5.83	5.93	6.03	6.11	6.20	6.27	6.34	6.40	6.47
11	3.11	3.82	4.26	4.57	4.82	5.03	5.20	5.35	5.49	5.61	5.71	5.81	5.90	5.99	6.06	6.14	6.20	6.26	6.33
12	3.08	3.77	4.20	4.51	4.75	4.95	5.12	5.27	5.40	5.51	5.62	5.71	5.80	5.88	5.95	6.03	6.09	6.15	6.21
13	3.06	3.73	4.15	4.45	4.69	4.88	5.05	5.19	5.32	5.43	5.53	5.63	5.71	5.79	5.86	5.93	6.00	6.05	6.11
14	3.03	3.70	4.11	4.41	4.64	4.83	4.99	5.13	5.25	5.36	5.46	5.55	5.64	5.72	5.79	5.85	5.92	5.97	6.03
15	3.01	3.67	4.08	4.37	4.60	4.78	4.94	5.08	5.20	5.31	5.40	5.49	5.58	5.65	5.72	5.79	5.85	5.90	5.96
16	3.00	3.65	4.05	4.33	4.56	4.74	4.90	5.03	5.15	5.26	5.35	5.44	5.52	5.59	5.66	5.72	5.79	5.84	5.90
17	2.98	3.63	4.02	4.30	4.52	4.71	4.86	4.99	5.11	5.21	5.31	5.39	5.47	5.55	5.61	5.68	5.74	5.79	5.84
18	2.97	3.61	4.00	4.28	4.49	4.67	4.82	4.96	5.07	5.17	5.27	5.35	5.43	5.50	5.57	5.63	5.69	5.74	5.79
19	2.96	3.59	3.98	4.25	4.47	4.65	4.79	4.92	5.04	5.14	5.23	5.32	5.39	5.46	5.53	5.59	5.65	5.70	5.75
20	2.95	3.58	3.96	4.23	4.45	4.62	4.77	4.90	5.01	5.11	5.20	5.28	5.36	5.43	5.49	5.55	5.61	5.66	5.71
24	2.92	3.53	3.90	4.17	4.37	4.54	4.68	4.81	4.92	5.01	5.10	5.18	5.25	5.32	5.38	5.44	5.50	5.54	5.59
30	2.89	3.49	3.84	4.10	4.30	4.46	4.60	4.72	4.83	4.92	5.00	5.08	5.15	5.21	5.27	5.33	5.38	5.43	5.48
40	2.86	3.44	3.79	4.04	4.23	4.39	4.52	4.63	4.74	4.82	4.91	4.98	5.05	5.11	5.16	5.22	5.27	5.31	5.36
60	2.83	3.40	3.74	3.98	4.16	4.31	4.44	4.55	4.65	4.73	4.81	4.88	4.94	5.00	5.06	5.11	5.16	5.20	5.24
120	2.80	3.36	3.69	3.92	4.10	4.24	4.36	4.48	4.56	4.64	4.72	4.78	4.84	4.90	4.95	5.00	5.05	5.09	5.13
∞	2.77	3.31	3.63	3.86	4.03	4.17	4.29	4.39	4.47	4.55	4.62	4.68	4.74	4.80	4.85	4.89	4.93	4.97	5.01

|참고문헌|

김계수(2001). AMOS 구조방정식 모형분석. 서울: 고려정보산업.

문수백, 이준석, 채찬호(1997). 사회과학 연구를 위한 실험연구 SPSS를 이용한 자료의 분석 · 해석. 서울: 학지사.

박광배(2004). 변량분석과 회귀분석. 서울: 학지사.

변창진, 문수백(1999). 사회과학연구를 위한 실험설계 · 분석의 이해와 활용. 서울: 학지사.

성태제(2002). 타당도와 신뢰도. 서울: 학지사.

성태제(2007). 현대 기초통계학의 이해와 적용. 파주: 교육과학사.

이군희(2003). 사회과학 연구방법론. 서울: 법문사.

임인재(1987). 교육 심리 사회연구를 위한 통계방법. 서울: 박영사.

임인재(1991). 심리측정의 원리. 서울: 교육출판사.

임인재, 김신영, 박현정(2003). 교육 심리 사회연구를 위한 통계방법. 서울: 학연사.

임인재, 임승권(1985). 교육평가. 서울: 한국방송통신대학.

한국교육평가학회(편) (2004). 교육평가 용어사전. 서울: 학지사.

황정규(1988). 학교학습과 교육평가. 파주: 교육과학사.

황해익(2003). 영유아 · 아동연구에서의 SPSS 자료분석. 서울: 창지사.

Green, E. P. (1978). *Analyzing Multivariate Data*. The Dryden Press Hinsdale, Illinois.

Winer, B. J. (1962). *Statistical Principles in Experimental Design*. New York: McGraw-Hill Book Company.

▌찾아보기▐

저자 소개

김재철 (E-mail: jckim@hnu.kr)

서울대학교 사범대학 교육학 학사 · 석사 · 박사(교육측정, 평가, 통계 전공)
서울시 중 · 고등학교 수학 교사(수학1급 정교사)
한국교육과정평가원 연구원(의 · 치의학교육입문검사 팀장, 연구기획부 차장, 수능 평가위원,
　중등임용시험 기획위원 등)

현재　한남대학교 사범대학 교육학과 교수
　　　한국교육평가학회 이사
　　　한국교육심리학회 이사
　　　한국상담학회 시험관리위원장
　　　한국진로교육학회 편집위원

사회과학 연구를 위한
최신 실용통계학

2008년 5월 23일 1판 1쇄 인쇄
2008년 5월 30일 1판 1쇄 발행

지은이 · 김재철
펴낸이 · 김진환
펴낸곳 · **학지사**
121-837 서울특별시 마포구 서교동 352-29 마인드월드빌딩 5층
대표전화 · 02)326-1500 / 팩스 02)324-2345
홈페이지 · http://www.hakjisa.co.kr
등　록 · 1992년 2월 19일 제2-1329호

ISBN 978-89-5891-683-3　93310

정가 17,000원

인터넷 학술논문 원문 서비스 **뉴논문** www.newnonmun.com

자료분석을 위한 연습용 파일은
학지사 홈페이지(hakjisa.co.kr)의 자료실에서 다운로드 하세요.